- 国家"十一五"出版规划重点图书
- 空间飞行器设计专业系列教材
- 航天一线专家学术专著

航天器电磁兼容技术
SPACECRAFT EMC TECHNOLOGY

陈淑凤　编著

中国科学技术出版社

·北 京·

图书在版编目(CIP)数据

航天器电磁兼容技术/陈淑凤编著. —北京:中国科学
技术出版社,2007.1
　(空间飞行器设计专业系列教材)
　ISBN 978 - 7 - 5046 - 4498 - 5

　Ⅰ.航… Ⅱ.陈… Ⅲ.航天器-电磁兼容性-高等学校-教材 Ⅳ.V47

中国版本图书馆 CIP 数据核字(2006)第 063125 号

自 2006 年 4 月起本社图书封面均贴有防伪标志,未贴防伪标志的为盗版图书。

中国科学技术出版社出版

北京市海淀区中关村南大街 16 号　邮政编码:100081

电话:010 - 62103208　传真:010 - 62183872

http://www.kjpbooks.com.cn

科学普及出版社发行部发行

北京长宁印刷有限公司印刷

*

开本:787 毫米×1092 毫米　1/16　印张:22.5　字数:500 千字

2007 年 3 月第 1 版　　2008 年 3 月第 2 次印刷

印数:1501—3000 册　定价:48.00 元

ISBN 978 - 7 - 5046 - 4498 - 5/V·29

内 容 提 要

　　本书从电磁兼容的原理和基本概念出发，通过列举大量工程例证，并结合作者多年来从事电磁兼容工作积累的工程经验及部分科研成果，阐述了航天器电磁兼容的设计思想、设计技术、分析预测技术、试验技术和电磁兼容管理等相关内容，努力做到深入浅出。

　　本书可供飞行器设计专业教学使用，也可供相关专业中高级科研人员和工程技术人员参考。

作 者 简 介

陈淑凤　1942 年生,研究员。1966 年毕业于中国科学技术大学无线电物理专业。在航天领域先后从事卫星天线设计、微波测量和电磁兼容技术研究等工作。现为中国空间技术研究院神舟学院硕士生导师。

责任编辑　崔　玲
封面设计　莱　瑞
责任校对　林　华
责任印制　王　沛

总　　序

我国航天技术走过了 40 多年的光荣历程,正面临着 21 世纪更加蓬勃发展的形势,需要人才,需要知识。

空间飞行器即航天器,包括卫星、飞船、空间站、深空探测器等等。空间飞行器设计专业是航天技术领域的一门主要学科,它所涵盖的知识面很宽,涉及光、机、电、热和系统工程等,是一门多学科交叉综合和工程性很强的新型学科。

本丛书是根据空间飞行器设计专业培养研究生的课程教学需求,同时考虑到空间技术领域的在职中、高级技术人员研究生水平进修的需要而编写的。因此,本丛书全面讲授空间飞行器设计专业领域的基础理论和系统的专门知识,在内容上具有足够的纵深度和宽广度、前沿性和前瞻性。

本丛书的作者都是从事了几十年航天工程的高级设计师和研究员,他们把自己丰富的知识和经验很好地融入到这套丛书中,理论与实践密切结合,使本丛书具有很高的学术水平和工程实用价值。

本丛书将陆续出版。它的出版是非常值得祝贺的,相信它不仅是一套不错的研究生教材,能够为培养高级航天技术人才服务;同时又是一套优秀的学术专著,将对我国航天科学与技术的发展做出贡献。

闵桂荣

2001 年 9 月

前　言

　　电磁兼容是研究在有限的空间、有限的时间、有限的频谱资源条件下,各种用电设备或系统在公共电磁环境中共存,而不至于引起性能降级的一门学科。该学科以电磁场理论为依据,以近代统计学和计算机为手段,以试验为基础,涉及电波传播、电磁耦合、信号分析、频谱利用、电磁测量、材料学等许多技术领域,是一门理论基础广泛、工程实践性极强的综合性学科。

　　特别是近些年来,电磁兼容领域科学技术人员进一步探讨电磁环境对人类及生物的危害,将电磁兼容概念渗透到生物医学和生态学领域,研究对象已不仅限定于电子设备间,开始涉及人类自身。因此,一些国内外学者也把电磁兼容学称作"电磁环境学"。

　　航天器系统构造复杂,内部空间狭小,仪器设备密集,电源分系统布局特殊,系统内电缆间、设备间、电缆与设备间等各种耦合干扰现象几乎随处可见。航天器的地面设备、地面支持设备以及航天器研制、发射、运行的地面和空间电磁环境也很复杂,要使航天器能在整个寿命期内都能正常工作,必须实施电磁兼容管理,认真研究电磁兼容技术,实现机、电、热、电磁兼容一体化设计,严格电磁兼容测试,并在有条件的情况下进行电磁兼容分析预测,这是保证航天器的安全性、可靠性的关键所在。航天器研制需要电磁兼容技术,电磁兼容技术是航天领域的支撑技术之一。

　　作为一名酷爱航天事业的老兵,基于对电磁兼容专业的执著,把多年来从事电磁兼容工作的体会、理解和实践经验,连同部分科研成果编撰成册,为培养新一代航天人尽微薄之力,我感到骄傲。说句心里话,我们这一代人牺牲了很多个人的东西,勤勤恳恳,艰苦创业,实现了中国人自己搞卫星的梦想。我衷心祝愿年轻人创造出航天事业的新辉煌。

谨以此书献给九泉下我的父母。感谢他们给了我生命,给了我进大学学习的机会,特别是他们艰苦奋斗、勇往直前、不断进取的精神是我一生学习的榜样,并激励我完成写书的使命。

感谢张华研究员为此书编写提供了许多有价值的工程资料;感谢李晓辉在本书编写过程中做了大量具体工作并参与了第4章的编写,还有李慧祥参与了第11章的编写;感谢提供电磁兼容案例的所有朋友;感谢薛梦麟提供部分电磁兼容软件应用介绍;尤其感谢晏振乾研究员对全书进行了技术校对。

另外,感谢中国空间技术研究院研究生部全体老师对本书的编写和出版给予的大力支持,感谢飞行器设计专业教研组的各位教授和电磁兼容实验室同事们给予的帮助。

由于本人水平有限,时间仓促,本书不妥之处,敬请批评指正。

作　者
2005 年 12 月

目　　录

第 1 章 绪 论

电磁兼容(Electromagnetic Compatibility 以下简称 EMC)是研究在有限的空间、有限的时间、有限的频谱资源条件下,各种用电设备或系统在公共电磁环境中共存,而不至于引起性能降级的一门学科。该学科以电磁场理论为依据,以近代统计学和计算机为手段,以试验为基础,涉及电波传播、电磁耦合、信号分析、频谱利用、电磁测量、材料学等许多技术领域。电磁兼容是一门理论基础广泛、工程实践性极强的综合性学科。广义的 EMC 还涉及雷电防护及电磁辐射对人身的影响等。

本章将介绍 EMC 学科发展历史,EMC 学科研究对象和研究内容,EMC 领域的学术组织和学术活动,EMC 技术在航天领域的应用,EMC 技术发展前景。

1.1 电磁兼容学科发展历史

问津 EMC 学科历史,需要追溯到 19 世纪。众所周知,1864 年麦克斯韦发表著名的 Maxwell 方程,预言电磁波的存在。1866 年第一台发电机发电,人为的电磁污染开始出现。随着电气化运输业的发展,人们发现在一根通信线与不对称强电线间也存在严重干扰问题。看来无线电技术的发展给人类带来了享受,同时也打破自然界原始的电磁兼容状态。1881 年英国著名科学家希维赛德发表第一篇题为"论无线电干扰"的文章,电磁干扰问题就被正式提出来了。1887 年德国的电气工程师协会成立了干扰问题研究委员会,1889 年英国邮政部门开始研究通信中的干扰问题。电磁干扰问题的研究提到议事日程。20 世纪初,各种电气工程和电子设备飞速发展,这些设备在人类活动各个领域的应用产生了巨大影响;然而一些设备在工作的同时也产生一些无用的电磁能量,使得周围环境的电磁场强度增加,无形中对另一些设备造成干扰。人们越来越关心电磁干扰问题,1904 年国际电工委员会(简称 IEC)成立。1934 年国际无线电干扰专业委员会(简称 CISPR)成立。IEC 和 CISPR 是典型的有代表性的国际组织,其目的是促进电气、电子及有关技术领域的所有标准化问题和其他有关问题上的技术合作。从那时起,开始了对电磁干扰问题进行世界性有组织地研究。

第二次世界大战中,电磁兼容技术直接用于武器装备,通过对武器装备研制使用过程中遇到的电磁干扰问题的研究,促进了 EMC 技术的进步,电磁干扰研究走向工程化。1944 年德国制定了第一部 EMC 规范 VDE0878,1945 年美国制定了第一部 EMC 军标 JAN‐1‐225。理论研究、技术发展和工程应用使得 EMC 学科成为电子学中独立的一个分支。

20 世纪六七十年代,开始举办世界性的电磁兼容学术年会,国际期刊 IEEE EMC 分册发行。EMC 技术研究掀起热潮。到了 80 年代计算机技术广泛应用,数值算法开始用于 EMC 分析预测技术研究。近 60 年来,随着电子技术的迅猛发展,EMC 技术经历了问题解决法、标准规范法和系统设计法阶段,并逐步走向成熟。

所谓问题解决法是指电子设备按电性能指标进行设计、研制、生产完成后,或在实际应用中,或安装在系统中发现一些问题,经过分析,找到产生原因,采取措施使问题得以解决。这种方法的缺点是待发现问题再着手解决,势必带来时间上的延误和经济上的损失。

人们在研究电子系统电磁兼容性的过程中,逐步认识到要使一些设备共存于一个有限空间,必须对这些电子设备进行某种约定。人们开始在实践中总结经验,编制各种 EMC 标准。这些标准规定了各种电磁干扰应该控制在某些限制线内,同时也规定了一些敏感设备必须具备一定的抗干扰能力。所有这些约定均应通过标准规定的试验验证。这个阶段称作标准规范法阶段。该阶段的所有 EMC 活动都是在 EMC 标准指导下进行。

系统设计法是指在进行系统设计时,对其自身的和周围的电磁环境进行预估。在此基础上选择适用的 EMC 标准,并能根据产品的应用范围对所选用的 EMC 标准进行科学的剪裁。这些特殊要求一般以专业技术文件形式给出。这样可以防止过设计和欠设计。系统设计法主张 EMC 设计与电性能等功能设计同步进行,以求得系统的综合性能价格比实现最佳。

1.2　电磁兼容学科的研究对象和研究内容

EMC 学科是研究有限空间、有限时间、有限频谱资源条件下,各种用电设备或系统可以共存,并不致引起性能降低的一门科学,该学科是以电磁场理论为依据,以近代统计学和计算机为手段,以试验为基础,涉及电波传播、电磁耦合、信号处理、频率利用、电磁测量、材料学、生物医学等许多技术领域的综合性系统工程。其应用范围不限于传统的用电设备、设施,包括核辐射在内的环境污染等一系列生态环境问题也在引起关注。

20 世纪 80 年代,生物学学科工作者,也开始重视电磁环境对人类及生物的影响,开始研究物理学规律与生物学规律的高层次统一,把电生理和电磁生物效应的局部小环境问题放到电磁兼容领域中去认识。他们认为人体是最精妙复杂的电磁兼容系统。在皮肤包围的有限空间内,各器官有序地工作,而不相干扰。一旦这种平衡状态被破坏,则会出现各式各样的生理功能下降,甚至会出现病态。医疗设备在心电、脑电测量过程中信号的提取和干扰的消除,涉及电磁骚扰问题。核磁成像、电疗磁疗、微波治疗及心脏起搏器等技术,就是利用外部电磁场与人体相互作用实施诊断治疗。电磁生物效应的研究已成为电磁兼容学科的重要内容。有时也称电磁兼容学科为环境电磁学。本书所涉及的内容仍限定于电子设备和系统遇到的电磁干扰问题。

电磁兼容技术包括 EMC 设计技术、EMC 试验技术,EMC 分析预测技术和EMC 管理技术。EMC 管理所以作为一项技术,是因为 EMC 技术涉及参与工程的全体人员和研制程序全过程的各个环节。远远不是某些人理解的局限于建设一个规范的 EMC 试验室和引进一套规范的 EMC 测试设备就能解决问题的。

加强 EMC 组织管理,提高全体人员的 EMC 意识,牢固树立系统完整性和单机一体化设计观念,采取一整套组织措施和技术措施,实施综合治理方案,将EMC 理论认真应用于实际工程中,才能取得更大实效。

EMC 学科研究的最终目标,是为了降低人为的和自然界的电磁干扰,减少其危害,提高设备和系统的抗干扰能力,实现设备和系统的电磁兼容,最大限度地发挥设备和系统的效能。

EMC 研究的领域非常广泛,概括起来包括以下内容:

电磁干扰源特性研究;

电磁干扰传输特性研究;

电磁敏感度特性研究;

电磁兼容标准与规范研究;

电磁频谱测量与管理技术研究;

电磁干扰抑制技术研究;

电磁兼容测量与实验技术研究;

电磁兼容分析与预测技术研究;

电磁危害效应研究;

电磁兼容工程管理研究;

电磁兼容教育与培训研究等等。

有人称 EMC 设计为非功能性设计,是指它一般不做主动设计,而辅以电性能设计和其他设计,所以要求 EMC 设计一定要与功能、性能设计同步进行。因为它直接影响着系统的安全性、可靠性、系统精度、界面参数和环境控制等性能指标。

所谓电磁干扰实质上是指不需要的传导电流、电压或是不需要的电磁场。电磁干扰源按其起因可分为自然干扰源和人为干扰源。人为干扰源分有意发射和无意发射。就电磁干扰的性质分有瞬态干扰和稳态干扰。我们研究瞬态干扰一般在时域进行,稳态干扰的研究一般在频域进行。电磁干扰传播途径可能是沿着导线,也可能是通过空间介质。电磁兼容技术的重点在于研究如何抑制电磁干扰源的产生或使其减至允许值以下,研究如何切断传播路径。

与 EMC 相近的两门技术是电子对抗技术和防信息泄漏技术(TEMPEST)。电子对抗技术是利用电磁能量的辐射、反射、折射和吸收,阻碍或削弱对方有效利用电磁谱(减少对方电子系统获得有用的信息量),从而达到降低对方的作战效能的目的。防信息泄漏技术是检测、评价和控制来自计算机系统、通信和数据处理系统的有用信号泄漏程度。

未来 EMC 领域研究的重点方向是电磁环境效能、信号完整性、核电磁脉冲、地震电磁学、EMC 与电子对抗技术相互促进和发展。

1.3 EMC 领域的学术组织和学术活动

早在20世纪30年代,国际上就出现很多专门研究EMC技术的学术组织。这里重点介绍国际电工委员会(International Electrotechnical Commission 简称 IEC)和国际无线电干扰专业委员会(Committee International Special Perturbations on Radio 简称 CISPR)以及跨国电气电子工程师学会电磁兼容专业学会(IEEE EMC－S)。

IEC 下属的 TC77 委员会是专门研究电磁兼容问题的。这个委员会的工作范畴是研究各种用电设备的有害影响问题。工作重点是负责研究制订系列产品 9kHz 以下的发射要求和全频段的抗扰度标准。

CISPR 是全世界最早成立的国际性无线电干扰问题研究机构,它属于 IEC,但它有独立的批准权和发布规则。它有 7 个分会,分别处理和研究不同领域的干扰问题。工作重点包括消除 10kHz 以上频率范围的工业无线电干扰的所有问题,研究由各种电气、电子设备所产生干扰的允许电平以及所采用测量仪器、测量方法等相关技术问题。

美国无线电工程师学会(IRE)于 1959 年将原射频干扰专业学组改名为电磁兼容专业学组,并召开了首届电磁兼容学术讨论会。1963 年无线电工程师学会与美国电气工程师学会和美国电子工程师学会合并,成立跨国电气电子工程师学会(IEEE)。1978 年电磁兼容学组改名为电磁兼容专业学会,每年召开学术讨论会。电磁兼容专业学会创办有电磁兼容学报。

1.4 EMC 技术在航天领域的应用

航天器系统构造复杂,内部空间狭小,仪器设备密集,电源分系统布局特殊,系统内电缆间、设备间、电缆与设备间等各种耦合干扰现象几乎随处可见。航天器的地面设备、地面支持设备以及航天器研制、发射、运行的地面和空间电磁环境也很复杂。要使航天器能在整个寿命期内都能正常工作,必须实施电磁兼容管理,认真研究电磁兼容技术–实现机、电、热、电磁兼容一体化设计,严格电磁兼容测试,并在有条件的情况下进行电磁兼容分析预测。这是航天器研制上水平,实现批量生产,保证航天器的安全性、可靠性的关键所在。航天器研制需要电磁兼容技术,电磁兼容技术是航天领域的支撑技术之一。

随着航天事业的发展,用户对航天器功能的要求越来越多样性。航天器的测控、通信分系统,有效载荷分系统的设计难度越来越大。工作频谱宽,大功率发射与高灵敏度接收同时存在,使得航天器内部环境异常复杂。

航天器在检测、发射、轨道飞行及再入阶段都将遇到各种电磁环境。这就要求航天器与地面设备、地面支持设备、发射环境以及来自外层空间的电磁环境兼容。翻开航天器研制故障手册,能够发现相当多故障来源于电磁干扰。

对航天工程来说,遇到电磁干扰问题是常事,每个型号的研制过程都记录着设计师们认识电磁干扰、研究电磁干扰、控制电磁干扰、排除电磁干扰的经历。早期的航天器研制任务中碰到的电磁兼容问题多处于问题解决方法阶段。系统联试中暴露出来的许多与干扰相关问题,靠产品设计师和系统设计师合作,借助一些通用仪器设备,得到许多有价值的测试结果。基于电磁场理论指导和对测试结果的分析判断,解决了许多实际问题,积累了实践经验。这种方法的缺点是待发现问题再着手解决,势必带来时间上的延误和经济上的损失。

要使航天器能在整个寿命期内都能正常工作,提高航天器的安全性、可靠性,就要在航天器研究整个过程中实施 EMC 管理,即在电性能等功能设计的同时,认真进行 EMC 设计,严格 EMC 测试。

20 世纪 80 年代中期中巴合作的资源一号卫星在技术合同中明确规定对各分系统和设备提出 EMC 要求。根据卫星特定环境对标准进行了具体裁剪,形成了专业技术文件。研制过程中对所有上星产品进行 EMC 试验验收,并在巴西组织了工程样机系统级 EMC 试验。

资源一号存档的有代表性的 EMC 设计技术文件和试验文件有：

- 资源一号卫星 EMC 规范
- 整星接地技术要求
- 资源一号卫星天线 EMC 设计和初步考虑
- 资源一号卫星电磁兼容性及总体电路要求
- OBDH 分系统 EMC 设计的一些考虑
- 资源一号卫星 SEM 分系统 EMC 试验报告
- CBERS EQM 卫星磁试验
- CBERS 姿态、轨道控制分系统(EQM)EMC 试验小结
- 资源一号 OBDH 分系统 ECBERS EMC 试验总结
- 资源一号卫星靶场合练 EMC 试验要求

东方红三号对分系统和设备的 EMC 指标也作了具体规定。所有上星产品均需经过 EMC 试验，才予以验收。总装期间对接地、搭接操作进行技术指导与跟踪检查。系统总装完毕后在 EMC 试验室作了整星级 EMC 试验。从此以后在型号任务中自始至终实施 EMC 管理有了先例。存档的有代表性的 EMC 设计技术文件和试验文件有：

- 电磁兼容性对结构总装温控设计的要求
- 东三整星接地技术要求
- 电视和测控上行干扰与计算
- 整星辐射屏蔽计算结果和分析
- 665E 海事卫星对我国卫星的干扰情况分析
- 整星搭接、接地技术要求
- 多层隔热组件接地结构的工艺要求
- 分流器内辐射环境及运算放大器辐射屏蔽加固分析及建议
- 动力波动对太阳阵模拟器供电干扰的试验报告
- 对电源控制器及 DV24 号电缆与 P20 分支的接地要求
- 东方红三号电磁兼容性(EMC)设计要求
- 星上静电放电(ESD)模拟试验条件
- 星上初样产品电磁兼容性试验要求
- 星上火工品管理器电磁兼容性测试报告
- 控制分系统电磁兼容性测试报告

同期的风云二号、实践五号、神舟飞船等各型号产品也坚持按 EMC 技术标

准进行设计、测试验收。

神舟飞船存档的有代表性的 EMC 设计技术文件和试验文件有：

- 飞船 EMC 设计规范
- 飞船总体 EMC 对结构、总装、热控设计要求
- 飞船整船级 EMC 试验对试验室技术要求
- 飞船电性船 EMC 大纲
- 飞船电性船产品 EMC 验收试验要求
- 飞船电性船产品 EMC 验收试验总结
- 飞船电性船 EMC 试验程序
- 飞船电性船 EMC 试验细则
- 飞船电性船 EMC 试验报告
- 船箭间电磁环境界面测试报告
- 第二次发射场合练 EMC 操作规程
- 第二次发射场合练 EMC 测试报告
- 航天器 EMI 计算分析
- 计算整流罩对航天器 EMI 影响
- 船箭间传导电磁兼容性分析报告

为了提高航天器的可靠性，减少故障发生，航天技术人员在执行 EMC 标准规范的同时努力开展 EMC 分析预测工作。根据电磁干扰产生三要素，研究建立发射、接收、传播的工程模型，利用电磁场数值计算方法，通过经典的幅度筛选、频率筛选、性能分析、详细预测，逐步作到对航天器自身及其与火箭对接面的电磁环境进行估算。重点解决航天器系统设计中与 EMC 相关的一些问题，力争在进行系统设计时，对其自身的和周围的电磁环境进行预估。在此基础上选择适用的 EMC 标准，并能根据产品的应用范围对所选用的 EMC 标准进行科学的剪裁。这些特殊要求一般以专业技术文件形式给出。这样可以防止过设计和欠设计。

航天器工程需要电磁兼容技术，航天工程技术人员应该掌握电磁兼容技术。航天故障史中包含有大量电磁干扰故障案例，航天成就有电磁兼容技术的支持。

1.5　EMC 技术发展前景

近年来信息高速公路和计算机技术成为人类生产和生活的主导技术，也由于航天、航空、造船业的需要，使 EMC 技术空前大发展。环保意识为全球所接

收,电磁辐射被认为是第八大公害,治理空间电磁环境不仅是事业发展的需要,也是人类生存的需要。EMC 技术与国际贸易密切相关。欧共体已于 1989 年 5 月颁布了有关 EMC 指令代号 89/336/EEC。该指令 1992 年 1 月 1 日起生效,1995 年 12 月 31 日过渡期结束,从 1996 年 1 月 1 日起,强制执行。"CE"是欧洲经济共同体各国对欧共体的统称,用来表示产品经测试满足电磁兼容标准的标记。只有满足这一指令的产品才能使用"CE"标记,只有获得"CE"标记的产品才能变成商品在欧洲市场销售。这一指令不仅在欧共体所属国家和欧洲自由贸易联盟的其他国家起作用,同时也影响了世界贸易,包括我国出口到欧洲的电气与电子产品。

我国自 20 世纪 90 年代中期开始重视电磁环境的保护与管理。在质量技术监督部门、出入境检验检疫部门、环境保护部门等不断推出一些 EMC 法规性文件和技术规范,加强了 EMC 管理。1997 年 3 月 15 日发布了第十八号国家环境保护令"电磁辐射环境保护管理办法",1997 年 7 月开始了全国电磁辐射环境污染调查工作。

1998 年底我国出入境检验检疫局和对外贸易经济合作部联合下发了"关于六种进口产品实施强制检测的通知",这六种产品分别是计算机、显示器、打印机、开关电源、电视机、音响。

近 10 年来在国际上掀起了 EMC 法规化、EMC 标准国际化的新高潮。特别是我国加入世贸组织以后,国际贸易不断规范。展望未来,电子技术和信息产业技术的发展日新月异,环保意识日益深入人心,EMC 技术有了更好的发展大环境。未来的测试技术随着计算机的迅猛发展,带动测试技术向多媒体化、网络化迈进。随着测试技术的发展和测试对象的细分,EMC 测试有与产品的功能测试融为一体的趋势。

面对今日的技术进步和现代市场经济的现实,EMC 技术已形成一种产业,在国民经济各部门发挥着重要作用,创造着巨大经济效益和社会效益,其重要性正在受到越来越多的关注。EMC 技术发展大环境,环保意识为全球所接受,电子技术空前发展,国际贸易不断规范,EMC 技术应用前景广阔。

EMC 技术必将成为航天领域不可轻视的关键技术,展望未来,航天电子产品直至整个系统会实现全方位的机、电、热、EMC 一体化设计。内嵌测试技术的发展解决了常规测试技术,即物理探针无法解决的故障诊断和准确定位问题;使设备和系统具备完善的可测试性、可维修性,从而进一步提高了设备和系统的可靠性。

航天器 EMC 技术也一定会在整个航天器研制工程中发挥越来越重要的作用。

第2章 电磁兼容技术基础

科学技术迅猛发展给人类带来幸福的同时也带来灾难,高压输电线的电晕杂波,汽车点火系统和控制系统及移动数字通信系统以及各种无线电设备的无意发射等等不仅影响了电子设备的正常工作,也污染了城市环境,成为第八大公害。人们要认识电磁干扰,要控制电磁干扰就需要学习和掌握电磁兼容技术。

电磁兼容技术包括电磁兼容设计技术、电磁兼容试验技术、电磁兼容预测分析技术、电磁兼容管理技术,它几乎涉及电子学的全部内容,还涵盖系统控制和其他相关学科。为了能够从理论高度认识电磁干扰现象的起因、特性和效应,逐步掌握电磁干扰抑制技术,有必要学习一些相关基础知识。

本章主要讲述电磁干扰产生机理,对电磁干扰、电磁敏感度、耦合路径、电磁兼容性相关术语的物理意义给出解释;介绍与测量相关的一些基本概念,如EMC测试量值、单位,测量接收机带宽、检波方式等等。

2.1 缩写词含义

Electromagnetic Compatibility 电磁兼容性(EMC)

Electromagnetic Interference 电磁干扰(EMI)

Electromagnetic Susceptibility 电磁敏感度(EMS)

Electrostatic Discharge 静电放电(ESD)

Conducted Emission 传导发射(CE)

Conducted Susceptibility 传导敏感度(CS)

Radiated Emission 辐射发射(RE)

Radiated Susceptibility 辐射敏感度(RS)

Equipment Under Test 被测设备(EUT)

Line Impedance Stabilization Network 线路阻抗稳定网络(LISN)

2.2　常用名词术语解释

2.2.1　EMC 名词术语

（1）电磁兼容性一般来说是指设备、分系统或系统在其所处的电磁环境中按设计要求具备正常运行的能力，并且不对该环境中任何事物构成不可承受的电磁干扰。也就是说满足 EMC 要求的电子设备既不会影响其他设备的正常运行，也不会受其他设备工作的影响而出现不希望有的电平响应。航天器系统的电磁兼容性包括航天器内部分系统之间、设备之间电磁兼容，同时与发射火箭、发射场环境、空间轨道电磁环境兼容，也就是说航天器运行能力不会因其内部、外部的任何电磁干扰影响而降低。

（2）电磁环境实际上是空间、时间和频谱的函数。航天器内部的电磁环境是指所有装星设备、分系统协同工作时所产生的电磁发射的总和，而航天器工作的电磁环境与运载、发射场的所有设备的电磁发射相关，还与空间各种电磁效应相关。

（3）不希望出现的电平响应是指对标准参考输出的偏离电压值超出设备技术要求中规定容差的一种响应。通俗地讲是指设备工作性能比规定指标下降的一种表示法。

（4）降级是指设备、分系统或系统的工作性能偏离预期指标，使工作性能出现不希望有的偏差。

（5）故障响应是指对标准参考输出的偏离值会引起设备 EMC 故障的一种响应。这些说法在做电磁敏感度测试时常用来考核 EUT 的工作状态。

（6）标准参考输出是指 EUT 在给定一个能使其按正常性能工作的输入电平时所具有的输出电平。在敏感度试验期间，当对正常工作性能（例如在接收机中规定信噪比）出现任何偏离时，就以上述输出电平作为参考电平。标准参考输出电平应在设备技术要求中作出规定。

（7）电磁兼容裕量的设计值或称理论值是指设备、分系统或系统的抗扰性限值与其所在处的发射限值之间的差值（用 dB 表示）。工程上的电磁兼容裕量是指设备、分系统或系统的实测电磁敏感度阈值与其所在处的电磁干扰发射的测量值之差，也称作电磁干扰安全裕量（用 dB 表示）。

有时将电磁兼容裕量分解成发射裕量和敏感度裕量，敏感度裕量也称抗扰度裕量。如图 2-1 所示。

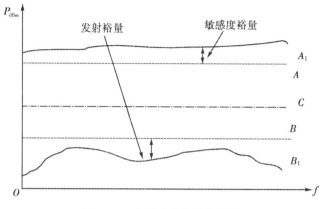

图 2-1　电磁兼容裕量示意图

（8）发射裕量是指设备、分系统或系统的电磁干扰发射的测量值与电磁发射限值之间的差值（用 dB 表示）。

（9）敏感度裕量也称抗扰性裕量，是指设备、分系统或系统的抗扰性限值与电磁敏感度阈值之间的差值（用 dB 表示）。

（10）电磁干扰限值一般由标准或专用技术文件规定，在 EMC 标准中用限制线给出，它对应于设备、分系统或系统实现兼容工作条件下能够允许的电磁发射最高电平（允许值）。辐射发射限值是指在任务书中给出的被测系统辐射发射频谱和幅值极限值，也就是从理论分析和实践经验认为一个系统能够允许的辐射发射，这是规定的设计限制值。它是频率的函数。

（11）电磁干扰测量值是指按标准规定测量方法测得的电磁发射值。

（12）敏感度限值也称抗扰性限值，是指 EMC 标准或专用技术条件中规定的抗扰性电平。辐射敏感度限值是指在任务书中给出的被测系统辐射敏感度频谱和幅值极限值，也就是从理论分析和实践经验认为一个系统应该能够容忍的外界干扰量值，这是系统抗辐射干扰能力的一种设计要求。

（13）敏感度电平是指将一个给定的电磁干扰施加于某一装置、设备或系统干扰电平。

（14）敏感度阈值是指使设备、分系统或系统呈现最小可辨别的不希望有的响应的干扰信号电平，也称敏感度门限。辐射敏感度阈值是指被测系统通过空间介质接收模拟干扰后所呈现出最小可辨别的、不希望有的响应情况下的干扰信号电平，它是频率的函数，一般可通过测量得到。

由于敏感度门限的测试比较费时、费力,工程上一般只在感兴趣的某些频率点上进行。实际操作中,当被测系统某个频率点上的实测电磁干扰(指在接收设备所在处)小于与之相关的接收设备的敏感度限值,并有一定余量(如 3~6dB),则被测系统敏感度阈值的定量测试可以免做。实际系统的敏感度阈值与受电磁干扰的概率相关,还与其他因素相关,不是一个简单的数据或纯电磁参数,工程上一直遵循具体问题具体分析的原则。

(15)电磁干扰现象发生和响应过程一定同时具备三个要素,即电磁干扰三要素:干扰源、传播路径和接收器。如图 2-2 所示。

图 2-2   电磁干扰基本要素

从电磁场的观点看问题,任何辐射元都可以看作天线效应,任何元器件、电缆、设备、天线间都存在耦合效应,任何干扰现象发生都涉及一个收发对。

2.2.2   EMI 名词术语

2.2.2.1   电磁干扰

电磁干扰可能来源于地球磁场、雷电、轨道静电、空间各种高能粒子等自然界中固有的环境影响,也可能来源于包括工业干扰在内的各种人为电磁噪声和杂波。

在民用标准 GB/T4365-1996《电磁兼容术语》中把可能引起装置、设备或系统性能降低或者对有生命或无生命物质产生损害作用的所有电磁现象都称为电磁骚扰(electromagnetic disturbance),它可能是电磁噪声(自然噪声、喀呖声、人为噪声、脉冲噪声、随机噪声、连续噪声、无线电噪声)、无用信号或传播媒介自身的变化,它是客观存在的物理现象(disturbance)。把对设备、传输信道或系统性能构成下降影响时的电磁骚扰称为电磁干扰(interfering)。该标准认为明显不传送信息的时变电磁现象为电磁噪声,认为可能损害有用信号接收的信号叫无用信号,认为损害有用信号接收的信号为干扰信号等。

在军用标准 GJB72-1985《电磁干扰与电磁兼容性名词术语》中直接称任何能中断、阻碍、降低或限制通信电子设备有效性能的电磁能量为电磁干扰(interfering)。把电磁噪声又分为自然噪声、人为噪声、无线电噪声、脉冲噪声、随机噪声等。对电磁干扰也进行了更为详细的划分,并给出严格定义,如工业干扰、宇宙干扰、天电干扰、雷电冲击等。

从工程应用角度出发,为叙述方便,凡属从骚扰源向外发出的电磁能量,它对 EUT(设备、环境)是无益的或无用的,不管骚扰源是来自电子、电气设备(含分系统、系统)本身,还是来自自然现象,或者也可能来自于电磁能量传输过程中,骚扰源可能表现为噪声、喀呖声、无用信号,也可能表现为因串扰、耦合等影响产生的信号骚动,等等,本书统称为电磁干扰。

干扰量可以用与频率有关的频谱特性来表示,也可以用与时间有关的特性如干扰波形幅值、前沿、宽度来表示。对于周期性变化的干扰,如单次脉冲或重复频率很低的脉冲,以一定时间间隔重复的脉冲序列及随机噪声等与频率有关的各种特性,用频域表示方式更为方便。测量仪器可采用选频电压表,电磁干扰测量接收机和频谱分析仪等。这类仪器的特性是测量带宽小于被测干扰的频谱带宽,同时可以以固定的周期进行重复测量和分析。干扰量的频域表示法便于对干扰的发射特性、传输过程中的耦合特性、滤波特性和屏蔽特性等进行描述。它可以评估电磁干扰对窄带系统的影响,经传输路径引起损耗,滤波效果的有效性衡量等。

干扰量的时域表示方式适合于持续干扰,它具有直观的特点。如某数字电路遇到了超过电磁敏感度阈值的干扰,因此产生了误动作,这与干扰幅值相关。比如,数字电路遭遇干扰,使其产生翻转现象,这需一定时间。又比如,数字电路受到某种瞬态干扰发生异常,这与干扰波形的上升沿陡峭程度相关。时域测量常用存储示波器,瞬态记录仪。它们可以工作在连续状态,也可以根据需要随时断开。此类仪表的通频带大于被测干扰的频谱宽度。电源中重复率很低的脉冲干扰,必须用存储示波器这种有记忆功能的仪器进行时域测量。

本课程主要研究航天器设备及系统自身产生和可能遇到的电磁干扰。开关电源的浪涌电流,开关频率的各次谐波都可能使电源线上存在着传导发射。星载设备如行波管放大器、固放、接收机本振等无用发射通过各种耦合方式由信号线或空间向外发射;航天器发射和在轨工作的电磁环境中存在各种不同类型的电磁干扰等等。

2.2.2.2　EMI 名词术语

下面介绍的 EMI 名词术语是为了分析判断 EMI 现象类型,了解 EMI 产生原因以达到排除故障的目的。

(1) 杂散发射是指必要带宽外的单个或多个频点上的发射,包括谐波发射、寄生发射、互调产物及变频产物等的总称,带外发射除外。一般来说互调产物及变频产物是由于发射机高频器件的非线性引起,它们与发射机工作频率之间有确定的关系。

(2) 带外发射是指由调制过程引起的紧靠必要带宽的单个或多个带外频点上的发射,杂散发射除外;一般由于调制器设计不尽合理,带宽选择过宽,使边带超出配置,因此对邻近信道构成干扰。工程经验给出启示,调制器带宽选择适当,不要过宽。作者认为,之所以将带外发射单独提出,除了产生原因有它的特殊性,重要的是测量方法上也比较考究,必须将频谱仪扫描带宽和分辨率带宽进行合理设置,才能得到准确的数据。

(3) 寄生振荡一般是指发射设备设计不当产生的无用振荡,其频率与工作频率无关,完全可能是一种随机的骚扰现象。它可能由于杂散电容,也有可能是电路个别部分自激,原因多种多样。

(4) 本振泄漏是指超外差接收机本振源产生的泄漏电磁场。接收机本振源屏蔽不好,或电路选择性设计不好,都有可能导致本振源的基频、谐波、分谐波等各种杂散发射泄漏出现,形成一种潜在的干扰。

(5) 谐波是指工作频率的整数倍数,或表述为一个周期量的傅里叶级数高于 1 的分量。

(6) 分谐波是指采用倍频原理设计的发射机,其晶振频率的无用高次谐波。电路选择设计不合理,容易生成分谐波,一般低于工作频率。它可以预测得到。

(7) 互调干扰是指两个或两个以上信号在非线性元件中混合,产生新的信号频率分量,它们等于各信号频率整数倍的线性组合,其干扰频率是可以预测的。例如,如果接收机前级电路选择性不好,导致几种干扰信号一起进入电路,由于放大器或混频器等高频有源器件存在的非线性作用。会使干扰信号之间有可能产生混频,其结果出现接近正常信号的干扰信号,而且有可能与正常信号一起进入中频放大之后,产生差拍,形成音频干扰。

(8) 交调干扰是指不希望有的调制信号对有用信号的载波进行调制,其特点是发生在非线性设备、电网络或传播媒介中,而且所产生的干扰频率无法预测。一般来说,交调干扰多发生在多载波传输的通信系统中,如果已调制的干扰信号很强时,当满足一定条件下,会发生干扰信号的调制转移到正常传输的载波上,它们不需满足确定的频率关系。这种干扰危害很大。

(9) 阻塞干扰现象多发生在下面情况,如果有一个很强的干扰信号被接收机接收时,有可能使前级放大器或混频器进入饱和工作状态,弄得不好有可能达到严重的非线性程度,甚至可能导致晶体管损坏。工程上称晶体管击穿现象为完全阻塞现象。

（10）镜频响应是指外差接收机对于调谐频率相差两倍中频的信号所特有的乱真响应。当正常信号比本振低一个中频时，镜像干扰比本振高一个中频，反之亦然。镜像干扰是工程上常见的中频频率组合干扰。

镜像频率是指外差式变频器只选用由差拍产生的两个边带中的一个，而另一个不希望有的频率，也能通过差拍产生上述所选用的频率。与调谐信号频率，正好对称地处于本振频率或注入频率的两边。

（11）倒易混频干扰多发生在当两个干扰信号进入混频器与本振边带噪声混频，则会产生中频干扰。这种情况会导致本振噪声间接进入中频，其结果是输出信噪比降低。最终使接收系统灵敏度和动态范围下降。

（12）组合干扰多与传输通道的非线性相关，以混频器为例作分析，工程上使用的混频器输出端除了有用的混合频率外，还存在许多谐波频率和组合频率。当组合频率接近于中频信号频率时，有可能落在中频频带内，则它会和有用的中频信号产生差拍，被检波成音频干扰。如果混频器前端选择性不好，也有可能使射频干扰进入混频器，当它们与本振的谐波发生作用后，有可能产生中频频率的组合干扰。

（13）无源互调（ Passive Intermodulation 以下简称 PIM ）是指由无源部件的固有非线性导致的互调产物。基本的 PIM 现象是由于电流流过非线性部件产生的。诸如滤波器、同轴线缆及连接器、金属连接面、天线馈源及天线等无源部件由于多种原因可能产生固有的非线性。引起无源部件非线性的微观机理非常复杂，它不仅与材料性质、结构形式有关，还与通道加载及系统装配的工艺质量相关。无源互调产物在时间上不能保持稳定。它们对物理运动或温度循环的过程或温度变化都极敏感。

（14）空间微放电（Multipaction），也称二次电子倍增。它是在真空条件下，电子在强微波电场加速下，在金属表面之间产生的二次电子倍增现象，即在传输微波大功率的无源部件中出现的一种射频击穿现象。

2.2.3　耦合路径术语

（1）耦合路径是指部分或全部电磁能量从规定源传输到另一电路或装置所经由的路径，工程上分为传导和辐射两种路径。

（2）传导耦合包括电容耦合、电感耦合、电阻耦合。

电感耦合是指一个回路中流过变化电流，在它周围空间会产生变化磁场，这个磁场又在相邻回路中产生感应电压，这样就有两个干扰电压耦合到接收电路中去了;耦合量与回路电流、两回路间互感及频率相关。

电容耦合是指两个电路中的导体靠得很近,并且存在一定电位差,则一个导体中的电场会对另一个电路导体产生感应,两者相互影响,相互作用,产生耦合;耦合量与导体形状、相互位置、填充介质及频率相关。

电阻耦合是指两个电路间的连接线,设备间的信号线,电源负载间电源线通过导线在传输信号的同时,也传输干扰。公共阻抗耦合和共电源耦合属此列。

(3) 辐射耦合是指干扰源以电磁辐射形式向空间发射电磁波,处于近场区和远场区的接收电路通过天线耦合、导线感应耦合和闭合回路耦合。

(4) 天线耦合是指经天线接收电磁波,天线在正常接收有用信号的同时,有可能也会将无用信号、电磁噪声感应到接收电路。

(5) 闭合回路耦合是指按正弦变化的电磁场在闭合回路中产生感应耦合,它与交变电场最大值、回路面积以及频率相关。

(6) 交叉耦合是指一种存在于两个或几个不同的信道、电路部件或元件之间的不希望有的耦合。

(7) 串扰是指在一个传输电路中,由其他传输电路通过电磁的相互耦合所引起的不希望有的信号扰动。

(8) 耦合系数是指给定电路中,电磁量(通常是电压或电流)从一个规定位置耦合到另一个位置;目标位置与源位置相应电磁量之比或之差(用 dB 表示时)。

(9) 传导干扰或发射是指沿电源线或信号线传输的电磁发射。换句话说,这种干扰会沿着很长的电源线从发生源传导到与电源线连接的其他设备。类似地,信号和控制电缆也能够作为传导 EMI 的载体。

(10) 辐射发射是指通过空间传播的、有用的或不希望有的电磁能量。辐射发射测试值是被测系统有用的和不希望有的发射的实测值。它不可能是一个常数,它与测试频率和测试位置相关。

2.2.4 电磁敏感度术语

(1)电磁敏感度是军用标准中用来衡量装置、设备或系统在有电磁干扰的情况下不能避免性能降低的能力。在民用标准中用抗扰性来描述装置、设备或系统面临电磁干扰不降低运行性能的能力。辐射敏感度是对造成设备、分系统或系统降级的辐射干扰场的度量。传导敏感度是当引起设备不希望有的响应或造成其性能降级时,对在电源、控制或信号引线上的干扰电流或电压的度量。

(2) 性能判据是指在给被测设备、分系统或系统施加模拟干扰时用来判断被测设备、分系统或系统工作是否正常的主要技术指标。这项指标应该在试验之前在技术文件中标明。例如在作 EMC 试验前应确认是通过观察 EUT 的输出电平值,还是观察 EUT 的频谱图或者观察 EUT 的输出数据列表等来判断 EUT 的工作状态。

(3) 工作性能阈值通俗地讲是指在作电磁敏感度试验时判断 EUT 工作正常与否的量值,准确地讲是用来描述 EUT 某一技术性能特征实现或失效的界限,理论上是一个特定常数,而实际上工作性能阈值通常是一个数据区。高于这个区域上限,被测系统能正常工作,低于这个区域下限,则被测系统成为不可接受状态。上、下限中间区域是个逐渐过渡区称临界区。对于一个具体被测系统来说,工作性能阈值的表述应该是明确的,在作系统 EMC 测试之前应该在技术文件中标明该被测设备、分系统或系统的哪项指标来作系统 EMC 测试的性能判据。

2.2.5　其他相关术语

(1) 高频地线阻抗包括电阻、电感两部分,地线电阻用交流电阻表示,其值与趋肤深度相关。在 EMC 领域,认为长于 $\lambda/4$ 的导线具有电压、电流驻波效应。电路频率很高时,即使很短的走线也会产生明显的辐射和感应。地线阻抗的存在是有可能引发干扰的原因。

(2) 高频接收电路内部噪声可能是放大器元器件和电阻噪声,外部噪声则多半来源于信号源、外界无线电波感应交流声、电容漏电流、接地线噪声、电源纹波、开关切换引起的冲击等等。一般来说在 $f < 10\text{MHz}$ 时,以外部噪声为主;在 $f > 100\text{MHz}$ 时,以内部噪声为主。

(3) 广义天线概念是指从电磁场的观点看任何辐射元都可以看作天线效应。任何元器件、电缆、设备、天线间都存在耦合效应。

(4) "天线集合"概念是指航天器这样复杂的系统工程,有时需要几副,十几副,甚至几十副天线一起工作。这些天线完成各自的任务,它们之间有可能没有直接的电气上的联系。人们常称这些天线为"天线集合"。

(5) 广义阻抗匹配概念在 EMC 领域广泛应用,它所涉及的不仅是有用信号的传输,同时强调电路间或设备间对无用信号或干扰的抑制。在大系统总体给分系统或设备下达任务时应该特别提醒,产品设计师在作设计方案时要尽量选择独立接口关系。

(6) EMC 分类是指依设备对系统性能的重要性、设备失效可能造成的危害程度(生存级、工作级、性能级)对设备进行分类。

Ⅰ类设备是指在受扰后,工作性能降低甚至受到破坏,直接危及系统成功飞行和人身安全。

Ⅱ类设备是指在受扰后,会影响设备的工作性能任务,但不至于影响系统及人身安全。

Ⅲ类设备是指设备工作性能降低或发生故障,会使系统性能降低,不会导致完成不成任务。

生存级指 EUT 在规定强度的电磁环境中不会有任何永久性的性能失效。

工作级是指 EUT 在规定强度的电磁环境中不会出现故障、功能失效、工作状态改变(或模式改变)和其他需要外部干预的情况。EUT 能完成系统自检等常规辅助性功能,但不包括精确完成某些特定功能。

性能级是指 EUT 在规定强度的电磁环境中,能可靠执行其工程任务并具备各项性能指标要求的能力。

(7) 电源品质要求指用户可接收的,用于航天系统的传导电压,由于负载调节、尖峰信号、电源跌落等引起的噪声,以及阻抗要求。

(8) 线路阻抗稳定网络(LISN)是在受试设备的电源引线上插入的一种网络,它能在给定的射频段为测量射频骚扰电压提供一个特定的负载阻抗,同时使受试设备与电源隔离。

(9) 系统间干扰是指两个不同系统之间存在的有害的相互作用,例如运载火箭与卫星。

(10) 系统内干扰是指同一航天系统的两个不同的分系统或不同分系统的两个设备之间有害的相互作用,例如来源于同一航天器的射频(RF)传输导致飞行器控制分系统的非指令操作。

(11) 内部充电现象是指空间高能量电子穿透航天器结构和/或部件壁,因而这些粒子附在没有接地的金属或绝缘体的内表面。

2.3　EMC 测量基础知识

2.3.1　测量值单位

在 EMC 的所有测量和计算中,无论是对干扰强度、设备敏感度还是干扰裕度,在未加特别说明的情况下,一律都是从功率的角度出发,以 dBm 为单位进行。而测量仪表的读数又多以电压或电流的单位出现,这样就存在一些常易弄错的转换关系。本小节就此特加说明。

在 EMC 测量中干扰的幅度可用功率来表述。功率测量单位通常用 dBm,常以 0dBm(表示 1mW)作为基准参考电平。

实际使用时,可将测得的干扰功率值作简单数据处理:

$$P_{dBm} = 10\lg \frac{P_{mW}}{1_{mW}} \qquad (2-1)$$

式中,P_{mW} 为实际测量值;P_{dBm} 为用 dBm 表示的测量值。

在 EMC 测量中,有时遇到宽带干扰。这种干扰与带宽相关,显然,测试功率无法反映这种相关性。因此,这种情况下作电磁发射测量时,用干扰电压作测量值比用功率表示更合适。

在规定条件下,测得的两分离导体上两点间电磁干扰引起的电压为干扰电压,用 dBμV 来表示。常以 0dBμV(即 1μV)作为电压基准参考电平:

$$V_{dB\mu V} = 20\lg \frac{V_{\mu V}}{1_{\mu V}} \qquad (2-2)$$

式中,$V_{\mu V}$ 为实际测量值;$V_{dB\mu V}$ 为以 dBμV 表示的测量值。

在 EMC 测量中干扰功率与干扰电压间的单位转换关系,要考虑射频传输的波阻抗和测量设备的输入阻抗。如果属于纯电阻,则满足下面关系:

$$P = V^2/R \qquad (2-3)$$

式中,P 为功率,W;V 为电阻上的电压降,V;R 为电阻,Ω。

也可以写成用分贝数表示的形式:

$$P_{dBm} = V_{dB\mu V} - 90 - 10\lg R \qquad (2-4)$$

对于 50Ω 系统,则满足下式:

$$P_{dBm} = V_{dB\mu V} - 107 \qquad (2-5)$$

可表述为 0dBm,相当于 107dBμV;或 0dBμV,相当于 -107dBm。

当采用电流钳作传导干扰测量时,用干扰电流计量,单位用 dBμA 表示:

$$I_{dB\mu A} = 20\lg \frac{I_{\mu A}}{1_{\mu A}} \qquad (2-6)$$

式中,$I_{\mu A}$ 为电流,μA;$I_{dB\mu A}$ 为以 dBμA 表示的干扰电流测量值。

在规定条件下,测得的给定位置上电磁干扰产生的场强,用干扰场强描述。

由于 EMC 测量标准中,规定 1m、3m、10m 法,对于部分频段来讲,仍属于近场测量范围。近场中电场、磁场由于受驻波影响,它们之间没有准确的定量关系。这种情况下电场、磁场之间不满足互相垂直关系,应该有一个空间夹角。因此,必须同时测出电场强度和磁场强度。

为使用方便,有时也用坡印亭矢量(通过单位面积的电磁功率,也称功率密度)来描述。

$$\vec{S} = \vec{E} \times \vec{H} \qquad (2-7)$$

式中,$\vec{S}$ 为坡印亭矢量,W/m^2;$\vec{E}$ 为空间一点的电场强度,V/m;$\vec{H}$ 为空间一点的磁场强度,A/m。

空间任意一点,E 与 H 的关系用空间波阻抗描述:

$$Z = \frac{E}{H} \qquad (2-8)$$

式中,Z 为空间波阻抗,Ω。

当满足远场条件时,E 与 H 垂直,$Z = 377\Omega$,则

$$S_{dB(W/m^2)} = E_{dB(V/m)} - 26 \qquad (2-9)$$

EMC 测量中,功率密度用 W/m^2,$\mu W/m^2$ 或 dBW/m^2,$dB\mu W/m^2$ 来表示。电场强度用 $dB\mu V/m$ 表示。磁场强度用 $dBPT/m$ 表示。

磁场强度单位与国际单位制中磁感应强度单位的关系,由下式给出:

$$B_T = \mu H \qquad (2-10)$$

式中,B_T 为磁感应强度,T;μ 为介质绝对磁导率,H/m;真空中 $\mu_0 = 4\pi \times 10^{-7} H/m$,

$$B_{dBPT} = H_{dB(\mu A/m)} + 2 \qquad (2-11)$$

2.3.2　测量接收机检波方式

EMI 测量接收机是频域测试设备,其工作原理是将被测干扰信号放大,经几级混频,进入中放,放大后的中频信号进入检波器。由于检波器对中放输出包络的影响不同,检波方式也不同。不同检波器的实质性差异是充电、放电时间常数不同。针对 EUT 的类型,选择合适的检波方式,使测量结果科学合理。这一思想已体现在 EMC 标准中,如军标一般要求采用峰值检波,而 CISPR 标准则要求采用准峰值检波方式等。

峰值检波器要求检波电路充电足够快,而放电足够慢。峰值检波器读出的是包络的最大值,它只取决于信号幅度。实际上,许多人为的窄带干扰信号如载波、本振、谐波等连续正弦波干扰信号或单个脉冲,或重复频率很低的脉冲适合采用峰值检波方式。峰值检波的特点是充电时间极短,适合快速扫描。

准峰值检波器充电时间常数比峰值检波器大,而放电时间常数比峰值检波器小。充放电时间常数之比是可以选择的。这样检波方式即可以反映干扰信号的幅度,同时也能反映出干扰信号的时间分布。工业设备产生的干扰信号,大多属于具有一定重复频率的脉冲干扰,当脉冲频率比较高时,中放输出的是一系列

的脉冲串。在无线电电子通信设备的干扰现象中,干扰效应随脉冲重复频率的提高而增加。上述类型干扰以采用准峰值检波为宜。CISPR 标准推荐使用带有准峰值检波器的 EMI 测量仪。电磁发射的极限值,也是以准峰值规定的。

平均值检波实际上是取包络在一段时间内的平均值。有效值检波也称均方根值检波。

随机噪声是指某些电子元器件工作时发出的噪声及信息传输过程中,因串扰等引起的噪声。其特点是瞬时值为杂乱无章的随机变化量,有些随机噪声如热噪声、散粒噪声等服从正态分布规律。对它们来说,峰值是无价值的,有意义的是与时间无关的统计特性。通常采用带有窄带通滤波器和均方根值检波器的波形分析仪,来检测随机噪声功率密度频谱,测得的电压的二次方值常与测量带宽成正比,若使用平均值电压表,则应把读数乘以经验系数 1.15,换算成有效值表示。

2.3.3　频域测量带宽选择

由于各种电磁干扰的周期、强度、波形等差异很大,所以测量干扰仪表的通频带、线性度、检波回路的充放电时间常数等对测量结果有影响。为使不同测试设备对同一 EUT 的测量有可比性,则从 EMC 标准的角度,对测量带宽作了统一规定。对 EMI 测量接收机来说,测量带宽是测量接收机的中频带宽。对频谱分析仪来说,测量带宽指的是分辨率带宽(RBW),它是最窄的中频带宽。

GJB152A－97《军用设备和分系统电磁发射和敏感度测量方法》的发射测试中,对频率扫描测量带宽就有如下规定,见表 2－1。

表 2－1　频率扫描测量 6dB 带宽

频率范围	6dB 带宽
30～1000Hz	10Hz
1～10kHz	100Hz
10～250kHz	1kHz
250kHz～30MHz	10kHz
30MHz～1GHz	100kHz
>1GHz	1MHz

GJB151A－97《军用设备和分系统电磁发射和敏感度测量要求》的所有发射干扰极限值也是按上述约定带宽来标定的。

国际 EMC 标准 CISPR16－1《无线电干扰和抗干扰度测量设备规范》中,对测量带宽作了具体规定。

早期的准峰值测量接收机由四台测量接收机工作频带范围覆盖 9kHz～1000 MHz，它们的 6dB 带宽表示在表 2-2 中。

表 2-2　准峰值测量接收机 6dB 带宽

工作频率范围	6dB 带宽
9～150kHz	0.2kHz
0.15～30MHz	9kHz
30～1000MHz	120kHz
1～10GHz	1MHz

使用频谱分析仪类型的测量接收机，分辨率带宽（Resolution Band width 简称 RBW）的设置与测量扫描速度相关，一般满足下式

$$v = \frac{(B_{\mathrm{w}})^2}{K_1} \qquad\qquad (2-12)$$

式中，v 为扫描速度，Hz/s；B_{w} 为频谱分析仪的分辨率带宽，Hz；K_1 为分辨率带宽滤波器的形状因子（一般定义为 3dB 带宽与 60dB 带宽的比值）。

对于一个特定测试，确定测量带宽是第一步，对 EMI 测量接收机来说小的带宽可提供最好的灵敏度，但从实际情况出发，这样选择未必最佳，因为一次扫描时间的延长会给测量带来新的问题。因此，带宽选择应顾及足够的灵敏度和最佳测试速度两个方面。

频谱分析仪型的测量接收机的视频带宽（VBW）选择与显示相关，VBW 滤波器指的是显示信号电路的带宽。通常 VBW 与 RBW 一起考虑，对正弦波信号无意义，对脉冲信号需要选择较宽的 VBW，以保证最好的和最精确的测量和显示。

一般情况下，不使用 VBW 来限制接收机的响应，维持默认值（仪器自动耦合），如果测量接收机的 VBW 可控，则应将其设置为最大值。

2.3.4　测量接收机灵敏度

一般来说，把测量接收机在测量时能够测出的最小绝对变化量称为接收机灵敏度，用 dBm 表示。如果用测量接收机内部的噪声折算到输入端的功率，以 N 表示的话，则下式成立：

$$N = KTB \qquad\qquad (2-13)$$

式中，N 为噪声功率，W；K 为波兹曼常数，1.38×10^{-23} J/K；T 为接收机输入端等效噪声温度，K；B 为接收机带宽（或频谱分析仪分辨率带宽），Hz。

工程上常把 T 看成由两部分组成,一部分是接收机内部噪声影响,可用噪声系数 F_{dB} 描述,另一部分是环境温度的影响。假设环境温度为 20℃,则下式成立:

$$N_{dBm} = -114 + F_{dB} + 10\lg B_{MHz} \tag{2-14}$$

式中,N_{dBm} 为测量接收机灵敏度,dBm;F_{dB} 为测量接收机自身噪声系数,dB;B_{MHz} 为测量接收机测量带宽,MHz。

接收机灵敏度与接收机本底噪声相关,本底噪声由接收机的带宽、输入衰减以及内部混频器转换效应和中频放大器的噪声系数决定。

2.3.5　测量接收机过载问题

在 GB/T4365-1996《电磁兼容术语》中对过载系数有确切定义,表述如下:正弦输入信号最大幅值与指示仪表满刻度偏转时输入幅值之比,对应与这一最大输入信号,接收机检波器前电路的幅度特性偏离线性应不超过 1dB。

这一解释显然是对模拟接收机而言。实际工程中,对所有测量接收机都有一个正确使用,并防止非线性出现带来测量误差的问题。

这里应特别提起注意的是,有人把过载使用,仅仅理解为防止接收机烧毁,这样的观点是片面的。更有人甚至在使用频谱分析仪(如 HP8566B)时,把面板上提示的 30dBm 警示作为标准,认为只要输入信号小于 30dBm 就属于正常使用。这是极其错误的。

正确使用测量仪器是确保测量值准确、可靠的基本条件。对测量接收机(或频谱分析仪),重要的是让其工作在线性工作状态。这就是说,要求接收机的前置放大器、混频器、中频放大器等均工作在线性区,一般前端混频器的最佳工作点约在 -40dBm。掌握这些常识,采取有效措施,控制输入信号电平是测试人员应掌握的基本技能,这里不多叙述。

EMC 标准规定,正弦输入信号情况下,对应最大输入信号,接收机检波前电路的幅度特性偏离线性不超过 1dB。

2.3.6　测量准确度

在测量过程中,测量仪表的读数与被测变量的真值之间会有所差异,人们把它们的接近程度,用测量仪表的测量准确度来表述。应该说任何测量都会存在误差,没有误差的测量是不存在的。这种测量误差一般用系统误差和随机误差来描述。

系统误差一般可以通过计量校准修正;随机误差可以通过多次测量,采用统计学方法降低其影响。

系统误差包括仪器误差、环境误差。仪器误差是属于仪器自身固有的缺陷，可以通过计量校准修正。环境误差属于影响测量的外部条件如温度、湿度、气压、电磁场等引入的误差。可供分析测量结果时采用。

随机误差是由一些未知原因造成，即使在所有的系统误差均被考虑后，它依然存在。一般是很难消除，或者说消除不了的。理论上可以靠反复多次测量，用统计办法降低随机误差影响。

如果测量过程是在理想的环境条件下进行，测量结果会更为准确、可靠。实际上，测量系统自身也有可能产生干扰或受扰。对测量系统所采取的一系列EMC 措施，统称为测量系统防护。它是研究提高 EMC 测量准确度的重要内容之一。

2.3.7　天线因子

在 GJB72 - 85《电磁干扰和电磁兼容性名词术语》中对天线因子是这样定义的：天线因子指这样一个系数，将它适当用于测量仪的仪表读数上，就可得出以伏每米表示的电场强度或以安每米表示的磁场强度。显然，这是从应用的角度来描述的。此系数包含了天线有效长度、失配和传输损耗的影响。这里说的测量仪表读数应指仪表输入端的电压。所谓天线有效长度是指天线的开路感应电压与被测电场强度分量之比。而天线感应电压是指天线开路两端子间所测得的或算出的电压。

以辐射干扰测量为例，测试天线处于接收状态，依上述定义天线系数可用下式表示：

$$AF = \frac{E}{V} \qquad (2 - 15)$$

式中，E 为被测量的电场强度，V/m；V 为测量天线的输出端电压，V；AF 为天线因子，1/m。

将上式用对数形式表示为：

$$E(\mathrm{dB}\mu\mathrm{V/m}) = AF(\mathrm{dB/m}) + V(\mathrm{dB}\mu\mathrm{V}) \qquad (2 - 16)$$

以辐射敏感度测量为例，测试天线处于发射状态，天线因子可用下式表示：

$$TAF = \frac{E}{V} \qquad (2 - 17)$$

式中，E 为距离源或发射天线 1m 远产生的电场强度，V/m；V 为天线输入电压；TAF 为天线因子。

用对数表示:

$$E(\mathrm{dB\mu V/m}) = TAF(\mathrm{dB/m}) + V(\mathrm{dB\mu V}) \tag{2-18}$$

天线因子是一个与频率相关的函数,一般由测试天线生产厂家提供。具体应用时,还应附加测试天线与测量仪表间连接电缆的损耗,以 dB 计。即:

$$\mathrm{EMI(dB\mu v)} = 测量仪表读数(\mathrm{dB\mu V}) + 天线因子(\mathrm{dB}) + 电缆损耗(\mathrm{dB})$$

$$\tag{2-19}$$

注意:上式是在假定测量仪表输入阻抗,同轴电缆阻抗均为 50Ω,整个系统阻抗匹配情况下才成立。

鉴于 EMC 试验中测量值一般指视在场强,一般来说,测试天线因子是在试验场利用互易原理测试得到。

天线系数包括了天线的有效长度、失配和传输线损耗的影响。虽然天线的生产厂家通常会提供相应的天线系数,但是这个值在所有我们感兴趣的频率上并不总是有效的,其精度也不一定能满足所有的要求。要测量天线系数,有几种方法可供选择,其中有一种方法是不需要使用标准天线或经过精确校准的天线的,它就是标准场地法。目前推荐用 SEA – ARP – 958 标准测试或校准天线系数。

测试装置如图 2 – 3 所示,图中所示的两副天线完全相同,相距为 R,一般 R 取 1m、3m、10m。两副天线架设高度相同,极化方式设置一致。假设测试系统为 50Ω 阻抗匹配系统,地面反射和周围反射忽略不计。

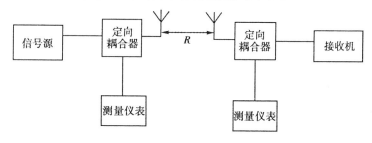

图 2 – 3　天线因子校准连接框图

工程上常根据天线增益(真数)来计算天线因子,用下式表示:

$$AF(\mathrm{dB}) = 20\lg\left(\frac{9.73}{\lambda\sqrt{G}}\right) \tag{2-20}$$

为计算方便还可以写成下面形式:

$$AF(\mathrm{dB}) = 29.75 + 20\lg f(\mathrm{MHz}) - 10\lg G \tag{2-21}$$

式(2 – 20)推导过程如下:假设 $G_r = G_t = G$,信号源输出功率为 $P_t(\mathrm{W})$,接

收天线处的功率密度为：

$$P = \frac{P_t}{4\pi R^2} \cdot G_t \qquad (2-22)$$

波印亭矢量 $\vec{S} = \vec{E} \times \vec{H}$ 在远场区，同时满足自由空间条件，$\vec{E}$，$\vec{H}$ 两者互相垂直，其比值为常量 $120\pi\Omega$。

接收天线处波印亭矢量模为 $E^2/120\pi$。则下式成立：

$$E_t^2 = \frac{120\pi \cdot P_t \cdot G_t}{4\pi R^2} \qquad (2-23)$$

$$E_t = \sqrt{30 P_t G_t}/R \quad (\text{V/m}) \qquad (2-24)$$

发射天线在接收天线处形成的场强与距离 R 成反比。

引入天线因子 AF，将场强测量问题转化为测量天线的输出电压问题：

$$V_t = \frac{E_t}{AF} \qquad (2-25)$$

接收天线的输出功率可定义为接收天线处的功率谱密度和接收天线的有效面积的乘积：

$$P_r = P \cdot S_e \qquad (2-26)$$

天线有效面积可理解为天线输出端子上有用功率与给定方向入射平面波的功率密度之比，其入射平面波的极化方向应与天线辐射的极化方向一致：

$$S_e = \frac{\lambda^2}{4\pi} \cdot G_r \qquad (2-27)$$

接收天线输出功率：

$$P_r = \frac{P_t G_t}{4\pi R^2} \cdot \frac{\lambda^2}{4\pi} \cdot G_r = P_t \cdot (\lambda G/4\pi R)^2 \qquad (2-28)$$

接收机输入功率可用下式表示：

$$P_r = \frac{(E_t/AF)^2}{Z_{in}} \qquad (2-29)$$

在 50Ω 的测试系统中：

$$\cdot AF = \frac{E_t}{\sqrt{50 P_r}} \qquad (2-30)$$

将式(2-24)代入式(2-30)得：

$$AF = \frac{\sqrt{30 P_t G_t}}{\sqrt{50 P_r} \cdot R} \qquad (2-31)$$

$$AF = \frac{\sqrt{30/50}}{R} \cdot \frac{\sqrt{P_t}}{\sqrt{P_r}} \cdot \sqrt{G_t} \qquad (2-32)$$

由 $G = \dfrac{4\pi R}{\lambda} \cdot \sqrt{\dfrac{P_r}{P_t}}$ 得

$$AF = \frac{\sqrt{0.6}}{R} \cdot \frac{1}{\sqrt{G_t}} \frac{4\pi R}{\lambda} = \frac{9.73}{\lambda \sqrt{G}} \qquad (2-33)$$

2.3.8　电磁环境电平

GJB72 - 85《电磁干扰和电磁兼容性名词术语》中对电磁环境电平有专门定义,表述如下:在规定的试验地点和时间内,当试验样品尚未通电时,已存在的辐射及传导的信号和噪声电平。环境电平是由人为及自然的电磁能量共同形成的。

所谓规定的试验地点,一般指开阔场地、实验室等进行 EMC 测试或进行 EMI 预测试的场所。规定的时间可以理解为每次正规测试之前或之后,为确定测试是在达标的试验条件下进行。也可以理解为当测试条件不能满足时,为作为剔除环境影响时参考使用。

一般来说,当一个正规的 EMC 实验室建设完毕,最终验收时,一定要检测实验室的电磁环境电平。它表明实验室各种设施到位,测试设备正常运行下固有噪声的总和。这是衡量实验室硬件综合性能指标的重要依据。

以实验室的电磁环境电平测试为例,它分为传导和辐射两种模式。测试方法采用标准规定的测试方法。

图 2 - 4 给出某 EMC 实验室按国军标 GJB152-86 规定,在 10kHz～10GHz 范围内的辐射发射环境电平。测量接收机采用 R&S 公司 ESMI 测量接收机,测试辅助设备选用以下天线:

14～300kHz　　单极有源天线;

0.3～30MHz　　环行天线;

20～300MHz　　双锥天线;

200～1200MHz　对数周期天线;

1～10GHz　　双脊喇叭天线。

实验室的辐射发射环境电平与实验室的屏蔽度特性和场地衰减特性相关。图 2 - 5 给出某 EMC 实验室按国军标 GJB152 - 86 规定,在 10kHz～10MHz 范围内传导发射环境电平。测量接收机为 ESMI 测量接收机,测试附件用电源阻抗稳定网络(LISN 原是线路阻抗稳定网络,但因常用于电源线路,故称电源阻抗网络也可)。

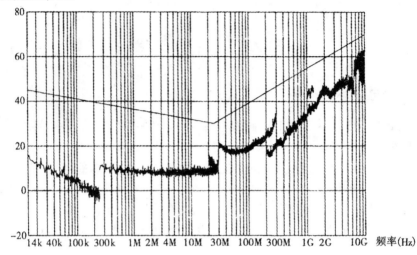

图 2-4 实验室的辐射发射环境电平

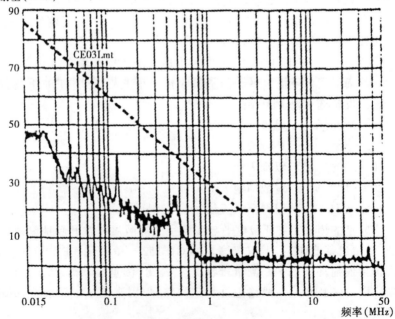

图 2-5 实验室的传导发射环境电平

　　实验室的传导发射环境电平与实验室的接地、绝缘性能指标有关,与电源滤波器性能的好坏关系极大。

　　智能型测试软件有能力将感兴趣的频率点上的环境影响剔除。数据处理如下:假设 EUT 未通电时,接收机读数为 V_1;假设 EUT 接通后,接收机读数为 V_2;假设 EUT 的真实发射测量值为 V_t,则下式成立:

$$V_2^2 = V_1^2 + V_t^2 \qquad\qquad (2-34)$$

V_t 可以通过两次测量数据解出。

　　这里可以解释一下,为什么标准中认为只要电磁环境电平低于极限值 6dB,则认为满足规范要求的 EMC 实验室。因为当我们假设 V_1 与 V_2 相比小于 6dB 时,则求解的 V_t 与 V_2 间只差 1dB。在 EMC 测量中,用 V_2 代替 V_t 是可行的,测量误差控制在 1dB 之内,在这里是允许的。

第3章 EMC标准

标准是为了重复和连续使用,由认可的标准化组织批准的一套技术规范。IEC对标准所给出的解释是:标准是为了促进国际贸易,对某个技术领域达成国际一致意见的出版物。

本章将介绍EMC标准的起源和发展,对EMC标准的理解和认识以及航天器研制相关标准等项内容。

3.1 EMC标准的起源和发展

EMC技术研究早在20世纪初期已经有组织地进行,但对EMC标准的研究应该说起源于第二次世界大战以后,了解美军标MIL-STD-461/462/463系列要追溯到1945年,当时电磁兼容技术的发展迫切要求对该领域的相关活动进行规范。出于工程需要,1965年,美国国防部组织三军的工程技术人员和标准化人员一起制订统一管理规范,逐步升级为标准。1967年正式发布了一个包括电磁干扰术语、测试范围、测试方法及设备要求的通用标准,从此结束了名目繁多的军用标准,方便了工程应用。经过30多年实践,共发布5个版本。修改完善的演变过程形成461B、461C、461D、461E;MIL-STD-1541航天系统的电磁兼容性要求,发表于1973年10月;MIL-STD-1542航天系统设施的电磁兼容性要求和接地要求,发表于1974年4月。

我国的EMC标准化工作开始于20世纪60年代,80年代以后得到各方面的高度重视,各行各业开始编制相关产品的EMC标准。自从1983年发布第一个EMC国家标准,到2000年已经发布80多项有关的国家标准。特别是加入WTO以后,国家技术监督局对已存在的EMC标准进行整改,并加强宣传教育工作。在EMC标准制定和实施监督方面取得很大进展。

3.1.1 EMC标准分类

EMC标准很多,从内容上分,有基础标准、通用标准和产品类标准和专用产品类标准;从应用范围分,有军用标准和民用标准;从执行角度可分为推荐执行标准和强制执行标准。

基础标准适用系列产品、系统或设施,它们规定达到 EMC 的一般和基本条件或规则,是制定其他 EMC 标准的基础或引用文件。

通用标准是关于特定环境下的 EMC 标准,通用标准将特定环境分为居住、商业和轻工业环境,工业环境两类。

产品类标准根据适用于产品范围的大小和产品特性制定的 EMC 标准。

专用产品类标准是关于特定产品、系统或设施制定的 EMC 标准。

有关 EMC 国际标准很多,美国、英国、法国、德国、日本等等都有自己国家的 EMC 标准。和我们关系比较密切的是 CISPR 系列 EMC 标准和 IEC61000 系列 EMC 标准。

CISPR 系列是 IEC 下属的国际无线电特别干扰委员会负责组织制定的,CISPR 组织主要负责制定 9kHz 以上的电磁干扰测量方法和测量设备标准研究。

IEC61000 系列是 IEC 下属 TC77 组织负责制定的,IEC 主要负责制定 9kHz 以下的电磁干扰问题及整个频率范围内的抗扰性基础标准和通用标准研究。

3.1.2　军标测量与民标测量的不同

军标测量规定在离被测件 1 米距离上进行。军标的辐射发射限值和辐射敏感度要求都是相对 1 米距离提出的。

军标测量不要求接收天线上下移动 4 米,不要求方位旋转 360 度。但军标要求被测件应将产生最大辐射发射的一面或对辐射信号最易产生响应的一面对准接收天线。

军标要求峰值检波,民标要求准峰值检波。

所有接收机都是用能产生相同峰值指示的正弦波的均方根定标。

峰值、准峰值检波是对出现在接收机中频及其带宽内的信号包络进行检波处理。对于施加到接收机的调制信号,两种检波器产生不同响应。前者检测到的是中频信号包络的最大值,并显示一个具有相同峰值的正弦波的 RMS 值;后者则由于充电时间常数比前者大,放电时间常数比前者小,其检测结果不仅与干扰信号幅度相关,还与作用时间相关(脉冲宽度和重复频率)。工程实践证明,多数军品在单次脉冲冲击下有可能受损,而民品多与声音信号、视频信号相关联,采用准峰值检波更合理。

民标关于瞬态测量规定的很细,如浪涌(冲击)抗扰度测试,电快速瞬变脉冲群抗扰度试验,电压暂降、短时中断和电压变化的抗扰度试验等等。

军标关于瞬态测量有 CE107 和 CS106:CE107 描述的是电源线上的尖峰干扰信号(时域)传导发射,闭路配置采用电流探头测得的是干扰电流;开路配置采用电压探头测得的是干扰电压。CS106 描述的是电源线上的尖峰干扰信号(时域)传导敏感度,串联注入的是瞬态电流,并联注入的是瞬态电压。

3.2 对 EMC 标准的理解和认识

制定 EMC 标准是为了统一协调电子系统、分系统和设备的各种技术状态。执行标准可以减少设计、试验和管理中的重复工作,收到提高经济效益的效果。EMC 标准具有权威性和可裁剪性。

3.2.1 标准权威性

EMC 标准是由认可的标准化组织批准的一套关于 EMC 的技术规范。EMC 标准是人们在 EMC 工程实践活动中的经验总结,它是科学的、合理的、实用的。EMC 标准有权威性,EMC 标准有法律效力。在应用工程研制、生产和使用过程中,EMC 标准是 EMC 设计的准绳,EMC 管理的指南,EMC 测量的依据,检验产品是否合格的准绳。

在我国,产品类标准均属于强制性标准,这就意味着凡是有 EMC 要求的电子产品,在进入中国市场时,均应满足相应的 EMC 国家标准。测量结果评定对于具有发射性能的产品,如各种发射机和接收机本振源,必须检验它的无意发射。EMC 标准对于这些无意发射作了具体约定,即发射极限值限制线。凡经标准实验室测试,在规定频率范围内,测试曲线低于限制线,则判断该产品通过了 EMC 标准的相应的测试项目。

对于具有敏感电路的产品,必须检测它的电磁敏感度。凡属按 EMC 标准规定对试验样品施加规定干扰后,试验样品工作正常,则称该产品达到了 EMC 标准要求。

3.2.2 标准可裁剪性

航天器产品属于专用产品,规定按国军标要求,当然对于具体型号而言,可依航天器的寿命、运行轨道、有效载荷等具体情况,对标准的具体项目要求及限制线进行适当剪裁。实施 EMC 标准是严格的,也是灵活的。

国军标 GJB151A-97 重视执行标准过程中的裁剪工作。在 1.3 节明确指出：为了避免造成电磁兼容欠设计和过设计,对于特定系统或平台内使用的设备或分系统,当具体电磁环境和工程分析表明本标准的要求不完全适用时,可对本标准要求进行剪裁,加严或放宽要求,以满足整个系统的性能,提高费效比,降低成本。剪裁包括对测量项目进行剪裁和对测量极限值进行剪裁。

国军标 GJB151A-97 要求将裁剪内容列入测量文件中,试验室的电磁环境电平应记录在测量设备和分系统的测量报告中,产品敏感性判据也应记录在测量报告中。说明对测量报告的撰写工作给予了更多的重视。

如何实现对标准的剪裁是我们关心的有工程实用价值的大问题。提出以下建议供参考:

· 思考目前航天产品在用标准涵盖面是否全面合理;
· 研究设备安装条件;
· 研究设备的周边辐射电磁环境;
· 研究设备的输入输出接口关系;
· 积累测试数据。

下面举例说明在执行标准过程中对剪裁的具体应用。

法宇航鑫诺一号卫星(SINOSAT)对有效载荷分系统实施 EMC 要求时,除了常规的传导发射、辐射发射、传导敏感度、辐射敏感度检测项目外,还加测电流特性等项目。在具体项目的限制线取值方面也作了适当的调整。如一般载荷电源线传导发射限制在线上流过的平均电流的 10%。电源线上的传导敏感度要求一般为 1V 有效值,尖峰信号的幅度控制在 60V 以内。对电场辐射敏感度也提出具体要求,非工作频段应能承受来自火箭的 1V/m 场强干扰,星内设备在工作频段应能承受 10V/m 场强干扰,星外设备在工作频段应能承受 40V/m 场强干扰。

美国国家航天局 GODDARD 航天飞行中心 1997 年编制的"地球同步轨道工作环境卫星性能规范"除了常规的传导发射、辐射发射、传导敏感度、辐射敏感度检测项目外,还检测无源组件的射频泄露及共模噪声。

GLAST 卫星要求增加共模传导发射 CECM 和共模传导敏感度 CSCM 测试项目,检测频段是 DC - 150MHz,CECM 的限制值是 200mV,CSCM 则是直接注入 400 mV 的纹波电压,工程设计余量是 6dB。

3.2.3　EMC 测量标准

EMC 学科研究的问题很广泛,EMC 测量研究占有极其重要的位置。在 EMC 领域的所有标准(含国际标准、各国标准)中,有关 EMC 测量的标准又占了相当大的比重。显而易见,EMC测量应以测量标准为主线。

由于EMC测量结果可能决定一种产品是否可以推向市场,它起着类似执照的作用,人们称之具有法律效力。可见确保测量结果的公正性是非常重要的。EMC测量标准正是根据这种需要制定的。EMC测量标准是进行EMC测量的技术依据。认真学习这些标准文件,了解它的物理意义,严格按照标准规定的办法操作,才能够保证测量结果的正确性。这就要求人们必须解决测量过程中许多人为因素影响的技术问题。

EMC测量标准多种多样,首先分为军用标准、民用标准。如专门适用于军用产品测量的军用标准MIL-STD-462D《军用设备和分系统电磁发射和敏感度测量方法》等。民用标准又可细分为许多种类,有关于电磁干扰测量的基础标准,也有一些关于系列标准化试验方法与要求的通用标准,有些标准规定某类产品的特殊EMC要求(包括详细的测量程序)等。如CISPR 16-2《电磁干扰与抗干扰测量方法》,我国标准化组织已将大部分EMC国际标准等同或等效成EMC国家标准(包括EMC国家军用标准GJB系列和EMC国家标准GB系列)。关于测量标准的详细介绍,见参考文献[5]。

如何使用这些EMC测量标准是我们关心的内容。作者根据多年工作中接触到的问题,总结出正确使用标准应注意以下几点:

(1) EMC测量标准很多,实验室现有测试设备的测试能力也很强,目前按军标配备的实验室,也能完成某些民用产品的某些EMC指标测量。同样按民标配备的EMC实验室也能进行某些军标的测试。作为测试技术人员要弄清EUT属于那类产品,它应执行哪个标准。测试前应该了解该测量标准的技术内涵。产品设计师也应该了解自己开发的产品应该按着哪个标准进行检测。举例说明,一台肾结石粉碎机要进行EMC检测,应按GB4824-1996《工业、科学和医疗(ISM)射频设备电磁骚扰特性的测量方法和限值》进行测量。新研制的电动玩具准备推向国际市场,必须按照GB4343-1995《家用或类似用途电动、电热器具、电动工具及类似电器无线电干扰特性测量方法和允许值》进行测量。一台雷达发射机在装车之前,必须严格按照GJB152A-1997《军用设备、分系统电磁发射和电磁敏感度测量方法》进行测量等。

(2) 每个EMC测试标准都包括许多测试项目。具体EUT应该执行EMC测试标准的哪些测试项目,它的物理含义是什么,是测试前应该弄清楚的。以雷达发射机为例,依据GJB151A-97的提示或依据雷达技术指标,一般要进行以下项目的测试,如CE102 10kHz~10MHz电源线传导发射测量,CS101 25Hz~50kHz电源线传导敏感度测量,CS114 10kHz~400MHz电缆束注入传导敏感度测量,RE102 10kHz～18GHz 壳体和所有电缆的辐射发射测量,其他项目依专业技术条件和具体情况而定。

(3) EMC 测量标准规定了测量方法,实际工作中要严格按照规定操作。仍以 RE102 为例,在对雷达发射机摆放时,要注意将所有互联电缆朝向 EMI 测试接收机,电缆位置必须模拟真实使用情况,电缆应该是工程用的真实电缆,至少参试件类型与真实电缆相同,这样的测量结果才接近真实情况。

为了更进一步了解测量标准,再举出一些实例。

在诸多 EMC 标准中,CISPR 标准中有关 EMC 测量的标准需要仔细阅读,以 CISPR16-1《无线电干扰和抗扰度测量设备和测量方法规范》为例。第一部分为无线电干扰和抗扰度测量设备规范,介绍了 4 种类型的测量接收机(准峰值测量接收机,峰值测量接收机,平均值测量接收机,均方根值测量接收机)的输入阻抗、基本特性、过载系数等,对正弦波电压精确度、脉冲响应、选择性、互调效应、接收机噪声等作了详细规定。频谱分析仪和扫描接收机在9kHz～1GHz 频率范围内,与测量接收机要求基本一致。对 1～18GHz 频谱分析仪的带宽、屏效、乱真响应等项指标作了具体规定。对干扰测量需求的音频电压表的基本特性作了约定。作 CISPR 标准 EMC 测量需要电源阻抗稳定网络、电流探头和电压探头、功率吸收钳等辅助设备。标准中对其性能要求也给出了详细规定。对用于开关操作引起的干扰的幅度、发生率和持续时间进行自动评定的干扰分析仪和用于无线电辐射干扰测量的各种天线(以及用于传导电流抗扰度测量的耦合单元)作了具体规定。关于这些标准的详细内容,可具体查阅标准,执行中的具体问题参阅参考文献[6]。

IEC61000 系列标准涉及电磁环境、发射、抗扰度、试验程序和测量技术等规范,其中第四部分 IEC61000-4 系列主要是关于测量技术的内容。如:

IEC61000-4-3《辐射(射频)电磁场抗扰度试验》;

IEC61000-4-4《电快速瞬变/脉冲群抗扰度试验》;

IEC61000-4-5《浪涌(冲击)抗扰度试验》;

IEC61000-4-6《对射频场感应的传导骚扰抗扰度试验》;

IEC61000-4-7《供电系统及所连设备谐波和谐间波的测量和测量仪表通用指南》;

IEC61000-4-8《工频抗扰度试验》;

IEC61000-4-9《脉冲磁场抗扰度试验》;

IEC61000-4-10《阻尼磁场振荡抗扰度试验》;

IEC61000-4-11《电压暂降、短期中断和电压变化抗扰度试验》;

IEC61000 - 4 - 12《振荡波抗扰度试验》；

IEC61000 - 4 - 15《闪烁仪的功能和设计规范》；

IEC61000 - 4 - 16《传导共模骚扰抗扰度试验方法》。

我国标准化组织已将上述标准等同或等效制定为国家标准，如：

GB3907 - 83《工业无线电干扰基本测量方法》；

GB4343 - 84《电动工具、家用电器和类似器具的无线电干扰特性测量方法和允许值》；

GB4824.2 - 84《工业、科学和医疗设备无线电干扰特性测量方法》；

GB4859 - 84《电气设备的抗干扰特性测量方法》；

GB6114 - 85《广播接收机干扰特性测量方法》；

GB6279 - 86《车辆、机动船和火花点火发动机驱动装置无线电干扰特性的测量方法和允许值》；

GB7343 - 87《10kHz～30MHz 无源无线电干扰滤波器和抑制组件抑制特性的测量方法》；

GB7349 - 87《高压架空输电线、变电站无线电干扰测量方法》；

GB9254 - 88《信息技术设备的无线电干扰极限值和测量方法》；

GB12190 - 90《高性能屏蔽室屏蔽效能测量方法》；

GJB152A - 97《军用设备和分系统电磁发射和敏感度测量》与美军标 MIL - STD - 462D 等效）。

从某种意义上说，EMC 测量标准的贯彻执行，对于电子产品的电磁兼容性指标的检测，对于各行各业建设 EMC 检测机构，对于推动 EMC 市场监督等相关工作，都发挥了很好的作用。

3.3　航天器 EMC 相关标准介绍

在总结贯彻执行 EMC 国军标经验的基础上中国空间技术研究院 EMC 技术人员编写了 EMC 院标 Q/W 622 - 96 卫星《电磁兼容性要求》Q/W 671 - 96《卫星系统电磁兼容性管理指南》。航天总公司 EMC 标委会编写了 EMC 部标准 QJ2266 - 92《航天系统电磁兼容性要求》。

目前航天器 EMC 工程执行国军标 GJB151A - 97《军用设备、分系统电磁发射和敏感度要求》，国军标 GJB152A - 97《军用设备、分系统电磁发射和敏感度测量》。这套标准主要是针对设备和分系统。对于系统级 EMC 标准，一般参照国军标 GJB1389《系统电磁兼容性要求》，国军标 GJB/Z 17《电磁兼容性管理指南》等。

3.3.1　国军标 GJB151A/152A 简介

GJB151/GJB152 是 GJB151A/GJB152A 的早期版本,从美军标 MIL‐STD‐461C/462B 移植过来的。它是我国第一套三军通用的电磁兼容标准。自 1986 年颁布实施以来在军品研制中得到广泛的应用。目前有的试验室按此标准配备的仪器设备在实际工程中仍在一定范围内使用。军用电磁兼容标准规定了军用武器装备的电磁兼容性要求和相应的测量方法,是从事电磁兼容测量的重要依据。

GJB151A/152A 与 GJB151/152 相比作了以下改进:

(1) GJB151A/152A 在正文中明确规定了电磁干扰测量中的测量带宽,废除了 GJB151/152 中的宽带发射和窄带发射两种测量方式。这不仅给测量带来方便,关键是减少了人为对宽窄带辨别的测量误差。

(2) 传导发射测量项目用 CE102 代替 CE03。实验室测量设备的附件由 LISN 代替 $10\mu F$ 穿心电容。这不仅实现了电源和负载的隔离,同时提供了很好的阻抗匹配。CE102 的截止频率是 10MHz,CE03 的截止频率为 50MHz,从全局来看也是前者更合理。

(3) 规定了屏蔽室需要加装吸波材料,并附有对吸波材料反射特性的具体要求,这不仅使标准的可操作性得到改善,重要的是改善了测量结果的准确度。

(4) GJB151A/152A 明确规定测试设备和天线必须进行校准,至少每两年校准一次。在每次发射测量前,对整个测量系统按单项测量方法进行系统校准,无疑有利于改善测量准确度。

(5) 对发射测量采用自动化测量方式时,要求数字接收机扫频步长小于或等于半个带宽,且规定了驻留时间(模拟接收机限定了最小测量时间),还明文规定不应使用视频滤波器,这些规定是从提高测量准确度考虑的。

(6) 在进行敏感度测量时,步进式扫描在每一个调谐频率上至少驻留 1 秒,防止 EUT 来不及响应而带来假象。

由于电子技术的应用向更高频率发展,计算机主频的迅速提高,开关器件的大量使用等因素,使得测量频率向高端扩展。

(7) GJB151A/152A 增加了 CS114、CS115、CS116 测试项目,给工程测量带来了很大方便。

(8) 对 RS103 的要求也从 $1\sim5V/m$ 提高到 $5\sim20V/m$。说明 GJB151A/152A 的指导思想从重视干扰发射测量转向更重视敏感度测量。也就是说工程上更多关注设备的抗干扰能力。

（9）GJB151A/152A 重视执行标准过程中的裁剪工作。在 1.3 节明确指出：为了避免造成电磁兼容欠设计和过设计，对于特定系统或平台内使用的设备或分系统，当具体电磁环境和工程分析表明本标准的要求不完全适用时，可对本标准要求进行剪裁，加严或放宽要求，以满足整个系统的性能，提高费效比，降低成本。剪裁包括对测量项目进行剪裁和对测量极限值进行剪裁。

（10）GJB151A/152A 要求将裁剪内容列入测量文件中，试验室的电磁环境电平应记录在测量设备和分系统的测量报告中，产品敏感性判据也应记录在测量报告中。这说明对测量报告的撰写工作给予了更多地重视。

当 GJB151A/152A 发布时，人们说它比 GJB151/152 严格，更实用，更科学，更合理，表述更贴切。十多年过去了，这种看法得到了验证。

3.3.2　GJB3590－99《航天系统电磁兼容性要求》

该标准从航天系统角度对供电电源、天线端口、雷电静电防护等提出了非常具体的要求。如：在直流电源分系统的任何配电点用时域测试时，包括重复尖峰在内的电压峰值应小于 500 V/m。短时间非周期性瞬态电压峰值应小于额定负载电压的 3 倍。正负浪涌电压应分别在 5 ms 和 100 ms 时间内衰减到稳态限制线。负载切换和负载故障引起的浪涌电压，除尖峰外，由于负载切换和排除所连接的负载内的故障，在主配电点上所产生的瞬态浪涌幅值应保持在额定负载电压的 65%～130% 之间。在给两个或多个负载供电的分路输出点上，由于排除其中某个负载的故障所产生的瞬态浪涌幅值应保持在额定负载电压的 175%。

该标准还特别指出，CS114 和 RS103 提供的敏感度信号应具有调制特性。

3.3.3　国际标准 ISO14302－2002

国际标准化组织/航空航天标准技术委员会/航天系统及其应用标准化分技术委员会简称 ISO/TC20/SC14。

该标准是以民间商用为目的，基本精神强调航天器完整性设计观念。该标准规定了航天系统电磁兼容（EMC）的性能指标要求，定义了达到系统级 EMC 要求的工程结论，并附有指南和说明，有助于对标准的理解和对测试方法的掌握。该标准给出验证从航天系统要求推导出来的典型设备级要求的方法。该标准包括：一般系统要求、特殊系统要求和设备级电磁干扰要求，由要求、验证和附录三部分组成。该标准不包括详细设计要求，取而代之的是在 EMC 控制项目执行过程中已经得到的工程结论。执行标准可根据合同协议的具体要求进行剪裁。

　　该标准要求测试的项目有电源线上的传导发射、快速负载上开关瞬态的控制、电场发射、磁场发射、电源线上音频纹波的抗扰度、电源线开关瞬态抗扰度、磁场辐射抗扰度、电磁场辐射抗扰度,以及静电放电抗扰度等。

　　该标准参考了民用设备级电磁干扰(EMI)测试方法,从而将成本降到最低,并允许采用标准测试方法。该标准不包括 EMI 测试极限值,测试极限值应该根据环境、电源品质和操作要求制定。

　　国际标准 ISO14302－2002 参考了下列标准文件中的规定:

　　· ISO 7137,机载设备的环境条件和测试程序,1995;

　　· IEC 60050(161),国际电气技术词汇,第 161 章:电磁兼容性;

　　· IEC 61000－4－2,电磁兼容性(EMC),4－2 节:测试与测量技术,静电放电抗扰性测试,1999 年 5 月。

第4章 EMC 预测分析技术

4.1 EMC 预测分析的概念

电磁兼容预测分析技术是一种通过理论计算对电子设备或系统的电磁兼容性进行分析评估的方法。这项技术通常用于系统或设备研制的方案设计阶段和工程研制阶段。因为电磁兼容性预测的目的是为了分析不兼容的薄弱环节,评价系统或设备兼容的安全裕度,并为方案修改、防护设计提供依据。在产品研制定型之前通过预先测知发现潜在的干扰问题,采取抑制和防护措施,可以收到事半功倍的效果,因此电磁兼容性预测技术是一项经济效益很高的工程技术方法。

电磁兼容预测不仅可应用于新研制的系统和设备,而且还可应用于已投入使用的系统的改装和新增设备的电磁兼容性分析。

当系统和设备的功能设计方案初步形成之后,即可根据电磁兼容性要求和指标,对方案开展电磁兼容预测和分析,进行电磁耦合仿真计算,分析可能存在的干扰源和敏感设备的电磁敏感度,计算干扰程度,发现不兼容问题并在此基础上进行电磁兼容性检验和防护设计。随着研制工作的进展,需要不断地开展预测和分析,经常监视和控制电磁兼容性指标。例如,原来仅是方案上的设想,随着逐步研究的深入,数据的不断获取和积累,需要反复预测分析。又如原来在图纸上的设备或组件,随着调试、试验和原理样机的产生,需要用初步数据代替理论数据来重新对系统进行分析评估。随着系统研制的局部修改、增删和更新,需要跟踪监测电磁兼容性的变化。因此电磁兼容预测分析的应用是伴随着电磁兼容性设计开展的,又是贯穿于系统研制的全过程,它已成为现代电磁兼容设计中不可缺少的一部分。在现代计算机辅助设计中,一项具体的设计措施包含"原有状态的分析——设计措施——实施效果的预测"三个步骤。"原有状态分析"为设计提供依据,"预测验证"是为了检验设计的效果,通常它们都是借助计算机数字仿真技术来实现的。电磁兼容预测就是模拟电磁干扰传播、耦合和敏感的过程,使设计得到检验,因此电磁兼容性预测技术又是一种数字模拟验证技术。它具有计算快、成本低、参数修改方便、可以多次反复计算、预测成功率较高等突出优点,因此预测技术自从发明以来受到世界发达国家的重视并得到发展应用。

20 世纪 60 年代末期,电磁兼容性预测技术在美国首先开展研究,70 年代得到迅速发展,在预测数学模型的研究、应用软件的研制和开发、航空航天工程应用的实践等方面十分活跃。到 80 年代在航空航天领域的应用已相当普遍,据资料介绍,预测软件 IEMCAP 曾应用于以下飞机和航天器型号:S－3A、F－15、DSCS－Ⅲ、F－18、F－14、F－16、A－10、F－111、F－105、RF－40、F－4、B－52、EC－135、SCATHA、IUS、PLSS、OV－10 等 18 种。到 90 年代,美国不断发展各种专门化的预测分析软件,针对性和专业性更强。如美国休斯公司建立的卫星等值电路分析软件,专门预测分析从某一点引入静电对卫星系统各种输出信号产生的影响。又例如波音公司研制的飞机机载雷达天线产生的电场分布计算软件,专门用来预测雷达天线产生的电场对机载设备工作的影响。

80 年代初,前苏联也开始研究开发电磁兼容预测分析软件并很快付诸工程应用。德国、英国和法国都先后开展了预测技术的研究和应用。我国 90 年代以来也逐步开展研究。

目前能够提供工程应用的 EMC 预测分析有以下五种:

(1)根据所选电路元器件的特性,预测分析电路板级的电磁兼容性能,还可以与相关标准进行比较。

(2)根据航天器射频设备和天线的特性,分析系统内辐射发射和敏感度自兼容性以及与外界环境的兼容性(见 4.5.2 节,航天器系统 EMI 预测分析)。

(3)对系统联试中出现的干扰问题进行分析,为故障诊断提供数据(见 4.5.2.1节,某 S 应答机受损情况介绍)。

(4)根据电磁兼容性测试结果,分析产生干扰问题的根源,从而明确 EMC 加固的方向(见 4.5.4 节,共模干扰分析)。

(5)根据航天器的几何结构和天线特性,分析航天器系统内、外的电磁场和表面电流分布,优化天线和其他设备的布局。

4.2　EMC 预测分析的原理

EMC 预测分析是利用电磁场理论和数值仿真技术,对设备和分系统或系统的 EMC 特性进行分析和评估。尽管 EMC 预测分析的对象不同,但着眼点都是研究可能发生的电磁干扰现象。

4.2.1　电磁干扰三要素

任何电磁干扰现象的产生都遵循电磁干扰三要素的规律。干扰源可以是一个元器件,也可以是一台电子设备;它可能来自有源部件的无意发射,也可能来自无源部件(开关、转换器)的干扰。有时一个元器件可以既是干扰源,又是受扰的敏感器。敏感器是对被干扰对象的总称,它可以是一个元器件,也可以是一个设备或系统。总之,干扰源、敏感器、传播路径构成了电磁干扰三要素。

传播途径可以是传导传输,也可以是辐射传输。传导传输必须在干扰源和敏感器之间有完整的电路连接。辐射传输干扰信号是通过介质以电磁波形式传播,干扰能量按电磁场的传播规律向周围空间发射,敏感器意外接收或感应,干扰现象就发生了。实际工程中发生的电磁干扰现象是多途径的,甚至出现交叉干扰现象。

根据电磁干扰发生的规律,任何电磁干扰的仿真计算都必须包括干扰源模型、传输特性模型和敏感器模型。研究电磁干扰的数学模型是 EMC 预测分析技术的关键,要注意实用性和可行性。

干扰源模型一般分为三类:

(1) 有意辐射干扰模型,用来描述各种发射天线发射的电磁波。发射机基本调制包络,用主通道模型表示,非谐波辐射特性,用乱真干扰模型表示。

(2) 无意辐射干扰模型,用来描述高频电路、数字开关电路、电感性瞬态电路和孔缝泄漏等引起的电磁辐射,工程上简化为电偶极子或磁偶极子模型。

(3) 传导干扰模型,工程上用电压和电流的频谱函数表示。

敏感器模型有两类:

(1) 接收机敏感模型,用来描述各种接收天线对辐射干扰响应特性。接收机的频率选择性用同频道响应模型表示,噪声干扰响应用噪声敏感模型表示,各种乱真响应用非线性效应模型表示。

(2) 模拟数字电路敏感模型,用来描述直接进入电路的传导干扰和通过感应进入的辐射干扰。

传输特性模型有六种:① 天线对天线耦合模型;② 导线对导线感应模型;③ 电磁场对导线的感应模型;④ 公共阻抗传导耦合模型;⑤ 孔缝泄漏场模型;⑥ 机壳屏蔽效能模型。

4.2.2　电磁干扰分析

电磁干扰具有复杂性、隐蔽性和随机性,比较难分析,考虑到任何系统都客观存在许多干扰源和许多敏感器,而干扰源和敏感器间的耦合途径也是多种多样,无疑更增加了 EMC 预测分析的难度。这里只给出设备级和系统级预测分析思路。

(1)以两个设备间的电磁干扰分析为例。首先要分析两个设备所在空间的电磁环境有无外来的辐射干扰;接着分析两个设备的相互联系有无相互连接电缆,有无共同电源,有无公共接地平面,是否通过机箱壳体构成接地环路;再进一步分析设备内部电路辐射源、传导源和敏感电路。在前面基础上确定两设备间所有电磁干扰耦合途径,然后逐项一对一地分析。

系统级预测又可分为系统间预测和系统内预测两类。系统内预测分析,除了考虑天线对天线的辐射耦合外,还需要考虑线间耦合、天线对电缆耦合、共阻抗耦合、机箱泄漏影响等等。系统间耦合主要是天线间耦合。

(2)以两个系统间的干扰分析为例说明,预测分析必须按照正确思路,按照步骤进行。首先要明确各系统干扰源和敏感器的数量;接着选择一个干扰源和一个敏感器,列举出可能存在的所有耦合途径;然后对每个耦合途径建立预测分析方程。在此基础上考虑所有干扰源和所有敏感器,完成对整个系统的预测分析。

EMC 预测分析方程是预测技术的理论基础,它用数学方程式描述了单个干扰源作用于单个敏感器的电磁干扰过程,它是 EMC 预测分析的基本方程。下式为电磁干扰裕度以 dB 计的计算公式:

$$M = P(t,f,\theta,r) - S(t,f,\theta,r) \qquad (4-1)$$

式中,

$$P(t,f,\theta,r) = G(t,f,\theta) + T(t,f,\theta,r)$$

M 为电磁干扰裕度;P 为电磁干扰传播到 r 处的信号函数;G 为干扰源产生的干扰信号;T 为传输函数;S 为敏感器的敏感度阈值;其中 t 表示时间,f 表示频率,θ 表示方位,r 表示距离。

预测分析的最终目的还是看敏感器受到干扰后是否影响工作。一般情况下,当 M 大于 0dB 时,表示敏感器与干扰源不能兼容工作;M 小于 0dB 时,表示敏感器与干扰源能够兼容工作。M 量值大小能够表明干扰的严重程度,也可以反映兼容程度,因此,人们常称 M 为安全系数。

工程中 $S(t,f,\theta,r)$ 表示的是接收机灵敏度,通常用内部噪声衡量。接收机和干扰源之间是有一定频率间隔的,可用 Δf 表示。这种情况下,预测分析方程可以表示成:

$$M = P_T(f_T,t) + G_T(f_T,t,d,p) - L(f_T,t,d,p) +$$
$$G_R(f_R,t,d,p) - P_R(f_R,t) + CF(B_T,B_R,\Delta f) \qquad (4-2)$$

式中,$P_T(f_T,t)$ 为对应发射频率的发射功率;$G_T(f_T,t,d,p)$ 为发射天线增益;$L(f_T,t,d,p)$ 为在收发天线间的传输损失;$G_R(f_R,T,D,P)$ 为接收天线增益;

$P_R(f_R, t)$ 为对应于响应频率的接收机敏感度阈值；$CF(B_T, B_R, \Delta f)$ 为计入发射机带宽 B_T、接收机带宽 B_R 及收发频率 (f_R, f_T) 之间的频率间隔 Δf 时的系数(dB)。

EMC预测分析技术的所有计算都是围绕预测分析方程展开的。计算机的飞速发展，为工程电磁场问题的解决提供了强大的工具。有限元法、有限差分法、矩量法、几何绕射理论、变分法等多种数值计算方法都得到了广泛的应用，为EMC分析计算开辟了新的前景。

4.3　EMC预测分析的数学方法

从电磁理论的角度看，建立干扰源及干扰传输与耦合的数学模型就是求解电磁场的麦克斯韦(Maxwell)方程问题。

严格地说，如果考虑到场源的结构、介质的形状分布和性质等各项因素，求解麦克斯韦方程是极其困难的。一般都将整个问题分成几个独立的问题分别进行处理，同时加以理想化，即假设某些条件使具体问题得到简化和近似，以便于数学表达和处理。根据具体问题的不同，求解的方法也有所差异，通常可以分为两类：一类是从麦克斯韦方程组直接求解的的直接法；另一类是通过位函数求解的间接法。

电磁兼容预测分析的数学方程往往是一组微分方程或积分方程，求解时必须根据边界条件对结果进行限定，这称为边界值问题。电磁场的边界值问题求解归纳起来有三种方法：第一种称严格解析法或解析法；第二种是近似解析法或近似法；第三种方法是数字法，也称数值法。

4.3.1　解析法

解析法包括严格建立和求解偏微分方程或积分方程。对偏微分方程的严格求解的经典方法是分离变量法；对积分方程的严格求解方法主要是变换数学法。解析法的优点是可将解答表示为已知参数的函数，从而计算出精确的结果。这个精确的解答还可以作为近似法和数值法解答的检验标准。在解析过程中以及解的函数式中，可以观察到问题的内在联系和各参数对结果所起的作用，但是解析法存在严重的缺点，主要是它仅能用于解决很少量的问题，事实上只有在参数不多的坐标系中能分离变量，而用积分法时往往又求不出结果，致使分析过程既困难又复杂。

分离变量法是求解二阶线性偏微分方程定解问题的经典方法之一。它获得了广泛的应用,同时它也受到一些因素的限制,因此必须指出,只有在少数问题中才能得到偏微分方程或积分方程的严格解,所以近似解析法变得十分重要,即使有严格解的问题也很少用解析法,而用近似法来求解往往更为便利。

4.3.2　近似法

在数理方法中主要的近似法有逐步逼近法、微扰法、变分法和迭代变分法等。近似法也是一种解析法,但不是严格解析法。它所得的结果一般都表示为级数。用这些方法可以求解一些用严格法不能解决的问题,用起来比较简便。

在近似解析法中还包括适用于高频技术的几何光学法、物理光学法、几何绕射法、物理绕射法等。

长期以来,经典的高频近似方法——几何光学法和物理光学法都有很大的局限性。首先,这两种方法的应用条件是波长趋于零,即散射体尺寸远大于波长时才精确。当具有小曲率的散射体的边缘、拐角、尖端或阴影区变得不可忽视时,上述两种方法便失效。其次,上述的绕射积分通常很复杂,在许多场合往往很难计算。当散射体形状复杂时,很难求得精确的结果。

为了弥补上述两种近似方法的不足,自 20 世纪 50 年代以来,逐步形成和发展了一些新方法,这些方法既简单易算,又能应用计算机求得电磁场的散射、绕射问题的比较精确的解。几何绕射理论(Geometrical Theory of Diffraction)简称GTD,是其中重要的一种方法。它是凯勒(Keller J B)引进了新的射线(称为绕射线)所推广了的几何光学理论。GTD 是以一些已知的简单几何形状的问题的严格解为基础,由比较典型问题的严格解和几何光学得到的近似解,可以导出一些普遍规律,从而找到对近似结果进行修正的基本方法。因为形状复杂的物体可以看成是许多简单几何构形的复合体,对一个复杂物体的各个局部分别应用已知的典型问题的解,然后把各个局部对场的贡献叠加起来,以求得复杂物体的近似高频辐射和散射特性。

几何绕射理论所能解决的问题范围取决于已知的典型问题的数量。到目前为止,GTD 仅仅以两个典型问题为基础:一是平面波在理想导电劈上的绕射;二是平面波在理想导电圆柱上的绕射。至于其他问题,还没有现成的严格解可利用,这是 GTD 的应用范围尚属有限的一个主要原因。

GTD 的另一困难是它的算式不能用于计算散焦区的场,这是射线光学的固有缺点。如果物体结构复杂,则有待确定的绕射线量大,确定绕射点和绕射轨迹的难度高,因而计算量会增加。尽管 GTD 目前还不十分完美,但由于它物理概念清晰、简单易算,特别是当频率提高时,其计算精度也相应提高,近 20 年来已广泛用于求解许多天线的辐射场和许多形状复杂的物体的散射场,还广泛应用于计算各种目标的雷达散射截面。

GTD 的基本概念可以归纳为如下几点:

(1) 根据广义费马原理得到绕射定律,绕射场沿绕射射线传播,绕射射线是从源点经绕射点至场点的取极值传播路径。

(2) 根据局部性原理,高频绕射和反射一样,是一种局部现象,也就是说,绕射只取决于物体上绕射点邻域内的物理特性和几何特性。

(3) 离开绕射点后的绕射射线仍遵循几何光学定律,即沿直线传播,在绕射射线管内能量守恒,绕射场相位迟延等于媒质的传播常数与传播距离的乘积。

在均匀媒质中几何光学射线遇到物体的不连续性时,一般会出现几种典型绕射现象:边缘绕射、尖顶绕射、曲面绕射,如图 4 - 1 所示。

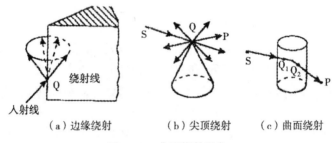

（a）边缘绕射　　　　（b）尖顶绕射　　　（c）曲面绕射

图 4 - 1　典型绕射现象

在边缘绕射时,边缘绕射与边缘夹角等于相应的入射线与边缘夹角,一条入射线将激起无穷多条绕射线,它们都位于一个以绕射点 Q 为顶点的圆锥面上,如图 4 - 1(a)所示。

在尖顶绕射时,其绕射线是从源点 S 经尖顶到达场点 P 的射线。由尖顶发出的绕射线可以是任意方向的,绕射线波阵面是以尖顶为中心的球面,如图 4 - 1(b)所示。

在曲面绕射情况下,表面射线(或称爬行射线)在传播时,将不断地沿其切线方向发出绕射线。由广义费马原理可知,对于阴影区的场点 P,射线取极值路径,入射线和绕射线应分别和表面上 Q_1 和 Q_2 点相切,而表面射线是沿 Q_1 和 Q_2 点的最短路径传播的,如图 4 - 1(c)所示。

通过上面简要的介绍可知,将 GTD 应用于工程计算,原则上是不难的。由于辐射和散射问题的高频近似解就是直射、反射和绕射射线对场的总贡献,所以首先要找出对给定场点的场有贡献的所有射线及其轨迹,即用费马原理确定反射线和绕射点,并求出源点经反射点或绕射点的极值路径,这一过程称为射线寻迹。如果参与反射线和绕射过程的物体几何形状很简单,则射线寻迹也较简单;但如果物体几何形状复杂,则寻迹问题很复杂。复杂的射线寻迹方程往往不能用解析方法严格求解,只能用数值计算方法求解。另一个复杂问题是遮挡问题,即物体的一部分挡住了来自物体其他部分的反射和绕射。不过,借助于计算机,采用适当的计算方法,上述射线寻迹和遮挡问题总是可以求解的,找出了到达场点反射线和绕射线后,即可通过叠加方法求出场点处的总场。

4.3.3　数值法

数值法又可分为纯数值法和解析数值法。数值法可用于求解第一类和第二类方法可以解决的问题,也可以用作求解由于边界复杂而不能解决的一些问题。在纯数值法中,通常用差分代替微分,用有限求和代替积分(即数字积分),这样,就将问题化为求解差分方程或代数方程组问题。这时,为了求得较准确的数值答案,计算工作量很大。为了减轻计算工作量,有时宁可增加一些解析部分。这种方法称为解析数值法。显然,数值解也是一种近似解。

数值法与解析法相比较,在许多方面具有独特的优点。这种方法的出现,使电磁场问题的分析研究,从解析的经典方法进入到离散系统的数值分析方法,从而使许多用解析法很难解决的复杂的电磁场问题,有可能通过电磁场的计算机辅助分析获得高精度的离散解(数值解),同时也可极大地促进各种电磁场数值计算方法的发展。从电磁场数值计算方法中应用最早的有限差分法算起,20 多年来,已经形成了各有特色的多种数值计算方法,它们已成为电磁场理论中的重要部分。

数值法包含着一个离散化的问题,因为无论在微分方程还是积分方程中,微分或积分所作用的函数都是连续函数,而电子计算机所能处理的函数则是离散函数。数值方法所做的工作是将微分方程化为差分方程,或将积分方程中的积分化为有限求和,从而建立代数方程组,因此它的主要工作量是用电子计算机求解代数方程组。数值法的优点是,它能解决许多第一类和第二类方法所不能解决的问题,且可得到所需要的精确答案。它的缺点是所求得的答案正确与否需用实验或其他可靠的结果来证明。原则上,数值法可以求解具有任何复杂几何形状的电磁场边值问题。

数值方法应用于电磁场领域的短短 20 多年来,特别是随着大型计算机的出现,工程电磁场问题的理论研究和分析方法取得了前所未有的突破性进展和获得大量的有实用价值的结果,各种数值计算方法应运而生,并相继应用到各类电磁场问题之中。例如有限元法、有限差分法、矩量法、格林函数法、边界元素法、谱域法、几何绕射理论、奇点展开法、变分法等。要全面和系统地介绍这些方法是比较困难的,下面仅介绍其中几个有代表性的数值方法。

4.3.3.1　有限单元法

有限单元法简称有限元法,有限元的思想在力学领域中早在20世纪40年代已经提出,将有限元法移植到电磁工程领域还是60年代末到70年代初的一段时间。有限元法是以变分原理和剖分插值为基础的一种数值计算方法。在早期,有限元法以变分原理为基础,所以它广泛应用于拉普拉斯方程和泊松方程所描述的各类物理场。此后证明,有限元法可用于任何微分方程所描述的各类物理量,同样适用于时变场、非线性场以及分层介质中的电磁场求解。有限元法的优点是适用于具有复杂边界形状或边界条件、含有复杂媒质的定解问题。虽然这种方法的计算程序较复杂、冗长,但其各环节易于标准化,可得到通用的计算程序,且有较高的计算精度。有限元法也存在不少问题。人们不断寻求和发展其他数值方法,其中与有限元法这种区域性解法相对应的就是边界元素法。由于它在一般场合下能替代有限元法,有时它又比有限元法更加有效、准确,因而受到人们普遍的重视,得到日益广泛的应用。

4.3.3.2　边界元素法

边界元素法简称边界元法。它仿照有限元法,在边界法中引入边界元素的概念,发展成为一种边界元法。所谓边界元就是把区域的边界分割成许多单元,在各单元上所考察的插值函数,如同有限元的插值函数那样,可以具有各种形式。因为以前的积分方程近似解法是把状态量集中到区域表面的许多点上,而此法没有这个限制。

边界元法是把边界积分法与有限元法的离散方式组合起来的产物。这里积分方程的建立不像经典的边界积分法那样采用格林函数,而是用加权余量法。因此,边界元法是将描述场的微分方程通过加权余量法归结为边界上的积分方程,然后把这个积分方程进行边界分割和插值,从而求出近似的数值解法。采用加权余量法,使得求解变得更为有效和更加简练,用加权余量法所形成的积分方程则是更一般的方法。

由于边界元法是在经典边界积分方程法和有限元法的基础上产生的,因而它兼有这两种方法的优点。

边界元法移植到电磁场领域则是在20世纪80年代,目前正蓬勃发展,并深入到各个领域中去。

4.3.3.3　矩量法

矩量法是一种将连续方程离散化为代数方程组的方法,此法对于求解微分方程和积分方程均适用。矩量法就是先将需要求解的偏微分方程或积分方程写成带有微分或积分算符的符号方程,再将待求函数表示为某一组选用的基函数的线性组合并代入符号方程,最后用一组选定的权函数对所得的方程取矩量,就得到一个矩阵方程或代数方程组。剩下来的问题就是利用计算机进行大量的数字计算,包括矩阵的反演(求逆矩阵)和数字积分等。用此法可以达到所需要的精确度。必须指出,这种方法中的解析部分很简单,但其计算工作量很大,即使用近代高速大容量计算机,计算任务也很繁重。重要的是矩量法能够解决第一类和第二类方法所不能解决的边界比较复杂的一些问题,因而此法得到了比较广泛的应用,特别是在天线分析和电磁场散射问题中更有广泛应用的前景。

4.3.3.4　奇点展开法

奇点展开法可以描述天线及散射体暂态特性,它的出现以及伴随发展的从时域信号中提取奇点的技术,引起人们极大的兴趣和关注。过去确定一个系统的奇点,都是从解析式出发,寻找系统行列式的零点,在复频域中叠代搜索。一般说来,这时只能解决电磁散射的正问题,欲求其逆问题是不可能的。奇点展开法的基本概念是把电磁响应用复频率平面内的奇点来描述。

综上所述,各种数值分析方法的优缺点是相对的,哪一种方法都不是十全十美的,只能是比较适用于某种特定的情况。科学领域不断地日新月异地发展和互相渗透,从而使它们相互之间的界限逐渐变得模糊,于是在模糊的边界区又派生出新的分支。近年来,边界元法与有限元法相结合的方法,矩量法与几何绕射理论相结合的方法、格林函数法与矩量法相结合的方法以及奇点展开法与变分法相结合的方法等相继提出,充分显示了它们之间取长补短的功效,这种研究方法可以称之为混合法。混合法也许是今后若干新分支的萌芽,蕴藏着无比的生命力,应该引起电磁兼容工程师们的重视。

4.3.3.5　时域有限差分法

时域有限差分法(FDTD)是求解 Maxwell 微分方程的直接时域算法,经过三十多年的发展已经成为一种成熟的数值方法,应用范围也越来越广。1966 年 K. S. Yee 首次提出了时域有限差分法,这种方法对电磁场 E、H 分量在空间和时间上采取交替抽样的离散方式,每一个 E(或 H)场分量周围有四个 H(或 E)场分量环绕,通过这种离散方式将含时间变量的麦克斯韦旋度方程转化为一组差分方程,并在时间轴上逐步推进地求解空间电磁场。Yee 提出的这种抽样方式后来被称为 Yee 元胞,FDTD 方法是求解麦克斯韦微分方程的直接时域方法。同时,FDTD 的随时间推进可给出电磁场的时间演化过程,在计算机上以伪彩色方式显示,这种电磁场可视化结果清楚地显示了物理过程,便于分析和设计。

4.4　EMC 预测分析软件

　　使用计算机软件对航天器的电磁干扰和电磁兼容问题进行仿真分析,是航天器电磁兼容工程中一个必不可少的环节。目前国外的航天机构大都有自成体系的电磁兼容分析软件,各自的特点也都大不相同,包括使用的数值方法、研究对象和功能等。下面介绍国内外航天机构常用的几种电磁兼容性预测分析软件。

4.4.1　EMC 2000

　　系统级电磁场仿真软件——EMC2000,是法国 EADS(European Aeronautic Defense and Space company)公司开发的专业系统级电磁场分析设计仿真软件。该软件是由 EADS 的研究发展中心(CCR)开发,在 EADS 和欧宇航局 ESA(European Space Agency)的下属及相关公司内部经过多年应用及改进,该软件集中了欧洲宇航业在电磁兼容方面的多年研究及应用成果, 在欧洲宇航及其他军工产品的设计、开发中发挥着巨大作用,是 EADS 和 ESA 设计者不可缺少的应用分析工具。图 4-2 显示了 EMC2000 的 MOM 模块为 Marots 海事通信卫星所做的星体表面电流分析和近场分析结果。

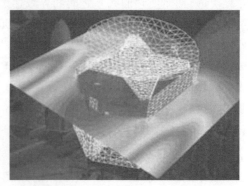

图 4-2　EMC2000 的 MOM 模块为 Marots 海事通信卫星做的分析图

　　EMC2000 所依据的电磁场数值算法为综合矩量法和改进的物理光学法,可同时处理电磁场和电路参数,并可以通过卷积和快速傅立叶变换进行时域分析。EMC2000 的研究对象包括如下几方面:

（1）系统及外部的电磁干扰分析,系统内部的电磁干扰分析,设备间的屏蔽与耦合分析,电磁设备的设计与优化,整个系统 EMC 的评估,对 EMP、SGEMP、ESD 等的控制约束和分析。

（2）天线设计:天线结构耦合与天线周围环境的分析、天线之间的耦合、天线的辐射效率与方向图、天线系统的综合性能评估。

（3）雷达追踪:RCS 的计算,不同角度、不同频率的 RCS 减缩。

（4）电流分析:解出场的积分方程后,网格上的电流密度相位就能够计算出来。电流分布图可以以频率(或其他参数)为坐标图绘制出来。也可以在 3D 物体上直接显示电流的分布,电压源的输入阻抗和频率的关系也可以用图形方式显示出来。

（5）近场辐射:通过计算网格上的电流密度,可求出 E 和 H 的近场分布。用户可以选择散射物体周围不同的观测面。根据观察面的不同,可以得出与频率有关 2D 场分布,以及完整的 3D 场分布。在某个具体位置的总场或散射场也可以显示。远场辐射计算远场得出在某一点上的远区场分布。

（6）模型处理:EMC2000 的基础是用改进的矩量法,在频域中解出电场积分方程(EFLE)和磁场积分方程（MFLE）。它可以快速而精确地仿真 2D 和 3D 结构的电磁场。EFLE 和 MFLE 的求解是利用磁流,通过对称面和散射物体进行缝隙仿真联系起来的。几何物体的建模都是在物体表面用三角形膜片组合实现的。用户也可以定义宏以建立曲线或螺旋天线的模型。任何复杂的结构都可以通过膜片、线、或者其他基本实体的组合实现。辐射源激励源定义为空间行进的电磁波或者在某个结构上的传导源。电流和电压源可以是独立源,也可以是受控源。这些元素都可以由用户通过菜单交互式定义。通过对散射物体的准确时域响应作卷积,进行反快速傅立叶变换,瞬态源也可以很方便的建立起来。

（7）阻抗和材料损耗:EMC2000 能够分析复杂的 3D 结构,这些结构可以由有耗和无耗导体混合组成。这些元件都可能产生损耗,例如集总或分布参数元件,覆盖导体的介质层。

4.4.2　ADF－EMS

ADF－EMS(Electromagnetic Satellite)系统是 IDS(Ingegneria Dei Sistemi s. p. a,ESA 的一个分支机构)在集成天线建模方面 10 年的研究成果和 IDS 及其在航天应用和其他领域的合作伙伴长期工作经验的结晶。ADF－EMS 可以进行自由空间中或飞行器上的天线的设计,具有几种适用于均匀环境的电磁建模工具。在天线工程领域,它可以用来进行天线设计;在有效载荷工程领域,它能够用来评估天线和飞行器及其他设备间的相互作用效果。ADF－EMS所使用的算法包括矩量法(MOM)、物理光学法(PO)、几何绕射理论(UTD)、增量绕射理论(ITD)以及基于反应积分和[S]矩阵处理的天线耦合分析方法等。通过综合使用这些算法可以对单天线(喇叭、孔缝、金属、微带和任意形状的天线)、阵列天线(金属的3D辐射器、微带辐射器和任意形状的阵列天线)和天线组(方向图变形、近场分析、天线间耦合、感应电流和无源互调)进行精确的分析。图4－3为ADF－EMS为JASON卫星所做的射线循迹分析的结果。

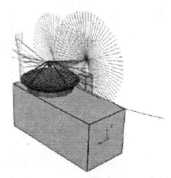

图4－3　JASON卫星的射线循迹分析

4.4.3　EMC Analyzer

EMC Analyzer是由白俄罗斯国立信息与无线电大学编制,它可以用于飞行器和地面射频电子系统的系统内电磁兼容性分析和预测,其主要功能包括:

(1)航天、航空和地面射频电子系统的不兼容研究。

(2)在系统不兼容时对系统设计进行调整以实现电磁兼容。

(3)对多种设备可自动生成电磁兼容性规范。

(4)弃权分析。

(5)线性、非线性干扰源的确定。

(6)对多达一百万个输入信号的接收机进行复杂的非线性分析。

(7)高精度的频谱描述。

(8)针对系统原理框图、布线和几何结构的编辑器可以方便地对系统进行设计和调整。

(9)对测试结果进行简单的汇总和分析。

(10)与MIL－STD 461和－462的要求兼容。

在分析时可以考虑多种类型的寄生耦合,包括:

- 天线到天线的耦合
- 场到天线的耦合
- 天线到线的耦合
- 线到线的耦合
- 场到线的耦合
- 机箱到机箱的耦合
- 场到机箱的耦合
- 」地回路耦合

4.4.4　电磁辐射发射预测分析应用软件

中国空间技术研究院总体部与长沙国防科技大学合作开发的"电磁辐射发射预测分析应用软件"是一个以航天器为对象的系统电磁辐射发射干扰预测软件。它主要计算分析航天器上的天线之间的耦合,根据电磁兼容的容限来判断是否发生干扰。

由于航天器上的设备工作频率从几 MHz 到几十 GHz,预测的对象处于不同形状的物理载体上,预测对象的发射、接收设备(天线)具有不同的结构形式,设备工作的调制方式、工作性能要求不同,因此不能采用统一的计算方法和性能表达方式。所以,在低频时,该软件采用了迭代法,它能较快地收敛。而在高频时,采用几何光学法、几何绕射理论等高频计算方法,并对航天器形状作适当处理,以简化射线寻迹过程,加快计算速度,既能使计算的结果准确、可靠,又能保证一定的计算速度。

该软件在遵循电磁兼容一般规律的前提下,能够分析航天器复杂边界条件下射频系统特性对电子、电气设备的影响,能够分析研究电磁场耦合程度、特殊截面上的电磁场分布、干扰电平与系统工作性能的定量关系。同时,还可以分析不同频率组合的电磁干扰,包括载波、副载波及各个频率的信号功率、场强、干扰强度等。

该软件一共包括四大模块:程序的主控制模块、设备数据库模块、EMC 计算模块、兼容性分析及改进措施模块。整个软件各个模块之间是紧密地联系在一起的,这些数据包括计算中所使用的原始设备数据、修正的数据以及计算的中间结果和最后结果,它们由数据库维护模块进行管理,计算程序通过数据库接口程序与数据库进行数据交换。图 4-4 给出了软件的模块示意图。

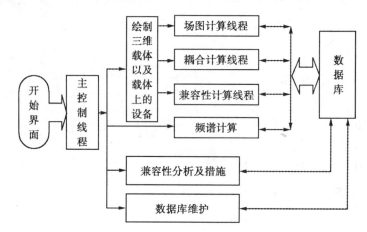

图 4-4　电磁辐射发射预测分析应用软件的模块示意图

4.5　EMC 预测分析的工程应用

国民经济发展和国防建设需要,航天器工程形成批量生产能力已提到议事日程,航天器研制引入市场经济管理,使得性能价格比、投入产出比的计算成为人们关注的热点。EMC 预测分析用于航天器工程,是非常必要的。

在航天器研制初期,在进行总体任务分析时,根据航天器的运行轨道、承担的有效载荷的任务等对其运行的空间电磁环境进行分析,对其装载的仪器设备性能进行分析,并将分析结果形成 EMC 规范。在 EMC 规范中,从 EMC 观点考虑对航天器壳体结构、选材、整星级温控及总装工艺提出设计要求,对研制过程中的储存、转运环境条件提出要求。

对航天器使用频率进行 EMC 预测分析是 EMC 预测分析的重要环节。一旦航天器系统方案确定,系统内可能产生的发射干扰和各种寄生接收通带均可以进行计算。如接收设备的工作频率确定,工作模式选择后,可以计算出包括镜频在内的各种寄生通带。有了这些数据,可以做一下系统接收设备受扰分析,这样就可以完成比功能设计频率配置更完善的 EMC 频率分析。

目前航天器工程中,非常重视 EMC 原始试验数据的积累,并正在研究如何将试验数据纳入 EMC 预测分析的输入模块管理。航天器 EMC 预测分析有着很好的应用前景,它将为航天器的设计带来巨大的工程效益。

4.5.1　航天器系统频率预测分析原理

对航天器使用频率进行 EMC 预测分析,重点研究系统内可能产生的发射干扰和各种寄生接收通带,这是 EMC 预测分析的重要环节。发射干扰可能是发射设备的无意发射,也可能是接收设备的本振泄漏。发射设备的无意发射,包括发射设备产生的各次谐波、分谐波和谐间波。

分谐波是指采用倍频原理的发射机,晶振频率的高次谐波、在系统测试中常常遇到。谐间波是指发射机的高次谐波以外的各种杂散发射。当调制器带宽选择过宽,会使发射机带外发射增大,造成对邻近信道的干扰。当多个发射机工作时,有可能形成互调、交调等各种组合干扰。

EMC 频率分析所需输入参数应包括:

· 发射机基频
· 发射机晶振频率
· 发射机射频带宽及带外抑制特性参数
· 发射机调制方式
· 发射信号类型
· 接收机调谐频率
· 接收机工作频率
· 接收机第一本振频率
· 接收机第一中频频率及带宽
· 接收机第二中频频率及带宽
· 接收机选择特性

航天器系统方案确定后,上述各种可能出现的干扰的频率均可以进行计算。航天器是比较复杂的无线电系统,该系统有众多的发射机和接收机,它们往往同时工作,发生干扰的可能性大大增加。航天器与地面或其他飞行器进行通信多属于电磁信号的远距离空间传输,信号传到目标都很微弱,工作频率多选择在微波频段。

航天器高灵敏度接收系统几乎无一例外地采用超外差接收体制,本节的频率分析就是基于此种接收体制。通过对超外差接收机的受扰分析提出最可能给接收机引入干扰的 11 个寄生通带。可以通过分析发射机的发射频谱中不希望有干扰频谱、组合频率干扰和建立发射—接收干扰对的方法,对系统的辐射干扰进行频率预测分析。

每个发射源都有一定的发射频谱,包括主谱和旁谱。旁谱是指主谱以外的各次谐波、分谐波、杂波(如发射设备中,变频链中漏到发射机的各种非需要频率信号及它们的组合物)和噪声谱。工程用发射机一般要求旁谱能量比主谱低40dB以上。对于受干扰的接收设备来说,一般有一个主接收通带和一些寄生通带。工程用接收机寄生通带的灵敏度比主通带低,例如最灵敏的镜像通带的灵敏度通常比主通带低50dB以上。

根据发射方有主谱与旁谱,接收方有主通带与寄生通带的基本情况,可以组合出如下四种可能的传输干扰模式:

· 主谱—主通带 FIM(Fundamental Interference Margin,基波干扰裕量)模式;

· 主谱—寄生通带 TIM(Transmitter Interference Margin,发射机干扰裕量)模式;

· 旁谱—主通带 RIM(Receiver Interference Margin,接收机干扰裕量)模式;

· 旁谱—寄生通带 SIM(Spurious Interference Margin,发射机乱真发射,接收机乱真响应)模式。

上述传输模式中,最强的是 FIM 模式,最弱的是 SIM 模式。在实际工程系统设计中 FIM 是有用信号所用的传输模式,一般在功能设计中,通过频率选择过程可以排除。

当系统处于复杂的电磁环境中,系统外的主谱信号落入某一接收设备的主通带内的情况有可能发生。SIM 模式的干扰一般较弱,工程预测允许不予考虑。而 TIM 和 RIM 模式是主要研究的对象。

对于超外差式接收机,需要考虑 12 个接收通带,其中一个是接收机的工作主通带,其余 11 个接收通带是寄生通带,分别介绍如下:

$f_1 = IF_1$,这个寄生通带的带宽是一中频带宽,主要指不通过前级电路直接进入接收机中频的干扰路径。因为接收机的射频调谐工作频率 RF 通常比中频 IF_1 高很多。前级电路的对中频频段的抑制至少有 60dB。中频频段的干扰信号通过前级选频电路进入中频对有用信号的干扰可以忽略。但是不能避免干扰信号通过其他途径进入中频放大器,对有用信号可能造成危害。工程中发生过类似情况。

$f_2 = IF_1/2$,这个寄生通带的带宽是一中频带宽的一半,提出这个寄生通带的原因和 f_1 寄生通带相似,当一个频率为一中频的二分之一的干扰信号进入中频电路,由于元器件的非线性很可能产生它的倍频信号,这个干扰信号将同有用信号一起进入下一级接收电路,形成干扰。

$f_3 = \mathrm{IF}_1/3$，这个寄生通带的带宽是一中频带宽的三分之一，原理同上。一般考虑，三阶以内的谐波比较严重，三阶以上的频率与一中频的差距比较大，大部分被中频的滤波器抑制掉了，工程允许不予考虑。

$f_4 = \mathrm{LO} - \mathrm{IF}_1$，是镜像干扰寄生通带，这是超外差式接收机的工作原理造成的，接收机将射频信号与本振信号混频产生中频进入下一级接收电路，也就是说可以进入接收机前级的频率只要与本振相互作用可以产生中频信号，那么这个频率的信号可以接收。比如，10 减 3 是 7，而 4 加 3 也是 7。这个寄生带是在射频段，如前接收级前级抑制电路性能不好就会产生这种镜像干扰。

$f_5 = (\mathrm{LO} - \mathrm{IF}_1)/2$，这个寄生通带是指频率为镜像频率的一半的频谱，它进入接收机通过放大器的非线性作用产生倍频分量，通过混频器与本振作用同样可能产生干扰。

$f_6 = (\mathrm{LO} + \mathrm{IF}_1)/2$，这个寄生通带是指频率为接收机射频的一半的频谱，这样的频率进入接收机通过放大器的非线性作用产生倍频分量，通过混频器与本振作用产生干扰。

$f_7 = 2\mathrm{LO} + \mathrm{IF}_1$，当干扰频率为 f_7 进入接收机时，通过混频与本振的二次谐波相互作用产生中频同频干扰。

$f_8 = 2\mathrm{LO} - \mathrm{IF}_1$，这个寄生通带与 $2\mathrm{LO} + \mathrm{IF}_1$ 互为镜像。

$f_9 = \mathrm{IF}_2$，这个寄生通带 有可能产生二中频的同频干扰。

$f_{10} = \mathrm{IF}_1 - 2\mathrm{IF}_2$，这个寄生通带是二中频的镜像干扰寄生通带。

$f_{11} = \mathrm{IF}_3$，当接收系统中有三中频时需要考虑 IF_3 寄生通带的三中频同频干扰。

4.5.2　接收机受扰分析举例

接收机受扰分析主要是考虑外来的干扰信号可能通过哪些途径进入接收系统。根据接收机的工作机理实际上可以认为，干扰信号有可能通过接收机的三个部分进入接收系统。接收机前端一般包括 RF 滤波器、RF 放大器、预选器。引起接收机前端受扰主要的频谱是与接收机工作 RF 在同一频段的射频发射，当干扰发射主谱和低阶的旁谱直接落在接收机调谐工作范围内，经过放大器进入接收电路引起的干扰是非常严重的。干扰信号的主谱或旁谱落在主接收通带的情况靠设计人员在功能设计中避开。镜像干扰寄生通带是指和主接收通带关于第一本振成镜像关系的频率范围。接收机 RF 滤波器和预选器带外抑制不好可能将镜像干扰引入系统。

一般接收机的带外抑制都在 -60dBc,对一些高灵敏度的接收机可以采用滤波器的办法,将镜频干扰通带放在滤波器最大衰减处。镜像干扰的大小取决于预选器所具有的衰减因子,采用镜频抑制混频器也可以达到抑制镜频干扰的目的。接收机射频与镜频之间相差两个中频,中频的大小也可以一定程度上影响镜频干扰,中频越大,主通带和镜频通带的频率间隔越大。如果接收机使用多中频的话,镜像问题就变得复杂了,接收机的任一中频都有镜像频率。高阶镜像通带的处理和一阶时一样,镜频抑制主要靠在混频前的滤波器完成。

其他寄生通带的干扰抑制与接收机前级的滤波电路相关或与本振的带外抑制度有关。接收机的本振不纯也可能造成较为严重的干扰。中频电路的滤波器设计很重要,它是抑制中频同频干扰的关键。

4.5.2.1　某 S 应答机受损情况介绍

某星在发射阵地,当 S 应答机开机,S 通信数传机开机状态下,S 应用数传机开机,EMI 测试接收机监测到中心频率为 ×MHz,电平为 -45.2dBm(场强约为 90dBμV/m),50 MHz 带宽的调制信号。该信号 1 分钟后消失。经证实,S 应用数传机关机。测试曲线见图 4-5。此后,监测到 S 应答机和 S 通信数传机发射谱,其中 S-b 应答机频谱畸变。测试曲线见图 4-6。实施单独对 S-b 应答机开机检测,频谱基本正常。当 S 通信数传机开机时,发现 S-b 应答机频谱畸变。以上事实说明 S-b 应答机在 S 应用数传机开机情况下导致一定程度的受损。

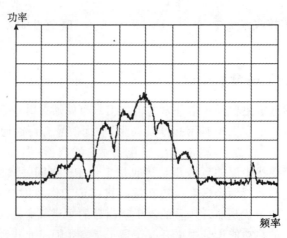

图 4-5　应用数传机频谱

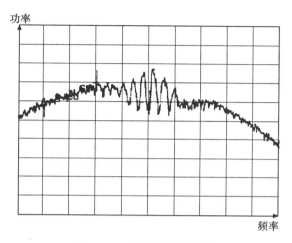

图 4-6　应答机受损后频谱

4.5.2.2　分析研究

根据掌握的情况进行定量分析,找出产生问题的可能原因,以利后续工作。

分析方法主要是计算传输到受损部件最灵敏处(低噪声放大器输入端或其后某一级)的干扰辐射功率,再与受损部件电磁敏感度进行比较后得出结论。

发射方(干扰源)发射的有用主频谱和旁谱(或称杂波),而接收方(受干扰方或称受损方)除主通带外,还有多个寄生通带。我们不全面分析所有的"谱/对",只分析其中最重要的几对,它们是:①主谱对主通带和镜频通带的影响;②可能落在主通带和镜频通带的旁谱对二者的影响。

(1)干扰电平估算公式

经简化整理,我们可以把一个发射信号传到一个接收系统的 LNA 输入端(即灵敏度计测点)的功率电平如下式所示:

$$P_r = P_t - L_{t1} - L_{t2} + G_t + G_r - 22 - 20\lg(R/\lambda) - L_{r1} - L_{r2} - L_{r3} + G_{反}$$

$$(4-3)$$

式中,P_r 为折算到灵敏度计测点的接收信号电平,dBW;P_t 为发射信号主频功率,dBW;L_{t1} 为所计算的发射谱相对主谱的衰减值,dB;L_{t2} 为发射系统馈线损耗,dB;G_t 为发射天线在所计算的频率上的增益,dB;G_r 为接收天线在所计算的频率上的增益,dB;R 为收发天线间距,m;λ 为所计算频率的波长,m;L_{r1} 如下式所示:

$$L_{r1} = L_{r11} + L_{r12}$$

其中，L_{r11}为接收天线到 LNA 间的纯馈线损耗，dB；L_{r12}为接收天线至 LNA 间加预选器(也称隔离滤波器)在所计算频率上的衰减，dB；L_{r2}为混频器产生的相对主通带的衰减，dB。L_{r3}为频偏损耗，是以系统最窄带宽来考虑的，如果只计算到窄带中放前的某一级(信号在窄通带之外)，则无此项，dB；$G_{反}$为考虑到反射影响产生的总电平变化。以下我们取 $G_{反}=6$dB，即认为加罩后，各种反射迭加后造成的总反射在接收天线处刚好与直射波等幅同相，这是最坏情况，使总接收功率增大 4 倍，多数情况下，$G_{反}=1\sim3$dB。

(2)几种可能的干扰电平计算及其影响分析

1) S 应用数传机主谱的影响

在 LNA 输入端接收到的主谱功率为：

$$P_{r1} = P_t - L_{t2} + G_t + G_r - 22 - 20\lg(R/\lambda) - L_{r11} - L_{r12} + G_{反} \qquad (4-4)$$

其中，

$$P_t = 9 \text{ dBW(相当于 8W 功率)}$$
$$L_{t2} = 2\text{dB}$$
$$G_t = -2\text{dB}$$
$$G_r = 0\text{dB}$$
$$R = 2\text{m}$$
$$\lambda = 0.13\text{m}$$
$$L_{r11} = 1.3\text{dB(估算)}$$
$$L_{r12} = 40\text{dB(预选器衰减 40dB)}$$

代入式(4-4)得：

$$P_{r1} = -76\text{dBW} = -46\text{dBm}$$

一般 LNA 的耐受功率为 $-10\sim+10$dBm，故 LNA 绝不会因应用数传机开机而损坏。

鉴于 S-b 应答机实测灵敏度为 -141dBW，综合效果导致 S-b 应答机进入饱和状态是可能的。但由于×MHz 与接收机本振混频产生信号频率 415.57MHz，这对于调谐在×MHz 的 S-b 混频回路和/或一中放的输入回路均会因极大衰减，而传不到后面的电路。充其量会产生二次谐波(×MHz)，三次谐波(×MHz)。这些谐波既进不到主通道，也进不到主要寄生通带。

综上所述，S 应用数传机的主谱偏离 S-b 应答机工作频率近×MHz，发射功率 10W，因此不可能造成 S-b 应答机受损。

2)S 应用数传机旁谱(S−b 主通带附近)的影响

S−b 应答机整机接收选择性或衰减频率特性可用图 4−7 表示。

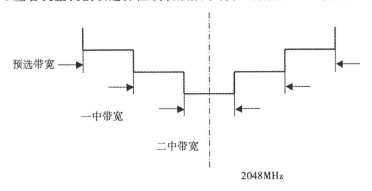

图 4−7　接收机选择性示意图

假设 S 应用数传机发射谱中有一旁谱为×MHz,幅度比主谱低 40dB。利用式(4−3)进行估算,该旁谱到达 LNA 输入端的信号电平为 P_{r2}:

$$P_{r2} = P_t - L_{t1} - L_{t2} + G_t + G_r - 22 - 20\lg(R/\lambda) - L_{r1} + G_{反} \qquad (4-5)$$

与式(4−3)比较,前四项减少 40dB,但少衰减一个 L_{r2}(40dB)。其他项均在接收频率(×××MHz)附近取值,计算结果与 P_{r1} 相当。

由于该旁谱仅比接收主谱高 10 MHz,故预选器能让它无衰减通过(小于 1dB 衰减可忽略),LNA 把它放大。一般来说第一中放的通带也能放过它,但却被二中放大大衰减,因而形不成 AGC 自动增益控制的反馈电压去使一中放的放大量降低,长期作用(几十秒),就有可能使一中放的某一级产生不可恢复的损害。

类似这种落在一中放带内、二中放带外的杂波,往往对接收机构成最大危害,因为落在第二中放带外,引不起 AGC 的保护作用。

3)S 应用数传机旁谱(S−b 镜频通带)的影响

S−b 应答机镜频为×MHz,假设预选器的低端抑制特性不好,则当 S 应用数传机存在×MHz 附近的旁谱的话,则会出现与前一节相类似的后果。举例说明,假设旁谱频率为×MHz,其幅度为 −20dBc,则估算到 LNA 输入端的功率电平为 P_{r3},假设预选器对比旁谱衰减只有 20dB。同样的算法,估计出 P_{r3} 与 P_{r2} 相当。

4)通信数传机的影响应当重视

一般来说,放大器受损(包括烧毁和不可恢复性损坏)的机理是内部发热量大于散热量,随着时间的加长,温度越来越高,以致最后被损毁。损坏电平(或耐受电平)是与外加信号的时间相关。

S通信数传机发射功率为3W,收发距离比较近,可以认为前面三节的分析对S通信数传机同样适用。应当重视S通信数传机对S-b应答机的长时间同时工作带来的累加影响。

同样的分析对S-a、S-b、S-c、S-d应答机的发射机也成立。多个信号造成发热量累积效应是我们应该考虑的问题之一。

5)通过转发系统造成干扰的可能性预估

S应用数传机主谱(×MHz)通过转发系统造成干扰的可能性不大是因为:①×MHz天线未开透波窗,靠船体反射再通过透波窗口起码衰减10dB以上;②转发系统的下行滤波器通带对×MHz会造成至少20dB衰减;③经地面转发后频率变为×MHz,上行滤波器对它至少又要衰减20dB;④×MHz既落不到S-b应答机的接收主通带,也落不到其他寄生通带。

但是,如果S应用数传机在×~×MHz附近有旁谱存在,则很可能被地面转发系统接收,转换成×~×MHz。该频谱有可能进入S-b应答机的LNA和第一中放。

地面转发造成S-b应答机饱和状态工作的可能性存在。S-b应答机工作饱和,LNA进入非线性区,接收的宽频调制信号彼此加加减减,产生新的频率分量。这些频率分量一旦通过前级进入第一中放边缘和带内,则如前面分析,足以使其受损。

4.5.2.3　经验教训

根据以上分析,可得以下几点结论:

(1)应用数传机主谱虽有8~10W,但它不会对S-b应答机构成损害。

(2)S-b应用数传机旁谱(落在S-b应答机主通带内和镜像通带中或其附近)功率,可能是导致S-b应答机受损的主要原因,尤其是落在×±2MHz之外,又在×±15MHz之内的旁谱危害更大。但从长达1分钟使其受损这个事实分析,干扰电平并不是特别大。

(3)导致S-b应答机受损的外因还可能与另外三个发射源相关,即S通信数传机、S-a应答机发射机和S-b应答机发射机。特别是S通信数传机对S-b应答机接收机的长期同时工作影响应当重视。

（4）S-b 应答机灵敏度过高,是造成受损的内因之一,任务书指标为 -130dBW,实测 -141dBw。从 EMC 观点,灵敏度高意味着易受损。

（5）如果 S-b 应答机预选器性能不好(如低端抑制不够),也可能是受损内因之一。

在 EMC 试验室对 S 应用数传机的地面模拟源进行 RF 漏场检测(终端接大功率匹配负载),发现有两根旁谱,测试曲线见图 4-8、图 4-9。其中×MHz 对 S-a 应答机可能构成干扰,不可能对 S-b 应答机构成干扰。

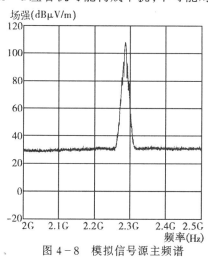

图 4-8　模拟信号源主频谱

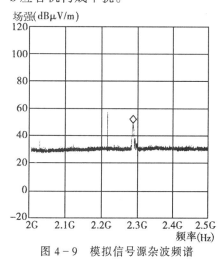

图 4-9　模拟信号源杂波频谱

S-b 应答机发射谱出现明显畸变是我们能够观察到的物理现象。为了确切找到 S-b 应答机器受损原因,研制单位对受损应答机进行了物理解剖。检测结果说明 S-b 应答机的静噪抑制电路的平衡电路中某个元器件性能下降,导致平衡破坏,共模抑制比下降 40dB,致使宽带噪声被抬高。

建议重新对 S-b 应答机接收机性能如灵敏度、通带特性进行检测,特别是对 EMS(抗扰性能)进行验收测试和具体分析。如果重新研制,则应提高 S-b 应答机的抗扰性能,一是将预选器尽量做窄,二是灵敏度按规定指标交付,三是尽量把一中放的带宽做窄。在工程应用中应避免 S-b 应答机接收机工作在饱和状态。

该案例叙述了 S 波段应答机受扰过程以及受损状态下的频谱记录。它说明接收机受损有可能是射频干扰直接进入接收机前端,使前端电路受损;也可能是中频干扰直接进入中频电路,导致接收机工作异常。该案例分析认为噪声干扰引发热量积蓄、温度升高,导致电路元器件性能下降甚至损坏。受损件的物理分析验证了接收机静噪抑制电路受干扰影响失效,使噪声谱抬高,几乎淹没信号。照此治理,问题得以解决。

4.5.3　航天器系统 EMI 预测分析

多数航天器系统包括相当多的发射接收设备,这些发射机和接收机之间存在发生干扰的可能性。航天器系统 EMI 预测分析包括辐射电磁干扰和传导电磁干扰,本节讨论的是辐射电磁干扰的预测分析。

航天器系统包含有多个干扰源和敏感设备,干扰源由于其非线性,除了基波外还输出许多其他频率的能量;敏感设备除基波响应外,还存在乱真响应。耦合途径也有多种,耦合方式包括空间辐射和传导。对于敏感设备应考虑所有干扰源的合成效应。

4.5.3.1　幅度分析

工程上采用分级筛选的方法,包括幅度筛选、频率筛选、详细预测和性能预测。通常采用逐对考虑的方式,每次选一个敏感设备、一个干扰源,通过一种耦合方式的情况,其原理如图 4 - 10 所示。

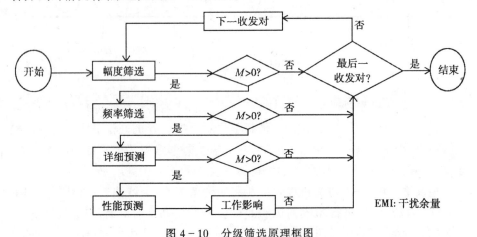

图 4 - 10　分级筛选原理框图

幅度筛选是电磁干扰预测的最基本级别,在相当粗略的程度上考虑频率、时间、距离、方向的影响,采用简单、合理、保守的近似,将大量的微小干扰与相当少的强干扰分离开来,对前者不再作后面各阶段的预测,使问题的范围大大缩小。幅度筛选的作用不限于初次的剔除过程,此阶段的计算结果在往后的更精确的预测级别中仍有意义,构成许多修正。频率筛选以幅度筛选的结果为基础,通过考虑以频率选择性为特征的附加干扰抑制来较详细地处理频率变量。同时,还要详细预测考虑时间、距离、方向变量,这里由前面得出的潜在干扰幅度变成干扰概率和随时间变化的项。性能预测需要考虑诸如发射机、接收机的调制特性和响应,把预测结果转换成对用户更为有用的形式。

EMC 幅度分析还需提供以下输入参数:

· 发射机发射功率

· 发射机安装位置

· 航天器构形(与发射机相关)

· 发射天线形式及增益、线损耗、极化方式等相关参数

· 接收机灵敏度

· 接收天线安装位置

· 与接收机相关的航天器构形几何尺寸

· 接收天线类型及增益,馈线损耗、极化方式、射频滤波等相关参数

· 收发天线几何距离及隔离度等电参数

作为幅度分析的一次近似,可以利用预测分析方程计算。考虑到航天器的复杂外形及天线集合的集中布局和天线安装紧贴壳体的特点,在做 EMC 分析时,必须考虑载体对天线的耦合影响。针对不同航天器、不同频段采用计算方法不同,一般说来,低频采用简单迭代法,原理直观,收敛速度快,能够满足工程要求。高频采用几何绕射理论,对航天器形状作适当处理,简化射线寻迹过程,可以得到满意的精度要求。

4.5.3.2　预测计算

预测计算首先以发射机模型和接收机模型为例讨论建模的思路和方法。在频率筛选、详细预测各个阶段各种模型也不相同。频率筛选考虑调制方式、波形包络、选择性等因素,详细预测考虑交调、互调幅度模型等。

预测计算模型中还包括天线模型、传播模型、环境模型等。天线模型考虑天线的全频段立体方向图、近场和远场模型等。传播模型考虑空间飞行器壳体的影响等。环境模型考虑空间飞行器在地面、大气层内以及外层空间等不同环境下的电磁传播模型等。

下面以发射机模型和接收机模型为例讨论建模的思路和方法。

4.5.3.3　发射机模型建模的思路和方法

基波干扰:需规定在所需基波频率上的功率输出,也可采用发射机基波输出的统计值。频率筛选阶段需规定与基波发射有关的频率。此频率是标称工作频

率或载波频率。还需规定载波边带内的相对功率,通常用基带调制包络来表示。

谐波干扰:谐波是基频或用于产生基频(如主振或晶体控制时钟脉冲的频率)的整数倍,同一型号发射机此功率输出变化很大,应以统计方式表示。

非谐波干扰:乱真发射的频率与基波和非谐波关系是随机的。其输出功率电平和边带包络用类似于谐波发射的方法描述。

宽带噪声:除去功率大于1kW的发射机外,此噪声与电磁环境中的其他干扰信号相比,微不足道。一般以每赫兹带宽的有效功率来规定,即 dBW/Hz。

(1) 基波发射幅度模型

通用基波幅度模型规定以 dB 表示的基波功率变化是正态分布的随机变量。平均值为 $P_T(f_{OT})$,方差为 $\sigma_T(f_{OT})$;平均值为额定功率输出,方差为 2dB。方差用来规定统计分布。

基于测量数据的基波幅度模型用以下公式计算平均值和方差:

$$P_T(f_{OT}) = \frac{1}{M} \sum_{i=1}^{M} P_{Ti}(f_{OT})$$

$$\sigma_T(f_{OT}) = \left[\frac{1}{M-1} \sum \left[P_T(f_{OT}) - P_{Ti}(f_{OT}) \right]^2 \right]^{1/2} \tag{4-6}$$

式中,$P_T(f_{OT})$ 为基波功率输出的各测量值(dBm),$\sum_{i=1}^{m}$ 为 $i = 1 \sim m$ 的采样和。

(2) 谐波发射模型

通用谐波辐射模型:

$$P_T(f_{NT}) = P_T(f_{OT}) + A \lg N + B \qquad N \geqslant 2 \tag{4-7}$$

式中,$P_T(f_{NT})$ 为 N 次谐波的平均功率(dBm),$P_T(f_{OT})$ 为基波功率,N 为谐波数。A,B 为发射机常数,A 相应于斜率(dB/10 倍频程),B 相应于基波处的幅度交点;A、B、σ 可由测量数据模型得到。

统计综合谐波幅度模型:没有现成数据时,可以用已有的统计综合模型,可以在电磁兼容工程手册中查到。

基于规范的谐波幅度模型:发射机乱真输出的另一资料来源是有关的标准规范,此时计算最终的发射机谐波幅度模型时,A 按规定,σ 为零,B 为规范极限值。

基于测量数据的谐波幅度模型:当发射机谐波辐射的测量数据是现成的时,可直接用来决定所述的谐波幅度模型的常数 A、B 和 σ。谐波发射函数的常数由标准曲线拟合方法来确定,首先假定有 m 个数据采样,其中每一个取到某一最高谐波 $N_{\max}$,相应的功率输出为 P_N。

谐波发射函数曲线数据拟合公式如下:

$$C_1 = \sum_{N=2}^{N_{max}} \sum_{i=1}^{m} P_{N_i}^2$$

$$C_2 = m \sum_{N=2}^{N_{max}} \lg^2 N$$

$$C_3 = \sum_{N=2}^{N_{max}} \sum_{i=1}^{m} P_{N_i} \lg N_i \qquad (4-8)$$

$$C_4 = \sum_{N=2}^{N_{max}} \sum_{i=1}^{m} P_{N_i}$$

$$C_5 = m \sum_{N=2}^{N_{max}} \lg N$$

$$A = \frac{mN_{max}C_3 - C_4 C_2}{mN_{max}C_2 - C_5^2}$$

$$B = \frac{C_4 - AC_5}{mN_{max}} \qquad (4-9)$$

$$\sigma_T(f_{OT}) = \left(\frac{C_1 - BC_4 - AC_3}{mN_{max} - 1} \right)^{1/2}$$

（3）非谐波发射模型

除谐波外,发射机还产生其他乱真发射,这些乱真发射通常是由发射机某一级的非线性工作产生的,虽然他们的幅度通常比谐波发射幅度小,但有时仍需在电磁干扰预测中考虑这些发射,乱真发射电平的通用数学模型(除谐波外)可以类似于描述谐波的方法来表示,主要差别是 N 的数值由一连续频率变量代替。乱真发射幅度模型如下:

$$P_T(f) = P_T(f_{OT}) + A' \lg(f/f_{OT}) + B' \qquad (4-10)$$

式中, $P_T(f_{OT})$ 为基波功率(dBm); $P_T(f)$ 为在频率 f 、带宽 B_T 内的平均功率(dBm); A' 、B' 为特定发射机常数, $A'B'$ 可根据 GJB - 151A 的规范数据或测量数据得到。

4.5.3.4　接收机模型建模的思路和方法

（1）同频干扰:如果存在于最窄的检波前通道(超外差接收机为中频带宽)内的潜在干扰发射,此干扰将与希望信号以相同的方式被放大、处理,可能使接收机减敏或淹没希望信号,或产生严重失真。对幅度筛选规定接收机对同频信号的敏感度阈值,同频道敏感度阈值取为接收机噪声电平,即 $S = N$ 。

（2）邻频干扰:指存在于或接近于最宽的接收机通带内的频率的发射。此干扰能在接收机内产生各种效应,如减敏、交调、互调等。

减敏是接收机对所希望信号增益的降低,是干扰产生自动增益控制作用或引起一级、多级非线性工作的结果。

互调指两个或多个输入信号的非线性组合产生不希望的信号,其频率为输入信号或谐波的和或差。

交调指非希望信号的调制转移到希望信号上,是由于非希望信号使接收机的一级或多极非线性而产生的。

(3)带外干扰:当频率大大高于最宽的接收机带宽(射频带宽)时,强的带外干扰能使接收机产生乱真响应。超外差接收机对那些与本振谐波混频后能产生中频信号的带外干扰最敏感,在这样的接收机内,乱真响应发生在特定的频率。射频调谐或检波式接收机对那些未被射频选择性抑制的带外干扰敏感。

同频道敏感度阈值采用接收机噪声电平,对电磁干扰来说,接收机敏感度阈值表示为统计参数,等于接收在标称噪声算法的平均值 $P_R(f_{OR})$。

假定同频道敏感度是正态分布随机变量,标准差由测量数据给出,没有现成数据时,采用 $\sigma = 2dB$,它是表示现有数据的统计综合结果。

在 $S = N$ 条件下:

$$P_R(f_{OR}) = FkTB_R \quad (\text{W}) \qquad (4-11)$$

$$k = 1.38 \times 10^{-23} \quad (\text{J/K})$$

式中,T 为噪声温度(K);B_R 为接收机带宽(Hz);F 为噪声系数 。

邻域敏感度阈值在幅度筛选阶段不单独考虑,而将同频道幅度筛选结果用作频选和详细预测中邻近频道干扰预测的基础。带外敏感度阈值指的是超外差接收机的乱真响应,指由于本振和不希望的信号混频产生的那些不希望响应。

单次变频产生乱真响应的频率 f_{SP} 为:

$$f_{SP} = \left| \frac{pf_{LO} \pm f_{IF}}{q} \right| \qquad (4-12)$$

式中,p 为本振谐波数;q 为干扰信号谐波数;f_{LO} 为本振频率;f_{IF} 为中频。实际经验表明,一次变频比二次、多次变频产生的乱真响应更严重。

调谐射频或晶体 - 视频接收机对带外信号的敏感度不像超外差接收机那样依赖于频率,其门限是一相当平滑的频率函数,而超外差接收机是离散的频率的函数。乱真响应通用幅度模型在很多方面类似于发射机谐波输出。对于上式中 q 的每一值,平均乱真响应敏感度电平本振谐波数 P 增加而增加。

大量的随机变量导出一随机偏差,此随机偏差为正态分布。标准差与响应频率无关。对规定的 q,平均乱真响应敏感度的模型可表示为:

$$P_R(f_{SR}) = P_R(f_{OR}) + I \lg p + J \qquad (4-13)$$

其中，$P_R(f_{SR})$ 为规定的 q 平均乱真响应敏感度阈值，$P_R(f_{OR})$ 为接收机同频道敏感度阈值，p 为本振谐波数，I 和 J 为对每一接收机型号确定的常数。

对很多接收机而言，可以只考虑 $q=1$ 情况。对于调谐到任意频率的超外差、调谐频率、晶体 - 视频接收机的幅度筛选，敏感度应为频率的连续函数：

$$P_R(f) = P_R(f_{OR}) + I \lg(f/f_{OR}) + J \qquad (4-14)$$

式中 I，J 和 $\sigma_R(f_{SR})$ 可查手册、规范或现成数据。

乱真响应模型一般可通过以下方法获得：

（1）统计综合乱真响应模型：当没有现成的具体的测量数据时，获得幅度筛选方法的带外敏感度门限的另一种方法是由类似的各组接收机数据推导出统计综合值，再由这些综合值得出数学模型。

（2）基于规范的乱真响应幅度模型：乱真响应电平的另一来源是有关的规范和标准，基于 GJB - 151。

（3）基于测量数据的乱真响应幅度模型：得到这种模型的方法与发射机的基于测量数据的谐波幅度模型类似。

用于接收机性能预测的主要方法和应考虑的主要因素如图 4 - 11 所示。

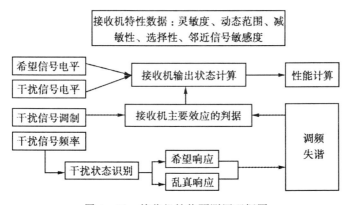

图 4 - 11　接收机性能预测原理框图

通常通过以下几个参数考察敏感设备的性能：接收机噪声、动态范围、减敏性、选择性（射频、中频及输出）、邻近频道敏感度、交调及乱真响应敏感度。

4.5.4 共模干扰分析

4.5.4.1 以通常使用的电缆为例说明共模干扰基本概念

两个金属导线上分别载有电流 I_1 和 I_2，它们可以分解为共模电流和差模电流的组合，如图 4-12 所示，I_D 表示差模电流，I_C 表示共模电流。

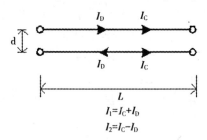

$$I_1 = I_C + I_D$$
$$I_2 = I_C - I_D$$

图 4-12 共模电流和差模电流的定义

在两根导线的同一截面上，差模电流的幅度相同、相位相同，但是传播方向不同，同时也可以理解为同向传播相位相反。这种模式的电流就是通常的传输线理论、信号分析理论、电路理论中电缆中传输的电流模式。

共模电流在两根导线的同一截面上幅度、相位、传播方向都相同，这种电流不能采用集总参数电路模型来仿真分析和预测。在一般的产品功能设计阶段，设计者只会考虑差模电流。而电磁兼容设计要求恰恰关心的就是共模电流，因为电缆的辐射发射主要的贡献者是共模电流而非差模电流。

由于差模电流的方向相反，所以产生的电磁场相互抵消。而共模电流的方向相同，产生的电磁场相互叠加。通常幅度比差模电流小几个数量级的共模电流就可以产生相同的辐射场。

对于 1m 长的电缆，两个金属线间的距离为 50mil(1.27mm)，载有差模电流 20mA，对于 30MHz 频率的信号，可以在 3m 处产生 $100\mu V/m$ 的电场。而仅仅 $8\mu A$ 的共模电流就可以产生相同的电场，相差 2500 倍。

一般情况下，对于共模和差模电流产生的场幅度可以用如下公式表示：

$$E_D = 1.316 \times 10^{-14} \frac{I_D f^2 L d}{R} \tag{4-15}$$

$$E_C = 1.257 \times 10^{-6} \frac{I_C f L}{R} \tag{4-16}$$

对于单根载有共模电流电缆产生的辐射场：

$$E_C = 6.28 \times 10^{-7} \frac{I_C f L}{R} \qquad (4-17)$$

共模电流可以由外部电磁场耦合到电缆、地参考面和设备与地连接的各种阻抗形成的回路引起,共模电流也可以由地参考点和电缆之间的噪声电压引起,这是辐射发射的主要原因。与导线和设备外壳有关的寄生电容和电感是共模耦合回路的主要部分,很大程度上决定着共模电流的幅度和频谱分布。共模电流辐射实际上主要是由差模源驱动产生的,可大致分为如下两种基本驱动方式:

(1)电流驱动方式

图 4-13(a)中 U_{DM} 是差模电压源,设备内部有很多这样的源,例如各种数字信号电路、高频振荡源等等,Z_L 为回路负载,I_{DM} 为回路的差模电流,该电流流过 AB 两点间的回流地(例如印制电路板的地线)回到差模源。

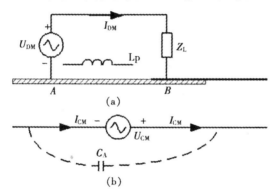

图 4-13　电流驱动产生共模辐射的原理图

如果 AB 间存在一定电感 L_P,则产生压降为:

$$U_{CM} = I_{DM}(j\omega L_p) \qquad (4-18)$$

U_{CM} 就是产生共模干扰的驱动源。

产生辐射的条件,除了源以外还必须有天线。天线由两部分组成:一部分是由 A 点向左看的地线部分,另一部分是由 B 向右看的地线部分和外接电缆,其组成辐射系统的等效原理图如图 4-13(b),这实际上是一幅不对称振子天线。

流过天线的电流即为共模电流:

$$I_{CM} = \frac{U_{CM}}{\dfrac{1}{jC_A\omega}} = jC_A\omega U_{CM} \qquad (4-19)$$

式中,I_{CM} 为共模电流,U_{CM} 为共模驱动电压,C_A 为振子天线两部分之间的电容。

（2）电压驱动模式

电压驱动模式的原理如图 4-14 所示,图中差模电压源 U_{DM} 直接驱动天线的两个部分,即上金属部分和下金属部分,从而产生共模辐射。共模辐射电流 I_{CM} 为:

$$I_{CM} = j\omega C_A U_{DM} \tag{4-20}$$

式中 C_A 为上下两部分金属之间的分布电容。

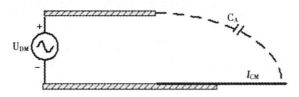

图 4-14　电压驱动产生共模辐射原理图

产生共模辐射的条件一是要有共模驱动源,二是要有共模天线。任何两个金属之间只要存在 RF 电位差,就构成一副不对称振子天线,两个金属体分别是它的两个极,RF 电位差即是共模驱动源,它通过不对称振子天线向空间辐射电磁能量。

当频率达到 MHz 级,nH 的小电感和 pF 级的小电容都将产生重要影响。两个导体连接处的小电感能产生 RF 电位差,例如机壳与印制电路板之间连接线的线电感,电路中数字地和模拟地连接线的小电感等都是产生共模驱动源的根源。

共模天线的一极必定是设备的外部接线,另一极可以是设备内部印制电路板的地线、电源面、机壳散热片、金属支架等等。

当天线两个极的总长度大于 λ/20 时,天线的辐射才可能有效。当天线长度与驱动源谐波的波长符合下式时,天线发射谐振,辐射能量最大:

$$l = n(\lambda/2) \quad n = 1,2,3,\cdots \tag{4-21}$$

在天线总长度确定时,源在天线上的位置是天线辐射量的决定因素。图 4-15 中 3 种情况天线总长度相同,源的大小也一样,但源在天线上的相对位置不同。三种情况辐射功率 $P_1 > P_2 > P_3$。因为辐射功率主要有共模电流决定,由前式可知共模电流和天线之间的电容成正比,图中显然 $C_1 > C_2 > C_3$,所以 $I_1 > I_2 > I_3$。

对于具体问题必须首先分析潜在的干扰源。分析设备内部所有的电源和信号源,对于每个源的工作频率范围、功率大小等基本因素必须掌握。

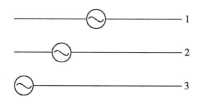

图 4-15　源的位置对共模辐射的影响

　　共模天线是造成共模辐射的条件之一,了解设备电路的基本结构,布线和外接连线是分析共模辐射所必需的。EMC 试验中一些不确定的超标辐射很可能就是共模辐射的结果。

4.5.4.2　共模电流的辐射发射机理

　　对于一个接有固定电压源的平行印制线回路,如果回路的终端接不平衡的负载阻抗分别为 200Ω 和 0Ω,就会在印制线上产生共模电流干扰,图 4-16 所示为一个有限接地平面上的非平衡印制线,印制线宽度、间距和厚度分别为 5mm、10mm 和 0.02mm,印制板尺寸为 100mm×100mm×2mm。

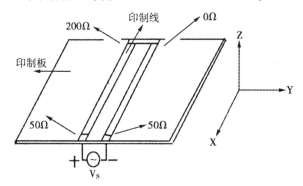

图 4-16　有限接地平面上的非平衡印制线

　　图 4-17 为使用 Ansoft HFSS 对图 4-16 所示的印制线路板结构产生的电磁辐射发射沿 Z 轴的变化情况。图中,V_s 为频率为 1GHz、电压幅值为 1V 的正弦信号,可以看到远区电场的辐射是随着 $1/r$ 衰减的(r 为 z 轴上观察点到印制板的距离),这与偶极子天线的远区辐射场的衰减规律是一致的。

　　图 4-18 为接地平面变化时的辐射电场的三维方向图,其中(a)、(b)的平行印制线均位于印制板的中央,而(c)的印制线位于最左侧的边界处。可以看出较小的接地平面在印制线路板的背面能产生较大的辐射电场水平,随着接地平面

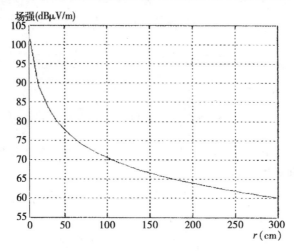

图 4 - 17　共模电流的辐射电场沿 Z 轴的变化

的增大,印制线路板背面的辐射电场水平逐渐减小,同时正面的辐射电场水平有所增加,使背面的辐射能量"转移"到了正面,这同理论预测的结果是一致的。比较图 4 - 18 的(b)、(c),看出印制线越靠近印制板的边界,共模电流的辐射就会在印制线两侧的空间区域呈现不对称性,边界一侧的空间区域的辐射水平明显增强,而且印制线路板背面的辐射能量也会比印制线在印制板中央时的辐射能量大。

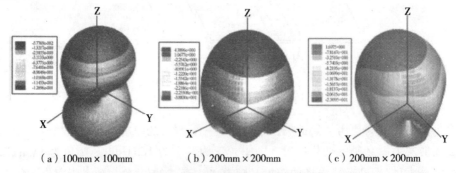

（a）100mm × 100mm　　　（b）200mm × 200mm　　　（c）200mm × 200mm

图 4 - 18　接地平面变化时的辐射电场的三维方向图

共模电流的辐射发射在各个方向的极化分量差别很大,如图 4 - 19 所示,可以看到共模电流的辐射电场在各个方向上的极化分量的幅度相差几到十几个dB,并且共模电流的辐射场沿 X、Y、Z 方向极化的分量在印制线路板的正上方和正下方空间区域、四个顶角方向指向的空间区域和印制线回路的长边指向的空间区域有较为显著的辐射水平。

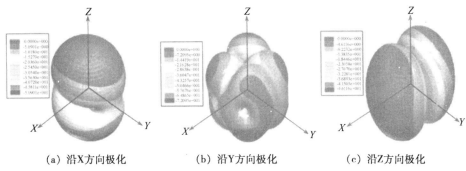

(a) 沿X方向极化　　　　　(b) 沿Y方向极化　　　　　(c) 沿Z方向极化

图 4-19　距印制线路板 3m 处共模电流引起的辐射电场极化方向图(dBV/m)

根据印制线路板上共模电流的辐射特性,工程人员在进行印制线路板和机箱内部结构设计的时候可以从以下几个方面考虑:

(1) 通过改变共模电流的回路和接地平面的相对位置来控制共模电流在各个方向的辐射效果。例如,如果印制线路板的正面及其上半空间安装的电子设备的敏感度比背面及其下半空间的电子设备高,可以将印制线靠近边界布置,这样可以把共模电流的辐射能量向印制线路板的背面"转移",使印制线路板上半空间的辐射效果减小。

(2) 根据共模电流在各个极化方向上的辐射水平的不同,尽量使临近印制板上的印制线或元器件在最大辐射方向上有最小的电长度。

(3) 在确保相邻印制线路板上的印制线和电子元器件耦合到的共模电流的辐射能量不超过其电磁敏感度水平的情况下,尽量减小印制线路板之间的距离,进而可以有效控制机箱的尺寸。

(4) 在对机箱内部的电缆进行布线设计时,确保电缆在较大辐射水平的极化方向上的电长度最小,从而使电缆耦合到的电磁能量最小。

(5) 确定得到最小的机箱对外辐射效果的通风窗或者是观察窗的位置和结构。通风窗或观察窗应尽可能安装在辐射水平较低的位置,如果通风窗或观察窗是由矩形孔构成的,还应该考虑辐射场在窗口位置的各个方向的极化水平,尽量使矩形孔的长边不在辐射水平最大的极化方向上,以便使从机箱辐射出去的电磁能量最小。

对以上几点进行考虑的时候还要综合考虑临近的其他干扰源的辐射效果,如继电器、散热器和电缆等产生的辐射场,而这些元器件或结构的辐射场都可以通过数值或解析的方法得到。

4.5.4.3　共模电流的辐射发射干扰分析

通常我们从工程实践中发现电磁干扰问题,然后通过理论分析,建立物理模型,最后利用数学工具建立数学模型,仿真计算电磁干扰,从而达到对同类电磁干扰问题进行预测的目的。

大量的电子设备的 EMC 测试中,电场辐射发射(RE102)项的测试结果都有超标的情况发生,电子设备的电磁泄漏主要发生在设备机壳的导孔、缝隙、金属壳体的结合部及设备互连线(包括电源线、地线、信号线)等处。其中,以共模电流在互连线上的电磁辐射最为严重。

下面是一个共模电流引起的辐射发射超标的例子。图 4-20 为研究对象与其他设备的连接示意图,图 4-21 为研究对象进行 EMC 测试时的连接示意图。

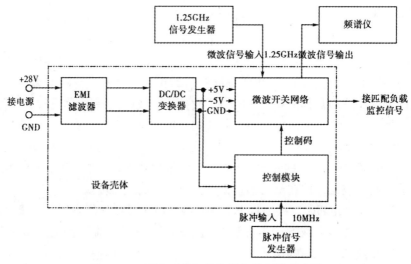

图 4-20　研究对象与其他设备的连接示意图

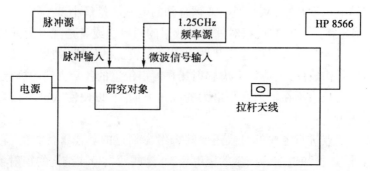

图 4-21　研究对象进行 EMC 测试时的连接示意图

　　研究对象在进行规定的 EMC 测试时,RE102 电场辐射发射项目没有通过。其主要的超标的频谱范围在 10～200MHz,超标频谱可以分成两部分,一部分是集中在 10～30MHz 之间的密集的谱线,另一部分是从 10～200MHz 每隔 10MHz 就有一个的周期谱线,如图 4－22、图 4－23 所示。200～1000MHz 的辐射发射如图 4－24 所示。

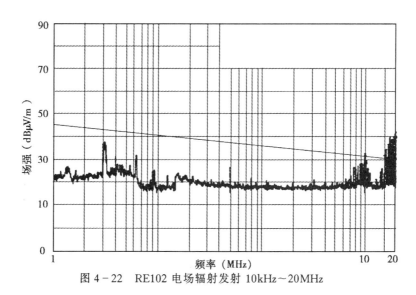

图 4－22　RE102 电场辐射发射 10kHz～20MHz

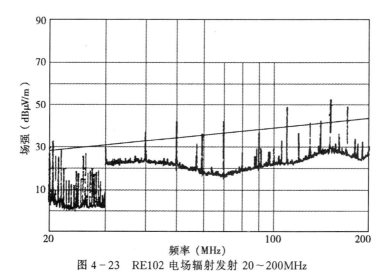

图 4－23　RE102 电场辐射发射 20～200MHz

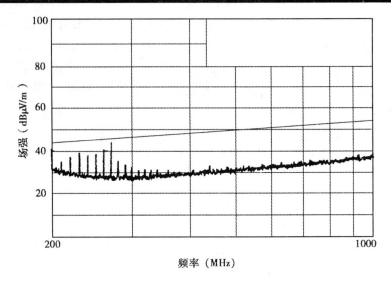

图 4-24　RE102 电场辐射发射 200～1000MHz

干扰源:该设备本身不包含任何可以释放电磁能量的装置,产生的辐射电磁能量来自于其他途径,与之相连提供能量输入的有三个途径;①直流电源通过 DC/DC 电源模块供电;②1.25GHz 高频信号输入;③10MHz 脉冲激励信号输入。分别对这三种能量提供途径进行分析可以得到如下结论:

(1) 可以排除 1.25GHz 高频信号源的杂波导致超标辐射的可能性。

(2) 10MHz 的脉冲信号源是引起间隔为 10MHz 的干扰谱线的干扰源,但脉冲信号源是辅助设备,EUT 正常工作时应当关机。

(3) DC/DC 电源模块与 10～30MHz 超标频谱相关。当去掉 DC/DC 模块而直接使用 ±5V 的直流源时,此频段的超标现象消失,如图 4-25 所示。

辐射途径分析:该设备有屏蔽良好的金属壳体,外壳厚度有 3mm,透过金属壳体的电磁辐射发射可以忽略。其余可能的辐射途径就是与其他设备连接的互连线、壳体与互连线的接口。通过测试发现,当用匹配负载取代与 1.25GHz 信号发生器和与 10MHz 脉冲信号发生器的连接电缆进行测试时,间隔为 10MHz 的干扰谱线消失了,如图 4-26 和图 4-27 所示。因此可以确定电磁辐射的主要途径是与 1.25GHz 信号发生器和 10MHz 脉冲信号发生器相连的互连线。

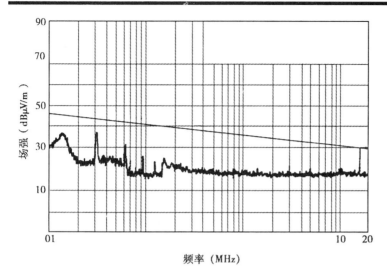

图 4 - 25　去掉 DC/DC 模块而直接用 ± 5V 稳压源输入时的测试结果 10kHz～20MHz

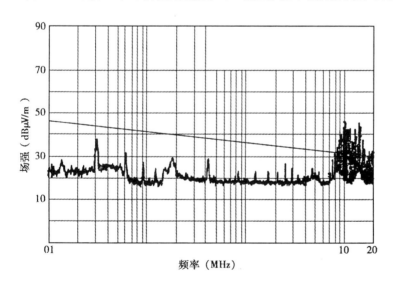

图 4 - 26　没有脉冲信号输入时的 RE102 测试结果(10kHz～20MHz)

基于对研究对象的测试结果分析,可以得出以下结论:

(1)引起该设备电磁辐射发射超标的干扰源与直流电源变换器 DC/DC 模块相关。

(2)电磁能量主要通过两根设备互连线向外发射。

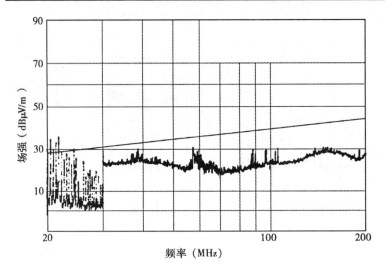

图 4-27 没有脉冲信号输入时的 RE102 测试结果(20~200MHz)

4.5.5 DC/DC 模块干扰机理分析

随着航天器上电子设备的不断增多和日益复杂,需要更多的 DC/DC 模块来为不同类型的电子、电气设备提供稳定的直流电源,但是,由于 DC/DC 模块特有的工作方式使得由其引起的电磁干扰问题变得日益显著。

在 DC/DC 模块中,最基本的电路是斩波器,其工作原理简图和输出电压波形如图 4-28 所示。DC/DC 模块采用功率半导体器件作为开关元件,通过周期性通断工作控制开关元件的时间占空比来调整输出电压。

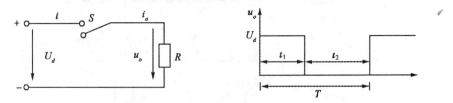

图 4-28 斩波器的工作原理简图和输出电压波形图

脉宽调制(PWM)的工作原理使得 DC/DC 模块不可避免地产生周期杂波,其周期与脉宽调制控制器的工作频率相关。杂波的频谱分布在开关电源频率点和其高阶谐波频率点。

干扰噪声是差模分量和共模分量共同作用的结果。差模噪声是指通常意义上的噪声,发生在输入、输出线和其回线之间。共模噪声发生在每根传输线和地线之间。

共模辐射是由共模电流引起的。DC/DC 模块中的各部件之间和部件与外壳之间都存在寄生电容。这些寄生电容是产生共模电流的主要原因。

开关功率转换时高的 $\mathrm{d}V/\mathrm{d}t$ 引起的共模电流为 q。每次功率开关和整流器的动作都会通过寄生电容在输入输出线与地线之间产生共模电流。差模噪声的幅度一般小于 50 mV,然而,共模噪声的幅度可能达到几伏。图 4-29 为 DC/DC 模块的共模和差模噪声模型。

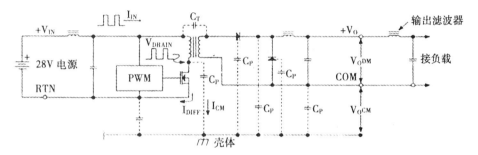

图 4-29　DC/DC 模块的共模和差模噪声模型

对于方波信号而言,从低电平变到高电平不会像理想矩形波信号一样有那么陡峭的上升沿,同时没有任何抖动就稳定在高电平。实际电路中,总有一定的上升时间和下降时间以及电平达到稳定状态前短暂的抖动。这种抖动由于电路和寄生谐振的原因可能形成干扰信号,通常利用阻尼正弦波来描述,这种信号也被称为振铃信号:

$$f(t) = Ae^{\alpha t}\sin\beta t \qquad (4-22)$$

式中,A 是幅度,α 和 β 是系数。α 的大小决定尖峰包络衰减的快慢程度,β 的大小决定尖峰起伏变化的程度,A 是当 $t=0$ 时振铃信号的幅度,假设为 1V。

一个典型的振铃信号的时域波形和频谱图分别如图 4-30 和图 4-31 所示。

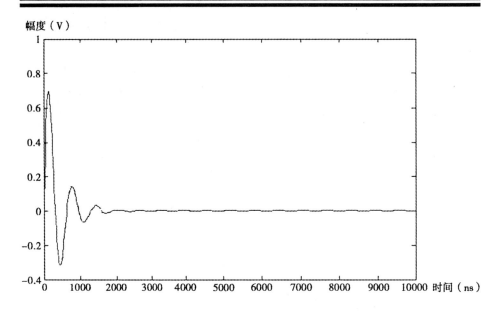

图 4 - 30　典型振铃信号的时域波形

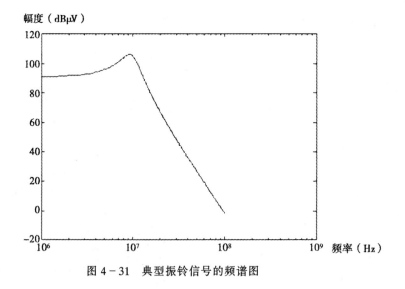

图 4 - 31　典型振铃信号的频谱图

振铃信号幅度随 α 值的变小而收敛变慢,如图 4 - 32 所示;振铃信号频谱尖峰随 α 值变小而峰值增加,如图 4 - 33 所示;振铃信号随 β 值的变大而振动的尖峰趋于密集,如图 4 - 34 所示;振铃信号频谱随 β 值的变大而尖峰对应的频率增加,如图 4 - 35 所示。

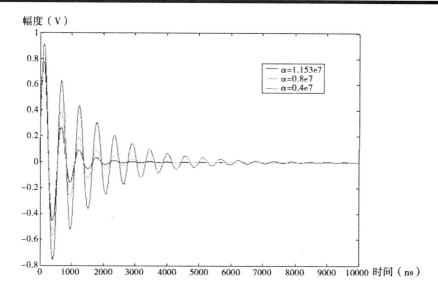

图 4-32　振铃信号幅度随 α 值变小而收敛变慢

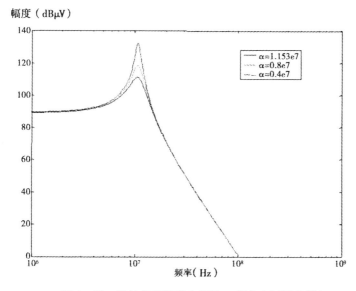

图 4-33　振铃信号频谱尖峰随 α 值变小而峰值增加

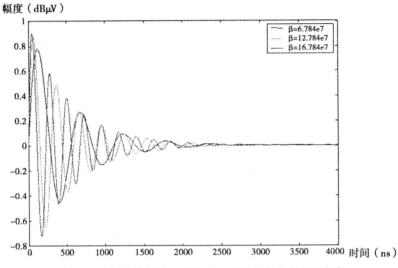

图 4-34　振铃信号随 β 值的变大而振动的尖峰趋于密集

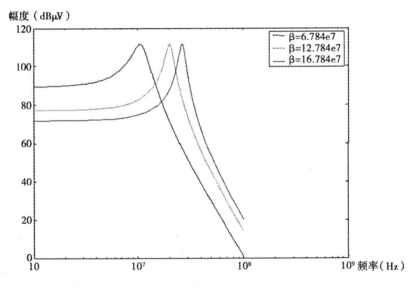

图 4-35　振铃信号频谱随 β 值的变大而尖峰对应的频率增加

第5章　EMC基本设计技术

从EMC的定义可知,要产品实现电磁兼容,则必须抑制它的无用电磁发射,使它不产生对环境构成不能承受的电磁干扰;同时要求产品自身具备一定的抗干扰能力,也即在规定的电磁环境下正常工作。实施EMC设计技术的全部任务就在于实现上述目标。换句话说,凡是能够实现上述目标的设计技术都属于EMC技术的内容。接地、搭接技术,布局、布线技术,屏蔽技术,滤波技术是EMC设计的基本设计技术。空间隔离技术,时间隔离技术也是重要的设计技术。空间隔离技术,如电缆布线、设备布局、屏蔽措施、仰角使用等;时间隔离技术,如时间闭锁、时序控制等。

本章从基本概念出发,主要介绍接地、搭接技术、布局、布线技术、屏蔽技术、滤波技术等基本设计技术原理。同时介绍与航天器EMC设计密切相关的静电放电防护技术。

5.1　接地、搭接技术

5.1.1　接地的基本概念

理想的接地板应是零电位、零阻抗的物理实体。它是信号电平的参考点,对于任何不需要的电流应该是无压降。也就是说,良好的"地"就其电位与电路中任何功能电位相比较,可以忽略不计。

通用电子设施、电子系统、电子设备接地是指借助埋入地下的金属棒、金属管或其他金属结构组成的接地网络实现与大地的电气连接,从而达到为雷击放电电流提供通路的目的,以保护建筑物、人员和设备的安全。需要接大地的电子设施、系统、地面设备对接地电阻有具体要求。比如,10Ω 的接地电阻可以对地面建筑物、变压器、输电线等提供可靠的雷电保护;对于停放在机场的飞机与机外电源系统,线阻抗则必须小于 10Ω。对于特殊用途的实验室通常要求 3Ω 以下。

电子系统与设备的接地为电源和信号电流提供一条低阻抗回路,达到故障保护的目的;接地也为上述设施、系统、设备产生的静电电荷提供泄漏途径,重要的是为电路或系统提供一个等位面,作为统一的零电位参考基准。这个等位面也起到保护作用和抑制噪声的作用。

习惯上接地分为安全接地子系统、屏蔽接地子系统、机壳接地子系统和信号接地子系统。

(1)安全接地子系统包括防止设施、系统、设备漏电的安全接地和防止雷击的安全接地。

(2)电子设备内部各种电路单元电位基准称信号地。信号接地子系统一般分为单点接地、多点接地、混合接地和悬浮地。

一般低频设备和系统适合采用单点接地方式,它有利于消除公共阻抗耦合,但要注意尽量避免使地线构成回路。在单点接地的设备中,信号电路地线多种形式汇聚一点,再通过接地端子或导体连接到电子系统的接地网络。单点接地的应用频率一般为 300kHz 以下,有些场合也可以定义 1MHz 以下为低频设备和系统。实际工程中可使用串联一点接地或并联一点接地方式。

多点接地方式是指每个设备或每个电路到处与接地网络连接,或者说接地网络上的任何两点之间存在几条并联通路。多点接地能够简化设备内部电路结构,同时可以得到最低的地电阻。它是高频信号电路和高频数字脉冲电路唯一的实用接地方式。必须指出的是,为使多点接地有效,当接地导体长度超过最短波长(对应最高工作频率)的 1/8 时,则需要一个等电位接地平面,俗称"地平面"或"地栅",确保每个需要接地的元器件都能就近接地。最短的元器件引线可以减小高频引线电感效应带来的地噪声。多点接地的应用频率一般为 30kHz 或 300kHz 以上,有些场合也可以用 3MHz 以上。

大型工程实际多采用混合接地方式,因为这种系统一般既有低频电路,也有高频电路,低频电路适合单点接地,高频电路适合多点接地。具体实施常常采用串联接地和并联接地或单点接地和多点接地组合方式。

设备悬浮地是指设备机壳与安全地相隔离。单元电路悬浮地是指设备内部的信号接地线与机壳地相隔离或者说在电气上与参考地及其他导体相绝缘。悬浮地可以避免接地系统中的电磁干扰流窜到信号电路,但容易产生静电积累,当电荷达到一定程度后会产生静电放电,工程上使用时要慎重。

(3)机壳接地子系统是指一个电子系统中所包含的所有设备、机箱、机架以及可移动、接插的部件或抽屉等机械部分,均应与其他子系统地线汇总,以保证整个系统地保持一个恒定的电位。对整个系统来讲,起到一个大的"静电屏蔽"作用。

(4)屏蔽接地子系统的设计是保证屏蔽设计达到理想屏蔽效能的关键。

根据实际情况,对于低电平、频率低于 1MHz 的低频信号的屏蔽地可进行以下操作:①当信号源悬浮,放大器接地时,输入双芯电缆屏蔽层应与放大器的接地相连;②当信号源接地,放大器悬浮时,输入双芯电缆屏蔽层应与信号源的接地端相连;③当信号源和放大器均接地时,输入双芯电缆屏蔽层应在两端分别与信号源和放大器的接地端相连。这种情况应采用平衡变压器、光隔离器等技术隔离两个接地点,以防止存在地电位差引发共模干扰。

对于高电平、功率输出部分的屏蔽体应接噪声地。低频时,输出电缆通常采用双芯或多芯胶合屏蔽电缆接负载。高频和脉冲功率信号时,输出电缆通常采用同轴电缆线,其屏蔽层应采用多点接噪声地方式,以确保输出电缆最小的杂散电磁场。在对杂散电磁场需要严格控制的场合,应采用高导磁材料的金属管将输出电缆屏蔽。

接地电阻是用来度量接地好坏程度的。地线中可能存在射频电流,地线电阻用交流电阻表示,地线电抗通常呈现感抗;地线阻抗包括电阻和电抗两部分。

信号地线是指电子设备内部各种电路单元电位基准的连接线。理想地线是一个零阻抗、零电位的物理实体。实际上任何地线都有阻抗,地线阻抗与地线粗细相关,与导电率相关,与传输信号频率相关。当有电流通过时都会产生电压降,地电流的存在会在公共地线阻抗上形成公共地阻抗干扰。

地线可能与其他线缆(信号线、电源线)形成环路,地线本身也可能构成环路。当某一交变电磁场穿过这些环路时,环路中产生的感应电动势有可能迭加到传输信号上形成环路干扰。

5.1.2　搭接的基本概念

搭接是指在两金属物体之间建立一条供电流流动的低阻抗通路。工程上是靠机械(螺接、铆接)、化学(焊接、熔接)方法,使金属物体间实现结构固定。搭接的目的是:

- 建立故障电流的回流通路;
- 建立信号电流均匀而稳定的通路;
- 降低机箱的射频电位;
- 保护人身安全,防止电源故障时发生电击;
- 保护设备和人身安全,防止雷电造成危害;
- 防止静电电荷积累。

为保证在长期使用中保持良好的连接通路,工程上常常要求定量测量搭接电阻值。搭接具体目的不一样,对搭接电阻值的要求也不一样,如果从防静电的角度出发搭接电阻 50kΩ 是容许的,但是在抑制噪声的电路中,搭接电阻至少低于 50mΩ,而防雷电和故障电流要求搭接电阻值要非常低。注意:特殊情况下搭接电阻值要求与流过该通路的电流相关,如雷电放电或大故障电流。

高频时搭接电阻用阻抗表示更确切,它与驻波效应和通路谐振以及导体的固有电感、杂散电容相关。

影响搭接电阻的因素很多,其中包括表面杂质、表面硬度、接触压力、表面积,如阳极氧化处理后的表面是绝缘层,应除去。在两搭接面真正处理干净,并能保持适当压力情况下,做到搭接电阻 1mΩ 是能够实现的。

根据实际情况选择直接或间接搭接方式,实现上述要求。一般情况最好使用直接搭接,使两个被搭接物直接接触。有时也可使用专用搭接条实现间接搭接。一般以相同金属搭接为宜,必须用不同金属时,应正确选用合适的金属材料以减少电化腐蚀效应。

5.1.3 公共阻抗干扰

公共阻抗干扰是指地电流在公共地线阻抗上形成的干扰。从图 5-1 可以看出,如果两个设备(电路或负载)使用不同电源,但是使用共同的回线,假设负载 1 是发生干扰的大电流电路,负载 2 是一个敏感模拟信号电路。那么负载 1 回线上的地电流在公共阻抗地线上产生干扰压降,这一压降有可能干扰负载 2。

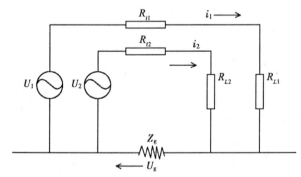

图 5-1 共用地线等效电路举例

干扰压降应是干扰电压(大电流电路上的压降)、公共地线阻抗 Z_g 及敏感电路负载阻抗的函数。列出干扰电压方程如下:

$$U_1 = I_1(R_{L1} + R_{i1}) + (I_1 + I_2) \cdot Z_g \tag{5-1}$$

干扰压降

$$U_g = (I_1 + I_2) \cdot Z_g \tag{5-2}$$

由于是小电流，且假设 $I_1 \gg I_2$，所以

$$U_1 = I_1 \cdot (R_{L1} + R_{i1} + Z_g) \qquad (5-3)$$

由 $U_g = I_1 \cdot Z_g$ 得到

$$I_1 = U_1 / (R_{L1} + R_{i1} + Z_g) \qquad (5-4)$$

$$U_g = Z_g \cdot U_1 / (R_{L1} + R_{i1} + Z_g) \qquad (5-5)$$

一般情况下 $R_{L1} + R_{i1} \gg Z_g$，所以地线阻抗电压近似为：

$$U_g = Z_g \cdot U_1 / (R_{L1} + R_{i1})$$

这个地线阻抗电压在一定条件下会在负载上形成噪声电压

$$U_{12} \approx U_g \cdot R_{L2} / (R_{L2} + R_{i2}) \qquad (5-6)$$

$$U_{12} = Z_g \cdot R_{L2} \cdot U_1 / [(R_{L1} + R_{i1})(R_{L2} + R_{i2})] \qquad (5-7)$$

得出结论：噪声电压与公共地线阻抗相关，与敏感电路负载阻抗相关，与干扰电压（大电流电路在公共阻抗上产生的压降）相关。

工程上减少公共阻抗耦合的理想方式是对每个电路采用隔离回线，通过合理布局来减少公共阻抗干扰的影响，如图 5-2 所示。

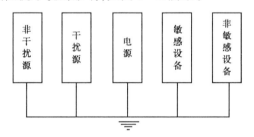

图 5-2　共用地线连接电路举例

电路离接地点近，公共阻抗造成的噪声电压影响越小。干扰源离接地点近，公共阻抗小，通过公共阻抗的耦合影响小。

5.1.4　地环路干扰

地环路干扰是指在不对称馈电的信号电路中，地线本身可能构成环路，地线与其他线路（信号线、电源线）也可能形成环路，当环路受某交变电磁场影响产生感应电动势。这种感应电动势有可能迭加到传输信号上形成干扰。

如图 5-3 所示，电路 1、2 是两个级连的电路单元，cd 是两个电路间的互连线，如果 ab 既是信号线的返回通路，又是电源电流的返回通路，可以看到与地线 ab 相关的有两个环路：一个是 a′b′ba 环路，另一个是 cdba 环路，当交变磁场穿过

这些环路时,环路中产生的感应电动势为:

$$e_i = -\mathrm{d}I/\mathrm{d}t = -S\frac{\mathrm{d}B}{\mathrm{d}t} \qquad (5-8)$$

式中,e_i 为感应电动势(V);S 为环路与磁场垂直面上投影面积(m^2);B 为穿过环路的磁通量密度($1\mathrm{V}\cdot\mathrm{s/m}^2=1\mathrm{T}$)。

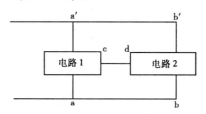

图 5-3   地环路干扰举例

工程上的地线含有电阻、电感。地线上的电压降可以用下式表示:

$$U_g = i_g(R_g + j\omega L_g) \qquad (5-9)$$

式中,R_g、L_g 为地线电阻、电感。

工程上由于地环路影响,附加的等效干扰电动势应为上述两部分之和,即

$$\begin{aligned}
e_g &= U_g + e_i \\
&= i_g(R_g + j\omega L_g) + e_i \\
&= i_g(R_g + j\omega L_g) - S\mathrm{d}B/\mathrm{d}t \qquad (5-10)
\end{aligned}$$

5.1.5   接地、搭接技术要点

(1) 工程上利用与系统相关的机构、结构构成接地平面,它应是一个能提供尽可能大的容量的良好的等电位面,称作系统基准电位面,为方便操作,工程定义一个基准电位参考点,测试或安装时把这个基准面参考点与地面辅助测试设备相连或直接接大地。工程上将设备外壳、框架或底座良好地连接到这个基准电位面上。

(2) 一般大的电子系统工程多采用低频单点接地、高频多点接地的混合接地方式,工程使用浮地方式要慎重。

(3) 工程实践中将分别使用结构地、屏蔽地、电源地、高电平信号地、低电平信号地、噪声地等,依具体情况作细致选择。

(4) 敏感信号和小信号包括弱信号检测电路、传感器输入电路、前级放大电路、混频器等,应建立独立的接地系统。不敏感信号和大信号接地系统,包括高电平电路、末级放大器、大功率电路等,也应独立设置。干扰设备包括电动机、继

电器、接触器等,由于这类元器件工作时会产生火花或冲击电流,往往对电子电路产生严重干扰,此类接地应妥善处理。

（5）工程上任意两金属物体之间靠搭接建立一条供电流流动的低阻通路,搭接电阻是考核电搭接好坏的主要指标,应有量值要求,并按规范办法检测。搭接方式要么采用机械(螺接、铆接)方式,要么采用化学(焊接、熔接)方式。

5.2　布局、布线技术

布线技术作为重要的 EMC 设计技术,应该说有两个方面的原因:一是线缆间耦合是电子设备内部最主要的电磁干扰;二是通过布局、布线解决干扰问题最经济、可靠。布线技术的实质是通过隔离技术达到降低设备间、线缆间的耦合的目的。

5.2.1　线间电磁耦合现象

线间电磁耦合现象在设备这一级应该说发生干扰的可能性最大,几乎占据首位。线间电磁耦合可以分低频磁场耦合、低频电场耦合和高频电场耦合来分析。人们习惯把耦合长度≤1/16 波长的情况按低频耦合处理。低频耦合又可分为电场耦合和磁场耦合。

磁场耦合的物理模型是电感耦合,也称互感耦合,耦合阻抗是两电路之间的互感。电感耦合是以感应电路上负载电阻的电压来表示的。它与干扰信号频率、电路间距、电路离地高度、耦合长度、电路阻抗以及屏蔽线的屏蔽层是单端接地还是双端接地有关。

电场耦合的物理模型是电容耦合,耦合阻抗是两电路之间的互电容。电容耦合与干扰信号频率、电路间距、屏蔽状况、共模电流有关。

降低低频磁场耦合的方法是安装干扰抑制滤波器,减小干扰电路和敏感电路的回路面积,增大间距,正交放置,用带状高导磁率材料包扎敏感线等。

降低低频电场耦合的方法是:增大间距;用高导电率材料的屏蔽层可有效衰减电场(屏蔽层要单端接地);降低敏感电路的输入阻抗,可有效降低低频电场效应;采用平衡双线制电路,让信号电流在信号线和回线间流动,两线对地有等电位,当有干扰电压耦合到两线时,由于振幅相等、相位相反而互相抵消。

5.2.2　设备和电路板的分区隔离

在一个典型的设备框架中或典型的电路板上,可能会有些部件或元件产生干扰,有些部件或元件对干扰敏感,有些部件或元件既不产生干扰也不对干扰敏感。分区隔离这些部件或元件对于达到设备内部的电磁兼容性,并满足设备级的电磁干扰要求是很重要的。在设备中,分区隔离意味着对敏感区域实施补充的屏蔽保护措施,并且在其敏感部分和非敏感部分之间的接口中采取滤波措施。对于同属于母板上的插卡,可采取另一种隔离措施,如在数字插卡(易产生干扰)和低电平模拟插卡(易对干扰敏感)之间放置一个不敏感的模拟插卡,起隔离作用。如图5-4所示。

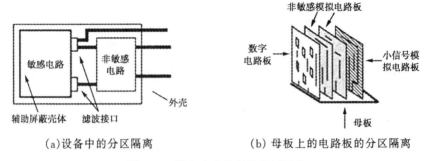

(a)设备中的分区隔离　　　　　　(b) 母板上的电路板的分区隔离

图 5-4　设备和电路板的分区隔离

电源被放置在一个屏蔽机壳内,如图5-5所示,可以防止其与设备内其他电子设备互扰。

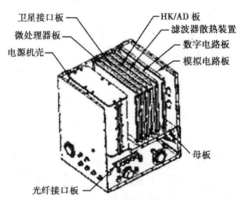

图 5-5　子壳体的使用(略去顶壳体和侧面壳体)

在对电路板布局设计时,应根据电路板上的元件特性采取一些有效措施以达到电磁兼容,一般应注意以下三点:① 分隔低电平模拟电路和数字电路,并且使用相互隔离的接地板;② 低速、中速、高速逻辑电路应分区布设;③ 将高速组件布设在离接插件最近的区域,低速组件可布设在离接插件远的位置,以减少线路阻抗和高速信号的环路面积。如图 5－6 所示。

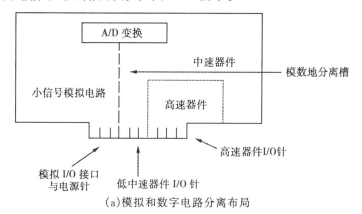

（a）模拟和数字电路分离布局

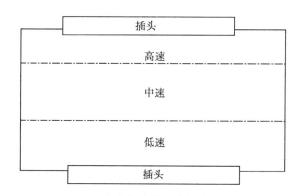

（b）多速电路的电路板分布

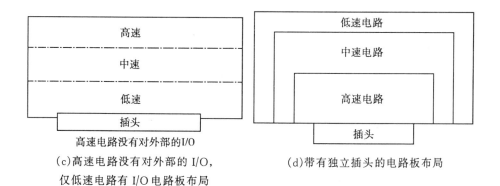

（c）高速电路没有对外部的 I/O，
　仅低速电路有 I/O 电路板布局

（d）带有独立插头的电路板布局

图 5－6　电路板布局

5.2.3　电路板布线

电路板线路布局中,应注意使走线长度最短,且使环路面积最小。这样,有助于将辐射发射和辐射敏感程度降至最小。另外,缩短线路长度有助于减小线路阻抗,且能降低其天线效应,防止其意外发射或接收电磁干扰。

如果线路布设得过密,容易使传输线周围的导线感应干扰电流,应注意加宽线路或扩大线路占用的面积以降低其感应系数。线路设计和布局的通用规则见表 5 - 1。

表 5 - 1　线路设计和布局的通用规则

1. 电源线及其回线应尽可能靠近。如果条件允许,应使电源线及其回线的间距保持在 1mm 左右

2. 内部 V$_{cc}$ 及其回路的印制线可最小化,外部的电源和地回线应占用最大面积,见图 5 - 7

3. 模拟电路应考虑专用的 0 - V 回线

4. 如果可能,应专用电路板的一面作为接地面(如双面电路板)

5. 布设高速逻辑电路时,可考虑特殊凸起的电源布设形式,见图 5 - 8

6. 并行的长线会使容性耦合干扰从一条线耦合到另一条线。应注意增加两条并行信号线间的距离,或在两条并行的信号线间增加一条 0 - V 走线,以降低这种耦合效应

7. 确保高速线路远离电路板的边缘

8. 注意在电路板连接器引线分配时,每 10 根引线中至少要有一根作为 0 - V 引线

凸起的电源分配系统能在较宽的频率范围内保证电源及其回路的低阻抗。并行线路的长度越长,互容就越大,从一个电路耦合到另一个电路的干扰就越多。缩短并行线路的长度,增大其间距,或在两条信号线间加设一条 0 - V 线路(注意两端接地)能减小这类相互间的电容量。因为引线和印制线都有一定的电阻和电感,干扰电路(载有噪声电流的数字或模拟电路)和敏感的模拟电路共用回线时,会在敏感的模拟电路中感应噪声电压。应注意分别布设专用的回线或分配多个回线来减小各条线中的电流,以控制感应到各条回线上的干扰电压。

在设备设计中采用多层电路板方案可以防止一些 EMI 问题的发生。这样,不同类型的信号线可以分层布设在电路板中,并便于确保信号走线和临近层上的信号走线相互垂直。同时,可以单独将某一层设定为信号层或接地层,以使其

图 5-7　0-V 线的最小化侵蚀

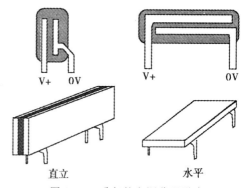

直立　　　　　水平

图 5-8　升起的电源分配形式

阻抗最小化。另外,需要注意的是:要尽量减少多层板中接地层上的孔洞,因为孔洞太多会增加接地层的阻抗。

5.2.4　隔离技术应用举例

　　隔离是另一种处理电磁干扰噪声的方法。常用的方法是使用隔离变压器和光隔离器。

　　隔离变压器可以用在交流供电电路、开关电源、和 MIL-STD-1553 数据线的模拟信号电路中。隔离变压器通过增加接地回路的阻抗使接地回路断开。在低频段,初级和次级线圈之间的电容在传导路径中呈现高阻抗,在高频段,容性阻抗没有实质性的增加,对共模(CM)或差模(DM)干扰噪声的抑制作用不大。在初级与次级线圈之间增加一个法拉第挡板,有助于衰减高频干扰噪声。如果要减小 CM 干扰噪声,该挡板应连接到已接地的变压器机壳。这样,挡板接地阻抗及其与线圈之间的电容共同构成了一个分压器,能够减小共模噪声经由变压器的耦合。如果要减小 DM 干扰噪声,挡板应连接到变压器的回线端,使 DM 电流短路。隔离变压器配置见图 5-9。

　　光隔离器是另一种减小传导性 EMI 的隔离信号方式。光隔离器通常能提供较宽的工作带宽(约 50MHz),并且能传输超过 100mV 的逻辑或模拟信号。光隔离器输入端到输出端间的电容(典型值在 0.1～10pF 间)限制了其在高频段的使用。该电容给高频干扰提供了绕过光隔离器高阻的旁路。光隔离器见图 5-10。

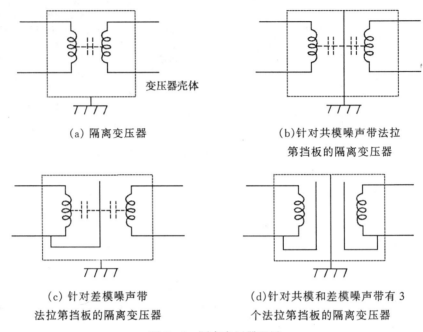

（a）隔离变压器

（b）针对共模噪声带法拉
第挡板的隔离变压器

（c）针对差模噪声带
法拉第挡板的隔离变压器

（d）针对共模和差模噪声带有 3
个法拉第挡板的隔离变压器

图 5-9 隔离变压器配置

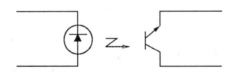

图 5-10 光隔离器

5.2.5 电缆布线分类

供电和信号电缆可能是辐射 EMI 的发射天线，也可能是接收天线，还可能是传导 EMI 的通道。因为电缆通常要适应实际的路径和设备的位置，几乎不可能预测和定量与这些电缆有关的 EMI 环境。一种控制缆线 EMI 的方法是将线缆按照电压、频率、敏感度电平等相似参数分类。美国军用规范对电缆分类和隔离的要求见表 5-2。

表 5 - 2　美国军用规范等对电缆分类和隔离的要求

信号类型:上升、下降时间(t_r, t_f)	电压或敏感度电平	布线类型	电路类别
电源(AC、DC)	>6V	双绞线	Ⅰ类
模拟信号 t_r, t_f > 10μs	<6V	双绞屏蔽线	Ⅱ类
模拟信号 t_r, t_f > 10μs	≤100mV	双绞双层屏蔽	Ⅲ类
模拟信号 t_r, t_f < 10μs	≤100mV ≥100mV	双绞双层屏蔽 双绞屏蔽	Ⅳ类
模拟信号 f > 100kHz,数字信号	所有	双绞屏蔽 同轴	Ⅴ类

5.2.6　布局、布线技术要点

(1) 在设计开始阶段,认真考虑板级和设备级的布局方案可以经济有效地满足 EMC 要求,同时防止产生电磁干扰。一般要遵守两个原则:一是要按信号特性进行分区,以控制可能的交叉干扰;二是控制电路板上走线的布局,尽量使其环路面积最小化。

(2) 工程实施中应区分"回线"和"接地",要求电源线和低频信号线往返电流代数和为零,称为"回流原则"。这种电缆可称为零电流电缆。这是消除流窜在路径上的电磁干扰的隐患的关键技术。

(3) 总的设计原则是坚持电缆分类铺设,对各类线束的最小间距及走向给以明确规定,并写进 EMC 设计规范。分类方法有很多种,这里推荐以下五类:

　　　　Ⅰ类:电源和控制电路

　　　　Ⅱ类:高电平信号电路

　　　　Ⅲ类:低电平信号电路

　　　　Ⅳ类:电爆装置

　　　　Ⅴ类:高频交流电路

(4) 电缆是 EMC 设计规范的重要内容,根据传输信号的波形、频率范围、功率电平、电路敏感度、接口电路阻抗以及电磁环境等因素选择不同类型(屏蔽、双绞、屏蔽双绞、同轴、双同轴等),见图 5 - 11。

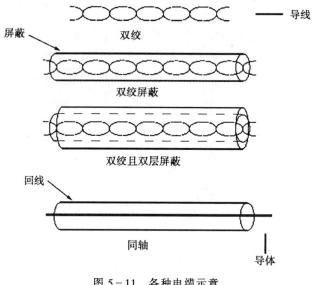

图 5-11　各种电缆示意

5.3　屏蔽技术

屏蔽技术是抑制 EMI 最常用的方法,主要是防止辐射性 EMI 侵入设备或从设备中泄漏。所谓屏蔽就是将金属隔板布设在两个空间区域之间,以控制电磁场从一个区域向另一个区域传播。

电磁场的屏蔽是由阻挡层对场的反射或吸收来实现的。在大多数情况下,阻挡层是全金属的。在实施屏蔽时,要注意金属阻挡层的屏蔽效能和其对应的电磁场类型有关。通常,金属阻挡层能有效地反射电场和平面波,但对磁场的传播影响很小。抑制磁场主要靠材料的吸收特性。屏蔽材料的反射特性通常随其表面导电率而增加,随频率而减小。屏蔽材料的吸收特性与屏蔽物的厚度、导电率、磁导率和入射场的频率等因素有关。

5.3.1　屏蔽效能

屏蔽就是利用一个封闭的壳体(屏蔽体)阻止或减少电磁能量传输的一种措施。屏蔽体的屏蔽性能用屏蔽效能来衡量。屏蔽效能通常是指金属阻挡层降低电磁能量通过的能力。换句话说屏蔽效能是指模拟干扰源置于屏蔽体外时,屏蔽体安放前后的电场强度(或磁场强度)的比值,用公式表示为:

$$S_E = \frac{E_0}{E_1} = \frac{H_0}{H_1} \qquad\qquad (5-11)$$

式中，E_0 为无屏蔽体情况下的模拟电场强度，E_1 为屏蔽体内的电场强度，H_0 为无屏蔽体情况下的模拟磁场强度，H_1 为屏蔽体内的磁场强度。

为计算方便，屏蔽效能的计算公式用 dB 表示如下：

$$S_E(\mathrm{dB}) = 20\lg\frac{E_0}{E_1} = 20\lg\frac{H_0}{H_1} \qquad\qquad (5-12)$$

金属阻挡层内部的吸收作用通常是呈指数变化的形式。当电磁场穿过金属阻挡层时，电磁场的幅度按指数规律衰变。在金属阻挡层的一定深度上，入射电磁场的幅度减小到其金属表面幅度的 $1/e$ 或 33%。该深度也称为金属的趋肤深度：

$$\delta = \frac{2.6}{\sqrt{\mu_r \sigma_r f}} \qquad (\text{密耳}) \qquad\qquad (5-13)$$

其中，μ_r 是金属相对于铜的导磁率，σ_r 是金属相对于铜的导电率，f 是入射到金属的电磁场频率(单位为 MHz)。1 密耳相当于千分之一英寸，即 0.00254cm。趋肤深度的概念如图 5-12 所示。屏蔽效果见图 5-13。表 5-3 列出了平面波对铜、铝等材料在各种频率上的趋肤深度。

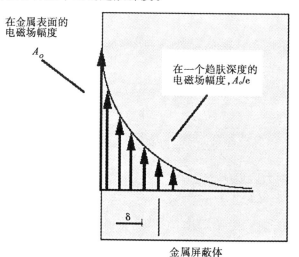

图 5-12　趋肤深度的图示

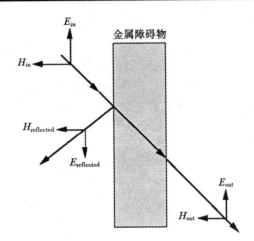

图 5-13　屏蔽效果图示

表 5-3　不同金属在多种频率上的趋肤深度

频率	铜的趋肤深度 δ(密耳)	铝的趋肤深度 δ(密耳)
10kHz	26	33
100kHz	8	11
1MHz	2.6	3
10MHz	0.8	1
100MHz	0.26	0.3

下面给出一些基本的屏蔽规则：

(1) 如果需要屏蔽的主要是电场或平面波,应注意选用良导体(铜或铝等)以增大反射损耗。

(2) 如果需要屏蔽的主要是高频磁场(频率大于 500kHz),也应使用良导体或高磁导率的材料,以提高 μ_r 值。

(3) 如果需要屏蔽的主要是低频磁场(10kHz< f <500kHz),应选用磁性材料如钢等;针对 f <10kHz 的低频磁场,应选用高磁导率的材料,以提高 μ_r 值,增大吸收损耗。

(4) 反射损耗和场的类型有关,吸收损耗和场的类型无关。

一般工程上要求金属屏蔽材料应具有足够的厚度,以确保其在全频段提供良好的电场屏蔽。

5.3.2　屏蔽的不连续性

外壳的屏蔽效能会由于壳体不连续性而降级。这些屏蔽的不连续性可能是各种孔、缝隙和接头等，并且它们在几乎所有电子和电气设备中广泛存在。缝隙、孔和接头处的泄漏对屏蔽效能的影响程度大于屏蔽材料的影响。当仅改变屏蔽材料而保持屏蔽方式一致时，其磁场和电场的泄漏基本不变。

基本的不连续性规则包括：

(1) 由不连续性导致的泄漏总量取决于最大的线性开口尺寸和入射频率。

(2) 当一个缝或矩形孔的线性尺寸大于波长的1/10时，就会成为一个隙缝天线。

(3) 多个孔组合产生的泄漏量要小于同样面积的一个大孔产生的泄漏量，参见图 5－14。

(4) 孔的形状构成波导形式(孔的深度大于孔的直径)时，能比简单的"矩形"孔提供更大的衰减；这种衰减适用于所有频率低于波导截止频率的信号。截止频率大约和波导最大线性开口尺寸的 λ/2 相关。在该频率之下，波导的衰减性能取决于波导的长度。有关波导截止频率的概念见图 5－15。

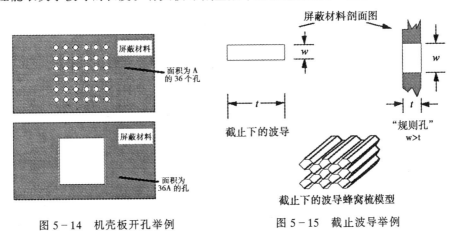

图 5－14　机壳板开孔举例　　　　图 5－15　截止波导举例

(5) 在缝隙和接头处，要注意使其金属－金属间的接触连续，以确保屏蔽的完整性。

(6) 为防止 EMI 泄漏，处理缝隙应首选连续焊接方式，参见图 5－16。

(7) 当使用螺钉或铆钉搭接时，屏蔽效能取决于单位长度上螺钉或铆钉的数量、接触面的结合压力和接触面的清洁程度等因素。

(8) 单位长度上螺钉或铆钉的数量越多(与波长相关)，屏蔽效能越好。

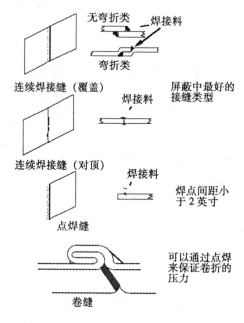

图 5-16   接合缝隙举例

（9）当设备机壳需要通风时，波导截止板（蜂窝板）、多孔的金属板、编织的金属网等可用于覆盖开口处，其衰减效能顺序递减。

5.3.3   密封衬垫

在连接中保持金属-金属间的连续接触有一定难度，如接口板、盖、活页等，常使用导电的密封衬垫辅助提供 EMI 屏蔽。

密封衬垫材料包括金属织物衬垫和编织网目等。密封衬垫选用的基本原则是：具有较大的压缩率和较大的密封能力（表 5-4）。密封衬垫必须能够在外力作用下，通过形变使两个不规则的接合面良好密闭。当然，接触处的压力必须大到足以使密封衬垫与金属-金属良好接触，即使接合面有非导电层也不会影响使用效果。采用EMI 衬垫确保金属间良好接触的示例见图 5-17、图 5-18、图 5-19。

表 5-4   传导性密封衬垫材料

材料	主要优点	主要缺点
可压缩编织线	在所有金属密封衬垫中具有最大的回弹性	很难做成要求的形状
铍铜材料制成的密封衬垫	经处理的膜片具有最佳的抗破坏性	不能真实地回弹，通常不可重复使用

续表

材料	主要优点	主要缺点
嵌入导线的密封衬垫	综合具有流动性和导电密封性的特点	要使用 0.25 英寸厚的密封衬垫，就要 0.5 英寸宽的优化屏蔽空间
铝制屏蔽材料与合成橡胶的混合体	最薄的密封衬垫，兼有流动性和导电性的特点，能被切割成复杂的形状	回弹性很差
软质金属	在小尺寸衬垫中最便宜	在低温条件下回弹性低
金属层包覆的橡胶	具有橡胶回弹性优势	射频性能较差
导电性合成橡胶	兼有流动性和导电性	相对成本较高
触点成型材料（指型材料）	适用于滑动接触	易损坏
卷曲的螺旋线	用小到 1psi 的力就能提供导电性	

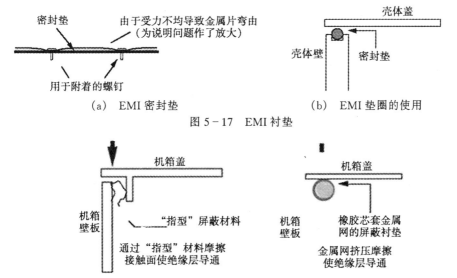

（a）　EMI 密封垫　　　　　　　（b）　EMI 垫圈的使用

图 5-17　EMI 衬垫

图 5-18　采用 EMI 垫圈的金属间接触

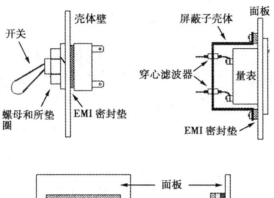

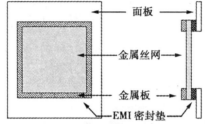

在面板开口处加上金属丝网　　面板开口附加金属丝网的剖面图

图5-19　导电密封圈的使用

5.3.4　电缆屏蔽

　　辐射发射(RE)的一个主要来源是未屏蔽或屏蔽不当的电缆。通常有四种电缆屏蔽方式:编织物套管、软导线管、硬导线管和高磁导率材料的螺旋形绕管等。在这四种方式中,编制物套管重量最轻,而且最容易处理。要注意,电缆的屏蔽效能取决于屏蔽材料的特性和终端处屏蔽的处理方式。

　　当终端接屏蔽时,要确保终端给干扰电流提供一个低阻抗通路。屏蔽终端可以分为两类:引线终端和360°屏蔽终端(有时也称为射频尾罩终端)。360°屏蔽终端提供了电缆到机壳或连接器的完整屏蔽。这种类型的屏蔽终端应是首选方式。引线终端在屏蔽终端中较少选用的原因,是因为引线在射频频率寄生的电感会破坏电缆的屏蔽效能。如果引线终端不可避免,应使引线尽可能短。图5-20是引线终端和射频尾罩终端的示例。

　　图5-21所示是按降序排列的屏蔽终端优选方式。通常,屏蔽电缆应双端接地。同样,电缆的屏蔽层不能有意使其承载电流。同轴电缆例外。同轴电缆只适用于传输最低频率在100kHz以上的信号。

　　在一些应用中,要使用双屏蔽电缆,以防止不必要的电磁能量进入电路。

图 5-22 是双屏蔽电缆接地的示意图。在一些低频、高负载阻抗电路中,在屏蔽两端接地会使屏蔽层上的低频干扰电流耦合到电路中。图 5-23 提供了解决这类问题的一个选择方案。

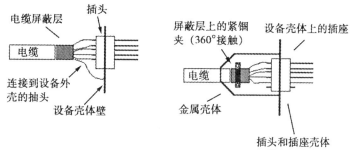

图 5-20　电缆抽头与连接器外壳间的金属接触

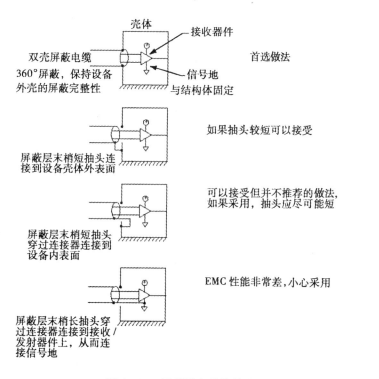

图 5-21　屏蔽层末梢的处理

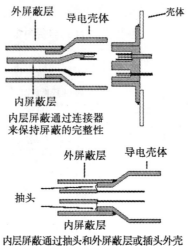

内层屏蔽通过连接器
来保持屏蔽的完整性

内层屏蔽通过抽头和外屏蔽层或插头外壳
相连。插头外壳通过和设备壳体相连接地

图 5-22 双层屏蔽的电缆末端

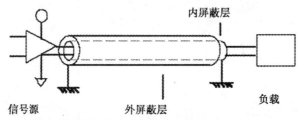

内外屏蔽层一端接地，一端不接地。两个屏蔽层彼此直流隔离。在
频率较高时，由于两个屏蔽层之间存在的电容，使得两层屏蔽好象
做了双端接地。这样做的好处是能够有效阻碍高频电磁场的进入

图 5-23 低频率高阻抗电路的屏蔽

5.3.5 屏蔽技术要点

（1）屏蔽是提高设备 EMC 能力的重要措施。认真研究干扰源、接收器以及耦合方式，才能正确选定屏蔽对象。如果要抑制一个工程已存在的干扰现象，可以通过屏蔽干扰源来减小干扰发射，也可以通过屏蔽接收器提高其抗干扰能力等来达到目的。

（2）屏蔽设计依赖于屏蔽材料选择、屏蔽厚度确定以及屏蔽结构设计等多方面考虑，以实现具体的屏蔽要求。

（3）影响机箱屏蔽效能的因素很多：机箱结构的接缝形式，平板金属材料选择，板间链接模式，必要的通风孔、散热孔设计，电源进、出线处理，信号输入、输出线处理，显示屏设计，控制调试接口形式等。

5.4　滤波技术

滤波的作用类似于屏蔽。滤波主要是防止传导性 EMI 侵入设备或从设备中泄漏。滤波与隔离通常采用旁路、吸收或反射噪声等方法来降低 EMI。因为电子设备的传导发射和传导敏感度要求主要适用于电源线。设计恰当的输入电源线滤波器，是抑制传导发射的最有效方法。

5.4.1　电源线滤波器

5.4.1.1　滤波器设计

在设计滤波器的时候，要注意常用的电容或电感并非理想的器件，实际特性会随所处电磁环境有所变化。例如无引线的表面安装的电容器，也会有寄生电感和电阻，它们对正常的信号或波形会产生影响。典型的"寄生电容"如开关用晶体管与其散热装置间感生的电容，一般在 50～150pF 左右。通常，当针对某一频率设置旁路电容时，为保持其电抗，会使用 0.1Ω 左右的电阻。这样，可能会感生一个 0.01Ω 左右的小电抗。电容的寄生现象和板极电阻、自感应、介质损耗和趋肤效应损耗等有关。电感的寄生现象和绕线电阻、匝－匝和匝－芯间的电容、绝缘介质损耗、涡流损耗、磁滞损耗和趋肤效应损耗等有关。寄生现象的后果是它们可能会引起滤波器中电感或电容在某谐振频率处自激（电容约在 100kHz～20MHz，电感约在 2～100MHz），还可能导致出现新的 EMI 问题。另一个后果是电感或电容的阻抗会变得不理想，因为寄生元件在一定频率之上也会感生较明显的阻抗。电感电容的寄生现象见图 5-24、图 5-25。

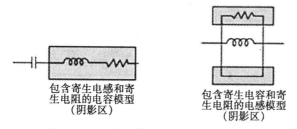

图 5-24　含寄生效应的电容和电感模型

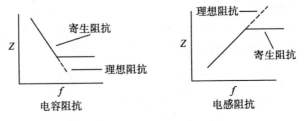

图 5 - 25　电感和电容阻抗

　　如果滤波器是以反射干扰噪声的方式来抑制 EMI,该滤波器就应提供最大的失配阻抗。一定要注意滤波器输入和输出线缆的隔离,应有效地隔离输入和输出电缆,一般将输入电缆和输出电缆分别布设在滤波器的两端,以防止干扰信号通过耦合方式绕过滤波器。为了完善地隔离线缆,还应将滤波器屏蔽在子机壳内。

　　在考虑给开关电源的输入端设计滤波器的时候,一定要注意滤波器和电源的匹配。如果滤波器设计得不合适,可能会造成电源工作不稳定。开关电源在低频段会有一个负的输入电阻,附加的输入滤波器可能会使电源产生振荡。

5.4.1.2　几种特殊的滤波元件

　　电容器在抑制 EMI 电平中常用于对高频干扰提供低阻抗分流作用。所有电阻器,不管它们结构如何,都会产生噪声电压,选择电阻时应选噪声响应小的。电感器会产生杂散磁场,自身有 EMI 问题,正因为它对杂散磁场敏感,使其成为 EMI 滤波器的关键元件。

　　用于 EMI 抑制的元件主要有铁氧体磁芯(又称铁氧体珠)、穿心电容器和三端电容器。

　　(1)大部分铁氧体磁芯是由下列材料类型构成:一种是锰 - 锌磁芯,它提供的抑制上限频率可以到 40MHz 左右;另一种是镍 - 锌磁芯,它提供的抑制上限频率可以到 200MHz 或更高。这些金属氧化物材料和铁的氧化物混合后构成一种磁性陶质材料,它具有高磁导率和高电抗性的特点。这种磁芯用作天线平衡转移器和共模(CM)扼流圈时在较高频段很有效。

　　(2)穿芯电容器一极连接到其壳体,另一极和电源母线连接。穿芯电容器的这种结构使其谐振频率通常在 1GHz 以上。穿芯电容引线与信号线串联,馈通安装时引线电感将穿芯电容器转换成一个低通 T 形滤波器。等效电路如图 5 - 26。

　　(3)三端电容器引线的寄生电感,使得三端电容器构成了 T 型滤波器的形式。

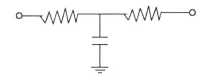

图 5-26　穿芯电容等效电路

　　共模滤波器通常要用到共模扼流圈或线到地的滤波器,如穿芯电容,参见图 5-27(a)。共模扼流圈依靠铁氧体的磁性来吸收共模噪声,参见图 5-27(b)。

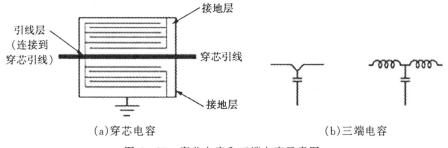

（a）穿芯电容　　　　　　　　　　　　　（b）三端电容

图 5-27　穿芯电容和三端电容示意图

5.4.2　共模滤波

　　差模电流的幅度相同、相位相同,但是传播方向不同,同时也可以理解为同向传播相位相反。这种模式的电流就是通常的传输线理论、信号分析理论、电路理论中电缆中传输的电流模式。

　　差模(DM)干扰信号是指 L 和 N 间存在的干扰信号,也可以表述为 L 线与 N 线上传输的电位相等、相位相差 180°的噪声信号。

　　差模干扰的传输方式是从一条导线上输出,再从另一条导线返回。这类干扰噪声通常是由时钟信号或电源中的开关信号产生的。DM 干扰信号的频率一般不超过 2MHz,因为频率高于 2MHz 后,导线之间、线-地之间的电容和导线内的电感构成了典型的滤波器,一定程度上抑制了这类干扰噪声的幅度。

　　共模干扰信号是指相线(L)与地(E)和中线(N)与地(E)间存在的 EMI 信号,也可描述为 L 线和 N 线上传输的电位相等、相位相同的噪声信号。

　　共模电流在两根导线的同一截面上幅度、相位、传播方向都相同,这种电流不能采用集总参数电路模型来仿真分析和预测。在一般的产品功能设计阶段,设计者只会考虑差模电流。而电磁兼容设计要求恰恰关心的就是共模电流,因为电缆的辐射发射主要的贡献者是共模电流而非差模电流。

共模(CM)干扰在导线及其回线中同向传输并流经接地面或结构。在具有单一对地参考面或单点接地的电源和信号系统中,CM干扰噪声会经由容性路径耦合到接地面或结构。因为其容性耦合特性,CM干扰噪声通常出现在较高频率(一般在2MHz以上)。

对任何电源线上的传导干扰信号,都可以用共模干扰和差模干扰信号来表示,图5-28。

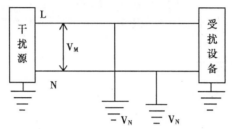

图5-28 CM、DM干扰信号示意图

由于差模电流的方向相反,所以产生的电磁场相互抵消。而共模电流的方向相同,产生的电磁场相互叠加。通常幅度比差模电流小几个数量级的共模电流就可以产生相同的辐射场。

当1m长的电缆,两个金属线间的距离为1.27mm,载有差模电流20mA时,对于30MHz频率的信号,可以在3m处产生$100\mu V/m$的电场。而仅仅$8\mu A$的共模电流就可以产生相同的电场,相差2500倍!

干扰噪声是差模分量和共模分量共同作用的结果,参见图5-29。差模噪声是指通常意义上的噪声,发生在输入、输出线和其回线之间。共模噪声发生在每根传输线和地线之间。

共模辐射是由共模电流引起的。DC/DC模块中的各部件之间和部件与外壳之间都存在寄生电容。这些寄生电容是产生共模电流的主要原因。

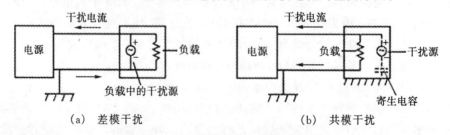

(a) 差模干扰   (b) 共模干扰

图5-29 差模干扰和共模干扰

开关功率转换时,高的$\mathrm{d}V/\mathrm{d}t$引起共模电流$I_{\mathrm{CM}} = C_{\mathrm{p}}(\mathrm{d}V/\mathrm{d}t)$。每次功率

开关和整流器的动作都会通过寄生电容在输入输出线与地线之间产生共模电流。差模噪声的幅度一般小于 50mV,然而,共模噪声的幅度可能达到几伏。

电源线上干扰的存在不仅会把电源自身公用母线上的噪声传递给负载,也会将负载产生的干扰返回公共电源。

电缆在加外电场照射下可能感应共模干扰电流进入电源线。结构电流类似于共模电流。

共模扼流圈依靠铁氧体的磁性来吸收共模噪声。线缆上载有差模电流(I_{DM}),其在磁芯一侧所感生的磁场(H_{DM})会被另一侧差模电流所感生的磁场抵消,因此扼流圈对差模电流没有抑制作用。但是,对线缆上的共模电流(I_{CM})而言,感生的磁场(H_{CM})不会被抵消。因此,磁芯感抗的串联组合和其电阻的损耗能抑制共模噪声。

共模扼流圈是用电感器制成双绕阻,在同一方向过滤电源线的两根导线,参见图 5-30。共模电流在两根导线中以相同的方向流动,则它们在磁芯中产生相同方向的磁通,结果 I_{1CM} 引起的磁通量 φ_1 在导线 2 中产生一个与 I_{2CM} 相反的电流。同理,导线 2 上的共模电流引起的磁通量 φ_2 在导线 1 中产生 1 个与 I_{1CM} 相反的电流,共模干扰电流 I_{1CM}、I_{2CM} 被抑制了。共模扼流圈应用实例参见图5-31。

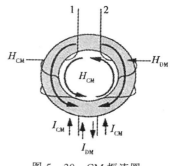

图 5-30　CM 扼流圈

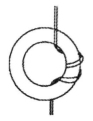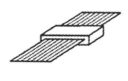

图 5-31　CM 扼流圈的应用配置

磁珠可以起有耗电感作用。如果信号配对的两根导线穿过磁珠,对传输信号的差模电流无影响,而对共模 EMI 信号起到抑制作用。

隔离变压器(1:1 变压器)将其插入电路 1 和 2 之间可以隔离两路之间的地环路,常用于低频电路中起抑制干扰作用。

5.4.3　共模抑制比

共模干扰产生机理参见 4.5.3 节。借助平衡电路抑制共模干扰是行之有效的工程方法。

共模抑制比是描述平衡电路对共模 EMI 信号的抑制能力,用 CMRR 表示:

$$CMRR = 20\lg(V_N/V_M) \quad (dB) \tag{5-14}$$

式中,V_N 表示共模电压信号,V_M 表示差模电压信号。差模电流、共模电流示意图分别见图 5-32,图 5-33。CMRR 越大,平衡电路对共模 EMI 信号的抑制能力越强。工程中的平衡电路设计 CMRR 可达 60~80dB。

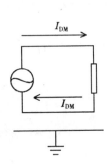

图 5-32　差模电流示意图

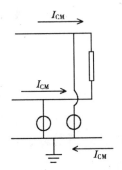

图 5-33　共模电流示意图

共模抑制比与信号源内阻的平稳、信号连接线缆的平衡、负载平衡及其他分布参数的平衡有关。实际工程中,实现完美的平衡是很难的。因此,通过平衡电路来抑制共模 EMI 信号的能力也是有限的。一般情况下,要把 EMI 信号抑制到允许的电平上,除采用平衡电路外,还要实施屏蔽和滤波措施。

5.4.4　电源 EMI 滤波器

电源滤波器是无源网络,主要由共模线圈和 C_X、C_Y 电容器组成。描述性能参数有:插入损耗、网络结构和元件参数、额定电压、额定电流、漏电流、试验电压(线-线电压和线-地试验电压)、放电电阻特性、绝缘电阻(线-线,线-地)。一般来说也有只用试验电压反映 EMI 滤波器的安全性能的。环境条件、机械性能参数、可靠性等也是电源 EMI 滤波器性能的重要参数。

试验电压是指线-线电压和线-地试验电压。放电电阻是这样测定的:当滤波器在额定电流条件时,把滤波器从额定电压断开 1 秒后,滤波器电源端间存在的电压要求降到安全值下。绝缘电阻是指线、线,线与地之间的阻抗特性。

漏电流是指在加载指定的额定电压情况下,断开滤波器的 E 端与安全地的连接,此时 E 端到(电源)任意端的电流。

5.4.5　滤波技术要点

(1)滤波器广泛应用于军工产品研制中。使用时除注意到它们的基本性能参数外,还应注意电源滤波器的漏电流等安全性能参数。

(2)滤波器的安装工艺对于使用效果关系极大,使用应注意以下事项:① 正确选择安装位置;② 外壳周向良好接地;③ 滤波器输出端应与输入端隔离;④ 滤波器中的电容器导线和接地线尽量短,防止容抗和感抗在某个频率上引起谐振;⑤ 滤波器中的电容与其他元件正交放置,防止相互耦合。见图 5-34,图 5-35,图 5-36。注意:滤波器通过细线接地,高频效果很差。

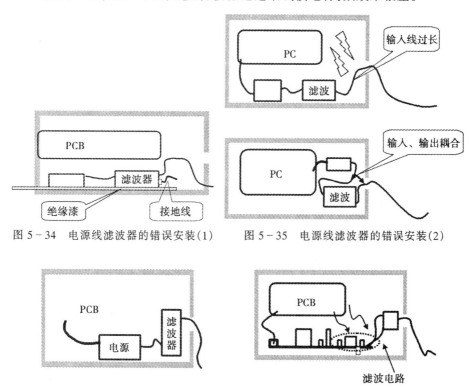

图 5-34　电源线滤波器的错误安装(1)　　图 5-35　电源线滤波器的错误安装(2)

图 5-36　电源线滤波器的正确安装

5.5　静电放电防护设计

5.5.1　静电放电发生机理

当两个物体相互摩擦或接触,然后快速分开,一种物质获得电子,而另一种物质失去电子,则会在两个物体表面留下可观的电荷。如果物质为非导电物体,则电荷往往存留在接触表面,电荷积累起来不易放掉。如果物质为导电物体,则电荷往往迅速分布于整个相关联的导电体表面。这种现象称摩擦起电效应。

带电体周围的所有物体都有可能因这个带电体的存在而多少带电,这种现象称静电感应效应。

带电体可以是人体,可以是一台电子设备,也可以是一个普通塑料制品。从工程研究角度来看,能够形成危害的带电体多数为绝缘体。

流动的液体在一定条件下会产生静电,高速流动的气体在冲击绝缘表面时也会产生静电。

一个与大地之间有较大电容的器件或人体带有无害的低电压,但当器件或人体移动到对地较远时,这个电压就有可能成为有害电压。有时称其为容性电。

物体带电量增加,随之产生的电场也会增加,当电场强度超过介质的击穿强度时,就会发生绝缘击穿。如果这种介质是气体,则会发生气体放电。如果这种介质是固体,则会发生固体击穿放电。

静电放电能量常常通过三种途径进入到电子设备,一种是直接传导,一种是电容耦合,还有一种是电感耦合。

静电放电与自然现象中的雷电浪涌相似,都是一种瞬态干扰。但静电放电现象的瞬态脉冲上升时间极快,电压可高达 15kV。静电放电的瞬态波形会因放电体不同而异。

5.5.2　静电放电危害

带静电的产品在放电时会产生放电电流,导致产品故障或损坏。静电放电是检验产品在遭受静电骚扰时的性能。据美国"计算机/电子维修新闻"1982 年10 月报道,仅仅由于静电放电造成元器件级大量损失每年达五亿美元。电子工业界人士估计,每年由于静电放电造成元器件级损失可达一百亿。何等惊人的数据。1980 年 3 月,当时 HP 公司的一个分部曾进行过一个有意义的试验,试验程序和结果表述如下:

取 87 个集成电路研究人手对没有保护措施的 IC 的影响。首先经测试证明它们是好的,然后将其中的 40 个像通常那样放入塑料盒内,剩余 47 个则放在防静电放电泡沫塑料袋内。在塑料盒内的器件经集成电路部门的一些人触摸后放回原处。随后进行再测试,结果有 31 个没有通过测试,只有 9 个通过了测试。对放在防静电放电泡沫塑料袋内的 47 个也进行了测试,证明结果全部是好的。

1980 年 8 月 HP 公司的另一个分部进行了一个印制电路板元件对静电放电的敏感度试验。试验程序和结果表述如下:从成品中取出 10 块电路板,并验证它们是合格的。实验人员使用一个静电发生器通过静电放电探头接触这些电路板的连接头,所有 10 块板装入整机后证明都遭到不同程度的损坏。维修情况报告:低功率肖特基 TTL 电路是板上对静电放电最敏感的器件,8080 和 TTL 电路受到某种损伤但未失效。由此得到两个结论:①人体通常可能带有 1000～5000V 静电,而感觉不到 3000～4000V 以下的静电;②安装在印制电路板上的器件因静电放电引起的损坏危险性更大,因为每根印制线都连接着几个器件。

静电放电对航天器来说除了与常规电子设备和系统遭受危害相似外,还有发射前后以及在轨期间所遇到的特殊问题。卫星在发射前与火箭一起竖立在接地的发射塔架上,由于大气中有电位梯度,在静电场作用下,卫星感应出电荷,坏天气时感应电荷量相应增加,当火箭从电位梯度高的区域飞到电位梯度低的区域时,感应电荷会在卫星火箭表面上流动,以期达到更为均匀的分布。如果星箭间或星箭各自级段间电搭接不好,电荷流动受到阻塞,则相互绝缘的气隙间产生电位差,有时会发生火花放电。在轨问题以地球同步轨道为例,由于太阳活动使得地球磁场畸变,卫星有时会浸没在含有密集高能电子的等离子体中。卫星进出等离子体时,会影响卫星的起电、放电。地球磁场的畸变,会向卫星注入高能电子,由于卫星表面受太阳照射不同,表面带电也不同,当场强大于材料的击穿场强时,会发生电弧放电。这种电弧放电产生的电磁脉冲,会使星载设备不同程度受扰,也有可能损伤卫星表面和器件,特别是太阳能电池可能引发电源故障。具体表现在以下几个方面:

（1）不等量带电的放电会引起电气开关工作异常。

（2）充电过程加速材料表面污染,并可能引发表面温控性能下降。

（3）放电过程诱发瞬态脉冲,会引起材料失效和潜在的材料损坏。

（4）充电放电过程有可能发生虚假命令,导致航天测控故障发生。

（5）静电放电对设备造成的损害可能是数据错误,也可能是软损坏,甚者可能发生硬损坏。

(6)静电放电对星载电子设备产生干扰多半是突发的,电流有很高的幅度和很陡的上升沿,一定要引起重视。

5.5.3　静电放电防护措施

在研究静电放电防护措施之前,首先应了解静电危害发生的条件:

(1) 产生并积累起足够的静电,形成"危险静电源",以至于局部电场强度达到或超过周围介质的击穿场强,发生静电放电。

(2) 危险静电源的周围有易燃易爆气体混合物并达到爆炸浓度极限,或有电火工品,或有静电敏感器件等静电易爆、易损物质。

(3) 危险静电源与静电易爆、易损物质之间能够形成能量耦合并且静电放电能量等于或超出易爆物质最小点火能量或易损物质静电敏感度阈值。

在星载设备的设计、试验、研制、生产、总装过程中,由于静电放电引起设备内部器件的损坏,进而导致航天器的故障的案例是存在的。因此为保证航天器正常工作,根据静电产生的不同机理和静电放电的不同机理,采取相应防护措施是非常必要的。

航天器热控组件和天线涂层使用大量介质材料,使得整星抗带电设计变得十分困难。抗带电设计的重点是尽量使充电最小化,采取一系列防护措施,并经受实验验证。航天器静电防护涉及两个方面,一个是整星设计中的静电防护,一个是星载设备设计中应注意的问题。

总结工程经验,整星设计中应该注意以下问题,以防止其表面静电充电和电弧放电发生:

(1) 不应有孤立的金属表面结构,星体结构的各部分间以及星体与火箭间应提供良好的电搭接,搭接电阻值应小于$10\text{m}\Omega$,以保证大量电荷能通过搭接线分布于壳体上,这样可以防止卫星外表面间产生火花放电,从而确保卫星内部电路不至于受到静电放电危害。

(2) 一切金属表面都应采取搭接保护措施,并良好接地,不能直接接地的金属部分可采取直流电阻接地(隔离接地)。

(3) 外形结构应避免尖端结构。

(4) 避免电容性结构,遇到此情况,应将两个最外导电层用细导线连接并接地。

(5) 避免小开口或缝隙,容积大的空腔结构,它易引起腔内不等量带电,甚至空腔内电弧放电,遇到此类结构时,应使用金属板、网或镀金属的包裹层遮挡或封闭开口缝隙。

(6) 为防止静电充电,对暴露在外空间环境的设备、元部件和材料均应避免使用大于每平方 100MΩ 的绝缘材料,以防止等离子体充电。

(7) 使用多层隔热材料时,在每块多层隔热片距边缘小于 3cm 处,分别设两个参考点,将多层隔热材料穿孔,并用螺栓贯穿并压紧,使每层金属膜都能电连接到隔热片的参考点上,多层隔热片导电表面上任一点与结构间的直流电阻应不大于 10MΩ。

(8) 无电功能的机械装置或零部件与星体结构间的搭接电阻值应不大于 1kΩ。

(9) 覆盖在碳纤维表板上和结构开口处的多层隔热材料可在内部附加一层铝箔,并搭接在参考点上,以提供对静电放电干扰的附加衰减。

(10) 凡外部热屏蔽用的金属化镀膜(如双面镀铝的聚酰亚胺),即使是一层金属薄膜,也应连接到结构,其连接要求同多层隔热材料,面积小于 100cm^2 的孤立的热屏蔽材料不应暴露在外空间。

静电放电对星载设备中的微功率、低电平、高集成度、高电磁敏感度的电路和元器件的危害最为严重,最终通过元器件的软、硬损伤表现出来。一般说来造成危害的能量耦合方式有传导耦合和辐射耦合两种模式。传导耦合通过公共电源、公共地回路以及信号线之间的近场感应三种耦合通道,从本质上讲,传导耦合是一种互阻抗耦合或互导纳耦合。辐射耦合实际上是传播的电磁波入射到壳体的孔洞上,空洞辐射源被激励,并在壳体内产生电磁场,进入内部的电磁能量进而引入到电磁敏感元器件上,使其受到损伤。一般防护措施涉及抑制静电产生、通过静电接地加快静电泄露、对静电非导体进行抗静电处理等等。

5.6　EMC 加固举例

我国的航天事业取得了举世瞩目的辉煌成就,战斗在科研第一线的工程技术人员凭借自己的努力,创出了自力更生发展航天的正确道路。几十年艰苦奋斗,积累了丰富的工程经验。特别是在研究干扰、认识干扰、抑制干扰方面做了大量工作。认识干扰是有难度的,特别是在测量仪器设备比较简陋的年代,科研生产第一线的工程技术人员能够从基本概念出发分析干扰产生机理,寻找抑制干扰措施,使故障得以及时排除,赢得航天工程的顺利进展。现将收集的航天产品电磁兼容工程经验教训相关资料和作者近年来参与民品解决干扰问题所积累的部分工程实例,整理编辑成一节。希望读者能从中得到启示,在今后的研制工作中借鉴。

5.6.1 某星载子系统 EMC 加固

5.6.1.1 情况介绍

某星载子系统是一种模数混合系统,它由测量仪和采编器构成。二者均采用切换频率为 550kHz 的 DC–DC 模块供电。测量仪静态分辨率对应的传感器输出仅有 7.5μA,属于小信号电路。采编器包含 12MHz 晶振、80C31、AD 679、16kbps 数据注入、768kbps 数据输出等多种电路。应该说在初始设计时依据对干扰源、敏感单元和耦合途经的分析结果,对电源干扰、晶振和数字电路可能产生的干扰采取了一系列防护措施,对于敏感的微弱信号和数字信号采取了多种抗干扰措施。但是按照国军标 GJB151/152 进行 EMC 试验测试时,测试项目 RE02 仍出现严重超标现象,如图 5–37～图 5–40 所示。

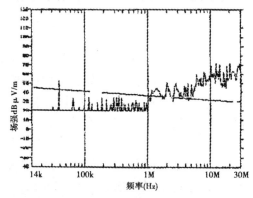

图 5–37　改进前某设备 RE02 中
14kHz～30MHz 频段的窄带电场辐射发射

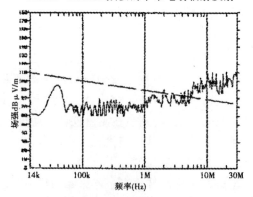

图 5–38　改进前某设备 RE02 中
14kHz～30MHz 频段的宽带电场辐射发射

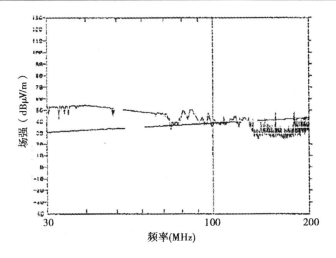

图 5-39   改进前某设备 RE02 中 30～200MHz 频段
的窄带电场辐射发射

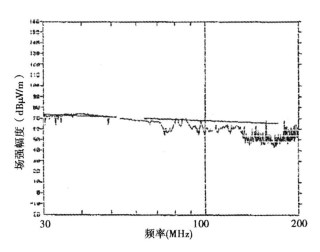

图 5-40   改进前某设备 RE02 中 30～200MHz 频段
的宽带电场辐射发射

5.6.1.2   分析研究

通过扫频仔细做频谱分析,确认 RE02 的干扰谱主要来自于 DC-DC 模块(切换频率 550kHz 及其倍频),其次是温补晶振(12MHz)及数字电路(周期 1μs 及其倍频)。多次实验仔细考究,认为其发射主要与多芯插座(型号:德驰插座)

相关。由于德驰插座的外表面有涂层，它与面板间的电连接不够理想。自检用插座没有处理，处于裸露状态。插头尾部的电缆孔与机壳拼合存有缝隙可能也是造成射频泄漏的原因之一。依据上述分析，采取了以下措施：

- ·改善机壳搭接电阻；
- ·内部走线采用双绞线或屏蔽双绞线；
- ·外部电缆中电源线用屏蔽双绞线；
- ·其余电缆双绞、三绞并整束加粗防波套等。

接着在 EMC 实验室进行第二次 RE02 测试，测试结果分析有所改善。保留现有技术状态的条件下，又采取了一些新的措施：

- ·进一步改善机壳搭接电阻；
- ·用晶体谐振器代替温补振荡器；
- ·DC-DC 模块单点接地；
- ·加强 DC-DC 模块框的屏蔽。

在 EMC 实验室进行第三次 RE02 测试，测试结果又有改善。最后，我们又增加数据注入地线，所有电缆均用屏蔽双绞线或套在三绞线上的细屏蔽套，第四次 RE02 测试结果完全达标。如图 5-41～图 5-44 所示。

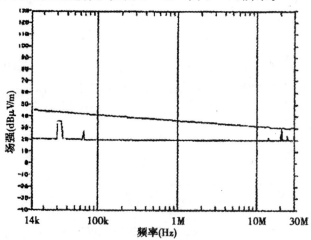

图 5-41　改进后某设备 RE02 中 14kHz～30MHz 频段的窄带电场辐射发射

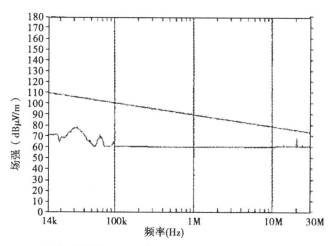

图 5-42　改进后某设备 RE02 中 14kHz～30MHz 频段的宽带电场辐射发射

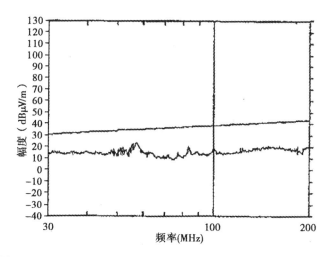

图 5-43　改进后某设备 RE02 中 30～200MHz 频段的窄带电场辐射发射

　　为了探讨屏蔽、接地对 RE02 的影响,我们又进行了第五次 RE02 对照实验。

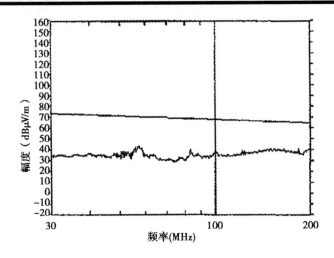

图 5-44 改进后某设备 RE02 中 30~200MHz 频段的宽带电场辐射发射

第五次 EMC 测试时,最初屏蔽套是通过靠近插座处焊出的引线接在 EMC 屏蔽测试室的公用地线上,形成了大回路,RE02 干扰峰较多;接着屏蔽套引线接到所属插座的金属壳上,RE02 有所改善,但仍有小回线;再尽量缩短该引线长度,RE02 又有所改善;最后在电连接器上增加接地点,机内与机壳相接,电缆上与屏蔽套端部相接,RE02 的改善效果比较明显。

与系统设计师商讨后确认工程能够容许的最后改进措施为:

(1) 将 DC-DC 模块深埋在铝框内,不留缝隙,且 DC-DC 模块前后均用铝板屏蔽。

(2) 改进微重力测量仪和微重力采编器机壳、电连接器的搭接电阻,主要是对发黑中应予保护的搭接面进行清理。

(3) 德驰插座螺钉与机壳底座螺钉间用两头带焊片的导线相连,以利搭接。

(4) 微重力测量仪电源滤波板与 DC-DC 模块的连线全部使用屏蔽双绞线,标定时调整参数用的小板与检测板的连线双绞。

(5) 微重力采编器电源滤波板与 DC-DC 模块的连线全部双绞。

(6) 对于外接电缆来说,开始未采取双绞、三绞和屏蔽措施,RE02 严重超标;接着改用双绞、三绞和屏蔽措施,但采用粗的防波套,套在一个插座所接的所有线外面,因同一防波套内不同信号的发射互相叠加,粗防波套反而加大共模发射,效果虽比不加防波套好,但还是不能满足要求;最后,采用屏蔽双绞线或三绞后改用细屏蔽套,并把端部通过插座与机壳相连,通过测试验证,这种措施对解决电磁发射干扰是十分有效的。

（7）为了估计外接电缆状态对测试结果的影响状况，第五次 EMC 测试专门准备了两套电缆，一套是紧密双绞非屏蔽电缆，另一套是屏蔽双绞电缆，另外还为数据注入准备了屏蔽四绞电缆。通过测试验证，任一条电缆换用非屏蔽的双绞线，RE02 中 14kHz～200MHz 频段的窄带和宽带电场辐射发射都不能满足要求。数据注入电缆为减少回线数目而改用屏蔽四绞线，效果还不如采用非屏蔽双绞线。

（8）测试表明，即使微重力采编器不处于接收数据注入指令状态，数据注入电缆由屏蔽双绞线改为屏蔽四绞线也会使 RE02 明显超标。我们认为，这是微重力采编器内部的辐射发射源通过数据注入电缆向外发射的结果。这一现象可作如下解释：数据注入的选通信号是接到控制处理与存储板上，而时钟和数据信号是接到输入与输出板上的，当数据注入共用回线时，信号回线构成了回路。

（9）微重力测量仪 DC – DC 模块的输出回线通过导线直接连到 DC 框上，实现单点接地（机壳）。

（10）微重力采编器数据注入口的机内部分增加了两根回线，将选通与回线、时钟与回线、数据与回线分别改为屏蔽双绞线；其外接电缆也同时分别采用屏蔽双绞线。

其中第（1）～（5）项与机内屏蔽措施相关，第（6）～（8）项与外接电缆的处理相关，第（9）、（10）项与接地措施相关。

5.6.1.3　经验教训

星载微重力测量子系统从研制初期就十分重视 EMC 设计，又经过多次 EMC 测试，反复寻找问题，不断改进设计，取得良好的工程效果，这是一个典型的实施 EMC 加固的成功案例。星载微重力测量子系统设计师对于一个具体产品所进行的思考，所做的细致工作对于他们自身了解 EMC 设计、EMC 测试、EMC 加固会受益无穷。本节介绍的 EMC 加固过程及思路对所有星载设备设计师来说应该有重要启示作用。本节所提到的抑制传导发射和辐射发射一系列技术措施以及如何正确使用引进的 DC/DC 模块等具体技术问题，对于星载设备实施 EMC 设计有借鉴作用。最后将可吸收的经验教训总结如下：

（1）由于 DC/DC 模块具备效率高、体积小、重量轻等优点，被广泛用于航天产品的研制中。但众所周知，无论哪种开关电源工作时都不可避免地会产生干扰噪声，通过电源线以共模和差模方式向外传播。凡是装有 DC/DC 模块的设备在做 EMC 测试时几乎都有类似 EMC 超标问题，研究解决这一共性问题有着重要的工程价值。星载设备设计师除了选择性能优良的 DC/DC 模块,更为重要的是科学合理地使用。

(2) 设计师应非常清楚地明确 RE102 是国家军用标准 GJB151A-97《军用设备和分系统电磁发射和敏感度要求》和国家军用标准 GJB152A-97《军用设备和分系统电磁发射和敏感度测量》中的重要测试项目,其物理意义是指被测设备和分系统壳体和所有互连电缆线上的辐射发射。RE102 适用于航天设备壳体和所有互连电缆线上的电场辐射发射,频率范围是 10kHz~18GHz。文章中所给出的 RE02 是国家军用标准早期版本 GJB151-86《军用设备和分系统电磁发射和敏感度要求》和国家军用标准 GJB152-86《军用设备和分系统电磁发射和敏感度测量》中规定的测试项目。

(3) 设计师应明确测试是检验设计是否到位的唯一手段,测试结果包含许多重要的信息,作为一个设计师要学会读懂测试结果,并从中找到问题的来源,明确改进措施。对于 EMC 测试结果所提供的超标部分要分析发射是来自共模干扰还是差模干扰,以便采取相应的改进方法。

对差模干扰,采用线-线滤波方式最有效。差模(DM)干扰传输方式是从一条导线上输出,再从另一条导线返回。DM 干扰信号的频率一般不超过 2MHz,因为频率高于 2MHz 后,导线之间、线-地之间的电容和导线内的电感构成了典型的滤波器,一定程度上抑制了这类干扰噪声的幅度。

对共模干扰,采用线-地滤波方式最有效。共模(CM)干扰在导线及其回线中同向传输并流经接地面或结构。在具有单一对地参考面或单点接地的电源和信号系统中,CM 干扰噪声会经由容性路径耦合到接地面或结构。因为其容性耦合特性,CM 干扰噪声通常出现在较高频率(一般在 2MHz 以上)。

(4) RE02 属于电场发射,控制电场发射很重要的是考虑对电路的屏蔽。屏蔽方法可以在设备机壳采取,也可在输入、输出电缆上采取。

RE02 的一个主要来源是未屏蔽或屏蔽不当的电缆。电缆的屏蔽效能取决于屏蔽材料的特性和终端处屏蔽的处理方式。当端接屏蔽时,要确保终端给干扰电流提供一个低阻抗通路。屏蔽终端可以分为两类:引线终端和 360°屏蔽终端(有时也称为射频尾罩终端)。360°屏蔽终端提供了电缆到机壳或连接器的完整屏蔽。这种类型的屏蔽终端应是首选方式。引线终端在屏蔽终端中较少选用的原因,是因为引线在射频频率寄生的电感会破坏电缆的屏蔽效能。如果引线终端不可避免,应使引线尽可能短。通常,屏蔽电缆应双端接地。同样,电缆的屏蔽层不能有意使其承载电流。

(5) 研究开关电源干扰来源有两个:①开关电源的大功率开关管工作在高

压大电流切换状态,由导通切换为关断状态时形成浪涌电压,或由关断切换为导通状态时形成浪涌电流,其高次谐波分量构成干扰源;②由关断切换为导通状态时,开关变压器副方的整流二极管电流,其高次谐波分量构成干扰源。在直流电源输出端要求设置差模共模滤波器。

(6) 采用合理的线路布局和走线,尽量不要让强电线路跨过或穿过弱电电路。输出直流电源线最好用双绞线,至少应紧靠在一起走线。开关电源的输入输出电源线应尽可能远离电路中的信号线。将电源线和信号线分开走线,电源线采用外带屏蔽护套的双绞合线,其中一根作正电压馈电线,另一根作负电压(负回线)馈电线。

(7) 接地方式对电子设备的电磁兼容极其重要。接地要防止与地形成回路,还要注意接地线的形状,用扁平线比用圆线好,因扁平线的搭接电阻较小。接地后效果较好。

通常在机壳上设置镀金螺栓,由镀金螺栓作出的结构地通过接地电缆与卫星地相连。使 DC/DC 变换器机箱与星体构成一个等电位体,防止卫星带静电引起静电流损坏 DC/DC 变换器。

DC/DC 变换器遥测信号"地"、遥控指令"地"与电源输出"地"应分别引线,仅在机箱印制板上一点接地。各路电源的输出"地"可以在机箱内一点接"地",构成等电位"地",也可以独立输出,在负载处再一点接"地"。

机箱内每路电源的印制板上共"地"问题也应引起重视。应分清哪是主回路的负回线,哪是辅助回路的负回线,两者不能混淆。如控制电路的"地",输出电压反馈采样信号"地"等都属于辅助回路"地",与主电流回路负回线应分开引线,仅在特征点一点接地(也称共地)。不能互相借用,导致地线混乱,造成电磁干扰,因为辅助回路往往又是电源的敏感电路。

5.6.2 接口电路 EMC 分析

5.6.2.1 情况介绍

某卫星载有一台十谱段水色扫描仪和一台四谱段 CCD 相机,两台设备的遥感数据都由数传分系统向下传输到地面接收站。由于两台载荷设备由不同单位研制,各方考虑测试及数据还原的便利性,使得遥感器与数传分系统的接口设计风格完全不同。

设备与分系统电性能测试验收阶段作为合格产品验收通过。卫星正样星做整星热真空循环试验时,出现了异常现象。具体情况描述如下:某卫星在环境实验室真空罐中,做整星热真空循环试验时,在第二、第三、第四循环低温温度

－5℃时,地面快视系统发现水色仪数据正常,而 CCD 图像出现丢帧现象。

　　系统联机时故障现象描述如下:① 故障现象 1,单行数据出现错位,行计数乘 2 或除 2、辅助数据错误、CCD 数据错误,判断只有时钟干扰才会出现。② 故障现象 2,所有现象均是在低温首次开机后出现,随着时间的推移,数据逐渐正常,最长 11 分钟后恢复正常,以后再也不出现。

5.6.2.2　分析研究

　　表面看来问题反映在温度试验中。开始查找问题时,设计师和专家们把相当精力投入到对温度响应的分析判断中,经过多次研讨及对大量试验数据的分析,请设备设计师对具体电路特别是接口电路进行详细介绍,促使研讨接触实质性问题。分析研究认为系统联机出现的异常现象中,多数情况是因为基本设计有潜在的不完善之处。

　　(1) 数传分系统与两个载荷分系统的接口关系

　　水色仪分系统与数传分系统的接口比较简单,格式编排由水色仪完成,送到数传分系统的是已编排好格式的 10 个通道的串行码流,数传分系统只负责存储境外数据,并且过境时将帧头、境内、境外和帧尾数据编排好,经调制器调制,行波管放大后传至地面。两者接口关系采用施密特触发器进行信号整形,避免了干扰信号的影响。

　　数传分系统与 CCD 相机的接口是彼此相关,首先由数传分系统产生某频率的时钟信号送入 CCD 相机,CCD 相机产生的输出信号又送入数传分系统,被传输的信号没有经过很好整形。两者的接口时序如下:

　　　　　　行同步:脉冲, TTL 电平

　　　　　　字同步:

　　　　　　位时钟:数字信号幅度 TTL 电平

　　　　　　图像数据:4 路 12bit 串行码,高位居前,数字信号

CCD 相机输出信号的时序如图 5－45 所示,CCD 相机与数传的接口关系框图如图 5－46 所示。

　　(2) 归零试验

　　依据初步判断,问题可能出在数传与 CCD 相机的接口时钟上。由于水色仪存储与回放电路也是选用数传的时钟信号,在整星热试验过程中水色仪图像数据正常,没有出现问题,说明问题出在数传送入时钟和 CCD 相机输出时钟的时沿匹配上。按图 5－47 布置归零试验设备,用数传与 CCD 相机的正检产品在高低温箱中做试验。设计了高低温试验条件,试验从 －5℃ ～ ＋25℃,按 5℃ 一档升温,每档温度稳定 1.5 小时后开机。当用普通电缆连接数传与 CCD 相机的通

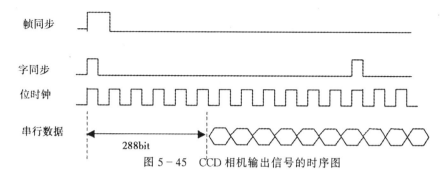

图 5－45　CCD 相机输出信号的时序图

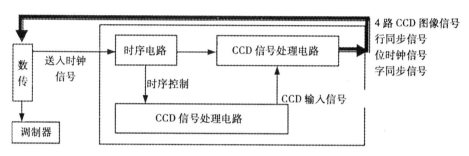

图 5－46　CCD 相机与数传的接口框图

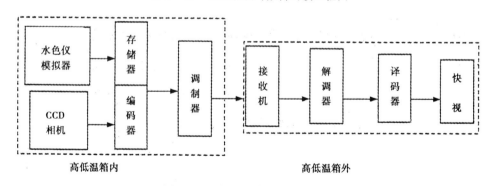

图 5－47　归零试验设备联接框图

讯线时,故障现象复现了。

　　试验采用排查法对正检 CCD 相机和数传设备进行多次故障模拟,采用不同型式、不同长度的电缆分别进行了高、低温试验,试验矩阵如表 5－5 所示。

表 5 - 5　归零试验矩阵

电缆线的类型	设备开机时的温度（℃）					
	-10	-5	0	10	25	30
普通试验电缆(1.2m)	正常	正常			不正常	
电缆同上，将时钟线改成双绞屏蔽	不正常				正常	
电缆同上，时钟、行同步、采样、字同步线改成双绞屏蔽	正常				正常	
星上电缆(实际走线2.6m)		不正常	正常	正常	正常	正常
星上电缆(2.6m)，时钟、行同步、采样信号线改成双绞屏蔽，其他线径变粗并双绞	正常	正常	正常	正常	正常	正常

(3)归零试验结果分析

试验中发现问题出自 CCD 相机和数传的连接电缆(采用双绞电缆线)匹配上。当工作不正常时，发现 CCD 相机的位时钟的某些上升沿发生变化，引起 CCD 编码器在产生各种时沿时不稳定，从而造成图像数据错位。图 5 - 48 是用普通双绞线电缆联接时工作不正常情况的时序关系图，可以看出数传和相机的时钟信号匹配特性不好，有一个明显的下凹。图 5 - 49 是改用双绞屏蔽线后的时序图，从波形上看，电缆更改后两个时钟的信号匹配特性变好了。从问题的根源看，这是一个电磁兼容性问题，在某些干扰存在的情况下，可以采取一定的屏

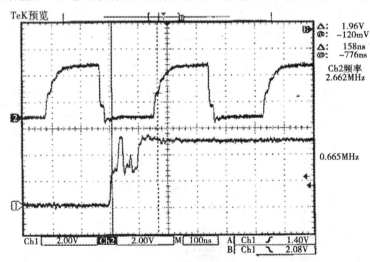

图 5 - 48　不正常情况下时钟波形测试图

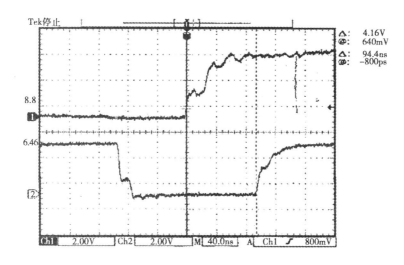

图 5-49　正常情况下时钟波形测试图

蔽措施,避开干扰。为了抑制干扰,我们在星上进行了如下改进:①将原先的双绞电缆接口线改为屏蔽双绞电缆线,抑制传输线之间的干扰;②将相机的自检口的空插座用插头堵上。

电缆更改后,将上星产品及备份产品重新做高低温实验,结果证明措施有效,没有再发生图像数据错位的现象。

5.6.2.3　经验教训

这是一个设备间接口关系 EMC 设计的典型案例。两个载荷设备分别与数传发生关系,接口关系设计不同,在电性能验收时没有发现任何问题,均通过了单机验收测试,而在整星试验中其中一个载荷暴露出问题。这里有几个方面要特别提醒设计师注意:

(1) 电子设备的电磁兼容性主要是指电子设备在其所处的电磁环境中按设计要求正常运行的能力,并且不对该环境中任何事物构成不能承受的电磁干扰。满足 EMC 要求的电子设备既不会影响其他设备的正常运行,也不会受其他设备工作的影响而出现性能下降或故障。电磁环境实际上包括空间、时间和频谱三个要素。作为一个电子工程的技术人员应该建立电磁兼容意识。产品设计师在设计中一定会想方设法降低设备自身的无用发射,避免给周围设备带来干扰和污染环境;同样也会提高自身的抗干扰能力,防止设备本身受扰。

(2) 作为设备级设计师应明确在电性能验收时与该设备连接的是理想的负

载,而接入系统后和该设备连接的是真实的工程件。所以通过了单机验收测试,不能保证系统联机不出问题。这就告诉我们在做产品设计时必须重视电接口关系设计,也就是 EMC 技术中反复强调的设备的工程安装电磁环境。

(3) 在接口关系设计时要理解广义阻抗匹配概念。广义阻抗匹配概念是指电路间或设备间匹配涉及有用信号的传输和对无用信号或干扰的抑制,也就是说在电磁兼容领域设备间匹配涉及的是两个方面的问题,即有用信号的有效传输和对无用信号或干扰的隔离。

第6章　EMC 试验技术

"测量(Measurement)"是用一定的仪器或工具测定某一参数或指标;"测试(Test)"则更多关心的是某一参数的变化或响应。"试验(Experiment)"是指根据一定目的,运用必要的手段,在人为控制条件下观察事物本质和规律的一种实践活动。鉴于这种考虑,我们把本章题目定为 EMC 试验技术,它包含所有的电磁兼容测量、测试活动。

"校准(Calibration)"是用一定的仪器或工具测定某一测试系统自身的频率响应,通过数据处理以消除系统测试误差。

"验证(Verification)"是属于计量范畴的内容,通过量值传递,达到提高测量准确度的目的。

"计量"是指用一个规定的标准已知量作单位,和同类型的未知量相比较而加以检定的过程。

本章叙述的内容既包括在标准电磁兼容实验室按照相关标准所做的规范测量,也包括 EMI、EMS 诊断的预测试技术。具体讲述 EMC 测试技术的发展概况和一些相关问题,讲述 EMC 测试所需场地和设备,介绍 EMC 测试方法以及与保证测量方法的正确性和测量结果的可信度相关的 EMC 测量结果误差分析。

6.1　概　述

6.1.1　EMC 试验技术发展概况

在电磁兼容领域中,由于我们所面对的研究对象(主要指电磁噪声)无论是时域特性还是频域特性都十分复杂,频谱范围非常宽,使得电路中的集中参数与分布参数同时存在,近场与远场同时存在,传导与辐射同时存在。为了在国际上对这些物理现象有统一的评价标准,为了对研究的数据可以全球共享,因而对测量设备与设施的特性以及对测量方法等必须进行严格的规定。这使得对电磁兼容测量的要求大大地提高了。

早期的 EMC 测试处于电磁干扰诊断阶段。当时的电子系统工程一般先进行设计、加工、总装调试,有些问题往往在系统联试中才能发现。检测手段通常使用通用电子仪器设备,如早期生产的示波器和频谱分析仪等。这个阶段的EMC技术处在发现问题、解决问题的初级阶段。

科学实践使人们认识到:要使一些电子、电气设备共存于一个有限空间,并能正常运行,实现各自的功能,必须事先对这些设备进行某种约定,即确定EMC指标和相应的检测办法。于是,人们在实践中花费大量精力研究、制定各种EMC标准。这些标准规定了电磁干扰的极限值,也规定了测量方法。这时EMC技术进入标准规范法阶段。此阶段配套的电子设备也得到了进一步发展。下面通过一些事例来说明。

第二次世界大战后,美国各军、兵种为各自的需要,对属于该领域的设备制定各自的EMC要求。需要研制的设备是多种多样的,与之相关的EMC标准规定的极限值差别比较大,要求的测试方法不尽相同,配备的测试设备也不一样。有时发现按某一EMC标准要求设计的设备,不一定能满足另一标准的要求。因此,常常出现欠设计或过设计。这就给制定标准的人提出了一个非常现实的问题,即制定一些新标准来统一名目繁多的标准,供三军使用。

1965年,美国国防部组织三军的工程技术人员和标准化研究人员制定了一个研究电磁干扰专用术语、测试范围、测试方法及设备要求的计划。这就是美军标MIL-STD-460系列产生的时代背景。美军标从第一次发布至今已经历了40多年的历程,先后公布了五个版本。每个版本对测试方法和测试设备的要求都有一定的改进。与此同时,测试仪器设备的研制取得重大突破,形成比较完善的测试系统,并逐步由手动测试变成自动测试。EMC专用测试软件也随计算机操作系统的发展逐步升级。目前军品EMC测试已成为非常规范化的标准测试。

同一时期,CISPR和IEC等组织也先后制定了一系列EMC标准,对试验场地、测试设备、测试方法等作了具体规定,并针对各种电子、电气产品制定了相应比较详细的标准要求。这些要求既是产品设计师进行设计的指南,也是EMC测试人员进行EMC测试,并用来判断产品是否合格的依据,有些标准直接用于指导测量,例如CISPR11关于"工业、科学、医疗射频设备的无线电干扰极限值和干扰特性测试方法"(已等效成国标GB4824-1996),CISPR22关于"信息技术设备的无线电骚扰的测量方法和极限值"(已等效成国标GB9254-1998)等。又如IEC61000-4系列关于试验与测量技术等,也有对应的国家标准。在多年试验经验的基础上,这些标准经多次修订已经比较成熟。为了使各个国家、各个实验室的测试结果有可比性,还专门制定了关于EMC测试仪器设备的标准,对测试仪器设备的技术指标作了较为详细的统一定义和规定。

近些年来,一些技术发达国家已逐步向 EMC 技术发展的新阶段——系统设计法阶段发展。系统设计法是指电子设备或系统在进行电设计以前,运用电磁场理论分析和计算方法以及相关数据来预测系统内的电磁环境,在电性能和 EMC 同步设计中对 EMC 标准进行剪裁,根据预估的电磁环境下达设备、分系统 EMC 设计指标,使设备或系统实现最佳设计。美国波音飞机公司声称按 EMC 预测结果设计的系统有 90% 以上可以直接达到电磁兼容。美国国家标准局(NBS)承担 EMC 测试设备的计量及场强量值校准,对测试设备进行认证,并开展对噪声射频干扰的仲裁工作。美国国防部马里兰州的"EMC 分析中心"负责向各军种提供所需的电磁环境数据和快速分析。应该说 EMC 试验技术已实现了将测试数据用于指导新的设计的飞跃。

国际上具有权威的世界贸易组织 WTO 在 WTO/TBT 协议中规定了签字国必须依照国际标准或其中有关部分制定自己的技术法规和标准,但涉及国家安全需要,对欺骗性做法的防范,对人类健康、安全和动植物生命、健康以及环境保护除外。各国可以规定这五个方面的技术法规。

欧洲已经采用 CE 标记,所谓 CE 标记是指欧共体对于符合它在官方公报上颁布的一项有关 EMC 指令要求的标记。从 1996 年 1 月 1 日起,所有投放到欧共体市场的电子、电气产品,必须具有 CE 标记,否则不准进入欧共体市场流通。美国联邦通信委员会(简称 FCC)颁布了一些有关部门的 EMC 法规,对通信发射机、接收机、电视机、计算机及各种医疗设备等均有相应法律要求。日本认定的 EMC 有关技术法规基本上参考 CISPR 标准。

我国电子产品的研制生产是受《中华人民共和国标准化法》、《中华人民共和国质量法》、《中华人民共和国进出口商品检验法》、《中华人民共和国无线电管理法规》等法规严格制约的。

WTO/TBT 协议还规定了"认证制度",即所有贸易产品均应经过获得认证资格的规范实验室测试。我国的 EMC 实验室认证工作正在开展,CNACL《实验室认可准则》关于 EMC 检测领域认可的补充规定(CNACL201 - 7 - 99),对 EMC 实验室设施、试验设备、测试人员技术水平等作出具体规定,并进行了详细说明。我国的 EMC 测试技术队伍在不断成长壮大。在 EMC 测试领域与国际接轨即将变成现实。

随着测试技术的发展以及测试对象的细分,EMC 测试也越来越有与产品功能测试融为一体的趋势。在产品的 EMC 测试过程中必须随时监测被测设备(以下简称 EUT)的工作情况。作为未来发展中逐步完善的 EMC 测试系统,应该包括 EUT 监测设备和对 EUT 进行功能性测试的设备。以移动电话的辐射敏感度测试为例,为确定 EUT 对施加电磁骚扰的抗扰度,必须同时监测 EUT 的工作情况。ETS 300 - 342 - 1(GSM 系统)和 ETS 300 - 329(DECT 系统)标准规定在电磁敏感度测试中必须为 EUT 建立呼叫,这个呼叫可以通过有线或者无线方式与基站模拟器建立。利用相应的测试软件,可以在电磁敏感度测试中随时监测手机和基站的链路参数(如 RXQUAL,BER 等)。为了监测射频特性,要能够建立上行(手机到基站)和下行链路(基站到手机)。这样,测试人员可以通过基站模拟器随时通过信号参数监测手机的工作情况。基站模拟器和手机建立一个呼叫,手机接收到基站模拟器通过发射天线发出的呼叫信号,并把它转换为话音信号,通过特定的检测设备(音频分析仪)监测话音质量,如图 6 - 1 所示。

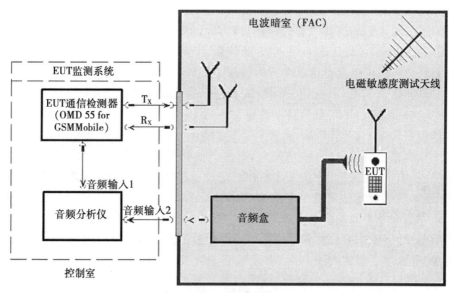

图 6 - 1　手机辐射敏感度测试框图

实际上,在手机这种特定的产品 EMC 测试中,由于产品较为相似,功能相对固定,完整的监测系统完全可以满足 EUT 自身的功能性测试的要求。也就是说,我们完全可以把功能性测试和 EMC 测试结合起来进行。

总之,EMC 试验技术在不断发展。虚拟仪器技术使得测试系统引入人工智能。内装自检技术的应用实现了被测系统的自动检测和故障诊断。展望未来,测试技术正向多媒体化、网络化迈进,一种新的测试体系会逐步建立起来,到那时对电子产品的检验,将是全方位、完全自动化的。

6.1.2　EMC 试验的重要地位

众所周知,试验是检验产品是否合格的唯一手段,特别是航天器这样复杂的系统工程,在整个研制过程中,自始至终都离不开试验。EMC 学科是以试验为基础的新型学科,EMC 试验是与电性能试验相关,而且与其并行的一项不可缺少的试验。试验目的是检验产品 EMC 设计是否合理以及给出产品的 EMC 质量评价。任何一个性能指标优良的产品主要靠设计,这是千真万确的真理。但是一个产品是否合格,性能是否优良靠什么证明呢?无疑是试验,试验是检验产品好坏的唯一手段。这是最科学的方法。

EMC 试验技术是 EMC 技术领域研究的重要课题。由于其理论基础宽、工程实践综合性强、物理现象复杂,所以在观察与判断物理现象或解决实际问题时,实验与测量具有重要的意义。正如美国肯塔基大学的 C. R. Paul 教授在一篇文章中所说的:"对于最后的成功验证,也许没有任何其他领域像电磁兼容那样强烈地依赖于测量。"

EMC 试验从试验目的上分两类,一类是为了科学评价设备的 EMC 性能,这类试验必须对各种干扰源的干扰发射量、干扰传播特性、敏感设备对干扰的敏感程度给出定量结果。这种测试必须在规定的测试场地、标准实验室,使用规范的测试设备,按着规定的标准要求和指定的测试方法进行,一般称为规范的 EMC 测试。另一类测试是指研制过程中,发现电磁干扰故障,为了排除故障一般采用通用仪器和相关辅助附件,在普通实验室完成的 EMC 定性测试,称其为 EMC 预测试。

EMC 试验从试验对象分有设备、分系统级试验,还有整个系统的 EMC 试验系统的 EMC 试验包括系统内的自兼容测试和系统的环境测试。系统级 EMC 测试虽然受系统级 EMC 标准制约,但这些标准都是原则性的。由于被测系统的复杂工作状态等多种因素影响,一般很难得到准确的量值关系,或者说测试目的不追求严格的定量关系,注重的是兼容与否的技术状态。还应指出,诸如滤波器的安全性能、电缆间的耦合、天线间隔离度、发射机和接收机频谱分析等,它们与 EMC 性能直接相关,其测试方法与标准 EMC 测量方法有着密切关系,目前还未能形成相应的测量标准。本书将其称为与 EMC 试验相关的测试。由于受经费和技术条件制约,自己建造昂贵的实验室和引进成套的测试设备很难保证。到规范实验室测量,费用高,有时时间条件也不允许。同时从另外一个角度看,产品开发或产品设计人员在整个研制流程中也需要通过方便、灵活的方式,选择多种辅助测试手段检验 EMC 性能设计是否合理。考虑上述情况,我们从基本概念入手,从测试原理出发,向读者介绍 EMC 预测技术。为了详细分析电磁干扰源的性质、传播方式以及接收器受扰的部位、程度等技术细节问题,我们列举了一些 EMI 诊断和 EMS 诊断实例。

任何一个电子产品,小至一个部件,大至一个复杂系统,再大一点是多个复杂系统联合运行的系统工程,要它们在整个寿命期内都能正常工作,达到设计指标,完成既定使命,只考虑电性能设计是不行的,必须要研究 EMC 设计。只有这样,才能确保在预定的电磁环境下正常工作,既不对相邻设备和环境构成干扰,也不会因受相邻设备干扰或环境影响而降低指标,这是电磁兼容学科研究的宗旨。科学试验不单单承担对产品性能最终检验的任务,在产品研制过程中,各个阶段都需要有试验手段来检验每一个设计思想,每一项设计措施的正确。这个过程有时是长期的,可能有反复的。试验是永远伴随着产品的研制过程,直到最终通过。

EMC 试验有不同于一般的电性能试验的特点,这要从设计说起。EMC 设计远没有电性能设计那样成熟,这不仅是由于它是新的学科,更多的是由于它自身的复杂性。因为电磁干扰有时是随机的,多变的,电磁干扰的时域波形不太规则,电磁干扰的频谱比较复杂。电路分析中的许多分布参数不容忽视。电磁干扰是与结构、工艺、布局等众多因素相关的电磁现象,靠数学仿真、理论计算进行设计有一定困难。如上所述,电磁干扰频率可以从几 MHz 到几十 GHz,幅度可能是从几微伏到几伏、几十伏甚至上百伏,与其相配套的 EMC 测试设备要求具备稳定性好、灵敏度高、频谱宽、动态范围大等特点。为了模拟各种电磁干扰,发达国家不惜人力、财力研究各种干扰(人为的、自然的)性质,将它们仿真出来,并制造出模拟干扰波形的仪器设备,以提供测试使用,如突发脉冲串、浪涌、快速瞬态、静电放电波形等。面对大型电子系统,即使有了好的测试设备,也不是一次测试结果就能说明问题。有时要靠多次测试或多种状态的测试。至今在 EMC 领域对大多数情况仍认为主要靠测试,并运用统计概率借用大量试验数据作为分析判断的依据。

综上所述,EMC 测试技术在 EMC 领域有着特殊重要的地位,发挥着其他手段无法替代的重要作用。

6.2 EMC 测试场地要求

为确保对受试设备的电磁干扰和电磁敏感度测试的正确性、重复性和有效性,EMC 标准规定,所有规范的 EMC 测试都必须在合适的开阔场地和满足一定环境要求的标准试验室进行。EMC 标准还指出,当不同试验室对同一受试设备的辐射干扰测试结果有差异时,应以开阔场地的测试结果为准。

本节主要介绍与规范的 EMC 测试相关的标准 EMC 实验室、GTEM 小室、开阔场以及相关内容。

6.2.1　标准 EMC 实验室建设

早期的 CISPR 标准要求辐射发射测量在开阔场进行。但这种方式有几个缺点,它受气候的不可预测因素影响,无法全天候工作。在电子技术飞跃发展的今天,要寻找一片开阔场地,让其电磁环境电平低于 EMC 标准的辐射发射限值几乎是不可能的。能够代替开阔场地的是屏蔽暗室。屏蔽暗室是一种室内测试设施,具有较高的对外部电磁环境隔离度,通常要超过 100dB。这种屏蔽暗室尤其适合涉及微弱信号的高灵敏度测试。由于屏蔽作用消除了天气和周围环境的影响。吸波材料改善了由于来自金属墙壁的反射场引起测量值的不确定性。目前大多数 EMC 实验室均属此列。

EMC 测量标准中有对于实验室的具体要求,如国军标 GJB152A - 97 中要求屏蔽效能满足该标准 4.2 条规定,即:当在屏蔽室内进行测试时,EUT 断电和所有辅助设备通电时测得的电磁环境电平至少低于规定的极限值 6dB。电源线上的传导环境电平应在断开 EUT,但连接一个电阻负载情况下测量,该电阻负载应流过与 EUT 相同的额定电流。关于吸波性能也有详细规定,如射频吸波材料应位于 EUT 上面、后面和两侧以及辐射和接收天线后面。吸波材料的反射损耗在 $80 \sim 250MHz$ 频率范围内至少 6dB,大于 250MHz 范围内最小反射损耗为 10dB(指垂直入射情况)。标准中对 EUT 的接地平板也有详细要求,接地平板的面积应不小于 $2.25m^2$,其短边不小于 760mm。接地平板应高于屏蔽室地板 1m,并且良好搭接,搭接条长宽比不大于 5:1。总之,EMC 测量标准是实验室建设的技术依据。屏蔽暗室工作频率范围一般定为 $14kHz \sim 18GHz$,有的实验室要求频率上限为 40GHz。

建设一个 EMC 实验室是一项系统工程。它遵循科学的设计接口关系:测试设备→屏蔽暗室→土建施工,即首先考虑测试设备与屏蔽暗室的接口设计,然后考虑屏蔽暗室和土建施工的接口设计。对具体工程实施来说,经历土建施工→屏蔽暗室建设→测试设备安装的整个过程。本节从用户需要建设 EMC 实验室的角度出发,介绍了有关技术内容,如屏蔽、吸波性能设计、电源滤波器选型、通风、消防、取暖及空调系统设计以及实验室验收测试方法等。

在作测试室总体设计方案时,用户需要考虑以下问题:

· 用作设备、分系统级试验,EUT 可能占据的最大空间。

· 用作系统级试验,EUT 可能占据的最大空间,被测系统测试专用电缆安装要求。

· EUT 的最大用电量。

· EUT 工作的特殊保障条件。

· 本实验室主要应用标准,如以军标为主,兼顾民标。

· 用户要求做试验过程中的物理状态监控。

· 用户要求做试验过程中的电性能监测等。

屏蔽暗室设计一般由专业技术研究所或公司承担,它们有专门设计人员和技术施工队伍。作为用户要明确以下问题:

· 明确作军标测试兼顾民标测试,是 3m 法、5m 法还是 10m 法测试。

· 工作频率范围,一般定为 14kHz～18GHz,个别实验室要求频率上限为 40GHz。

· 预留 EUT 空间依具体情况而定,举例 2.0m×1.5m×1.5m。

· 屏蔽效能要求:推荐的屏蔽暗室屏蔽效能如表 6-1 所示。

· 归一化场地衰减指标:在规定频段内,在 2.0m×1.5 m 的垂直范围内(离地 0.8～4m)场地衰减偏差不超过 ±4dB。

· 场地均匀性要求:在规定频段内,在 2.0m×1.5m×1.5m 空间,场地均匀性偏差在 0～6dB 之间。

表 6-1　屏蔽效能要求

磁场	14～100kHz	优于 90dB
	0.1～1MHz	优于 110dB
电场	30～1000MHz	优于 110dB
	1～10GHz	优于 100dB
	10～18GHz	优于 85dB
	18～20GHz	优于 65dB

吸波材料选择要考虑材料种类、性能指标、性能价格比等诸多因素。这里只考虑两种方案。一种方案选用铁氧体和泡沫组合材料,由于铁氧体可以做成扁

方块形状,这样可以节省空间,也可以顾及低频段,如 30MHz 以下。另一种方案是采用单一泡沫型吸波材料。从实际出发,无论是从占用空间还是从因材料过长导致工程难以实施等方面考虑,目前比较现实的做法是放弃低频段性能要求,选 1m 高的吸波材料以求 400MHz 以上频段的完全达标,200～400MHz 频段水平极化完全达标,垂直极化稍差。为有效使用空间,也为了节省资金,往往在吸波材料的布局上做些文章。如在主反射区铺设 1m 吸波材料,其附近选用 0.75m,其余区域选用 0.5m。还可以备些小角锥和套锥以加强主要区域的性能。

因为屏蔽门是导致测试室性能下降的主要因素,一般实验室工作寿命可达 10 年以上,期望屏蔽门的寿命和可靠性能与其匹配。推荐选择易于维护的类型。测试室屏蔽门的尺寸根据 EUT(或被测系统)大小来确定。

测试室通风窗口一般选用截止波导形式,并应合理安排。通风窗口由许多小波导组成,小波导边长与最高工作波长相关,以不影响屏蔽效能为原则。截面积常采用六边形,有利于通风,通风波导窗的数量和窗口总面积根据实验室换风要求来计算。

考虑功率放大器的漏场和噪声影响,为了保护工作人员的健康,同时为了保证放大器本身的散热条件,一般另建放大器室,具体设计参照测试室屏蔽要求。在功率放大器额定功率超过 1kW 的情况,依设备要求,还需要提供特殊风冷或水冷的技术条件。注意制冷设备的安装不能破坏实验室屏蔽性能和绝缘要求。

控制室主要用于放置测试设备,提供工作人员方便操作的工作条件。房间尺寸依据具体条件来定。

实验室供电系统应提供包括 EUT、测试设备及相关设施、附件等总和的动力用电,照明用电和空调用电。这些用电量的预算与测试设备选型相关,与测试任务相关。考虑到今日要求和今后发展,设计时一定要留够余量。总的配电柜应设置在方便易于操作的地方。进入测试室、放大器室、控制室的所有电源均应经电源滤波器滤波。

放大器室的供电电源应参考放大器使用说明书。控制室供电电源根据测试设备用电要求决定。测试室供电电源采用三相电源,并要明确标出 L、N、E。满足 EUT 与测试设备分相供电的基本要求。

电源滤波器选型要考虑抑制频带、插入损耗、最大工作电流、工作电压等功能指标,还要考虑漏电流等安全性指标。进入测试室的地线均应加地线滤波器。

所有穿越屏蔽壁的连接线均应作特殊处理。分别表述如下:测试信号接口板设计,测试设备与测试室和放大器室均有信号传输要求。在它们相邻的墙壁上设有信号传输装置。整个装置与屏蔽壁之间敷衬垫并用螺钉锁死,保证密封无电磁场泄漏。EMC实验室信号接口面板要根据测试设备的需要进行设计。以某实验室为例,如图6-2为控制室与放大器室信号接口板:三个程控滤波器为放大器室的功率开关单元提供控制信号滤波。图6-3为控制室与放大器室信号电缆连接板:八根电缆用于控制室和放大器室的信号传输,包括信号源向放大器输入电缆和从放大器输入、输出端返回的功率监视用电缆。图6-4为测试室和控制室电缆接口板:左侧一根电缆供传导敏感度测试用,四根N形电缆供EMI天线和人工电源网络用,八根光缆供场强探头用;右侧两根光缆供EMI测试用。图6-5为功放室与测试室电缆连接板:垂直的电缆为功率开关单元的功率信号电缆;水平的电缆为功放室和测试室传输信号用的电缆。功率开关单元组成见图6-6。

图6-2 控制室与放大器室控制信号接口板

图6-3 控制室与放大器室信号电缆连接板

图 6-4　测试室和控制室电缆接口板

图 6-5　功放室与测试室电缆连接板

图 6-6　功率开关单元

用户信号接口板的设计则完全取决于用户的需要,如果作为设备级测试,一般比较简单,在控制室与测试室之间留有 EUT 监控用的信号电缆通路及电源线通路,EUT 需要的监控设备及直流电源可以置于控制室。但是如果作大型系统测试,相关的辅助测试设备无法容纳在控制室,与被测系统相连的各种信号电缆均需从外部直接进入测试室,这些信号电缆的穿壁处理直接影响到整个实验室的屏蔽效能,需要专用的用户信号接口板实现。用户信号接口板的设计是系统级 EMC 实验室的技术难题,这里只给出原则性提示,对于高频信号电缆推荐采用通用 N 型密封穿壁插头。对于低频控制线和电源线,可采用集中滤波处理,也可采用多芯连接器针式滤波型线缆解决。

考虑到日光灯会发射干扰谱,测试室禁止使用。鉴于测试室吸波材料的防火要求,照明灯数量不宜太多,功率不宜太大。光照度以满足监控摄像要求为原则,一般选 2～5 勒克司。

因为 EMC 测试过程是在无人干扰下进行,但工作人员和其他参试人员需要了解 EUT(或被测系统)的工作状态。目前建设的实验室均配备了电视监控系统。通用电视监控系统的设计技术是成熟的。用作 EMC 测试的监控系统有它的特殊要求,如电源线应作屏蔽处理,信号线作隔离处理,推荐采用无源光端接口。

EMC 实验室是重点消防单位。消防报警系统的设计、选型要根据消防部门的具体要求而定。感烟探测器的信号线应作滤波、屏蔽处理。如果选用自动喷淋,万一出现误报,可能造成损失。如果一定采用水喷,则所用进水管均应作特殊屏蔽处理。采用干冰造价太高,现实工程难以接受。推荐采用自动报警,人工干预的混合消防方式。

为了确保实验室低频性能良好,实验室应实现单点接地,由事先设计好的接地点与屏蔽地网实现单点连接。一般绝缘阻抗要求大于 $10M\Omega$。由于整个屏蔽壳体必须与大地绝缘,因此所有与屏蔽暗室相关的设施必须作必要的绝缘处理。

经验提醒我们,屏蔽暗室的空调系统不宜与邻近房间共享,特别不能与洁净度高的实验室共享。吸波材料发出的异味(尽管随时间逐渐消失)及脱落粉尘(尽管厂家称先进材料不脱落)对临近房间形成不希望有的影响。无论采用集中式空调,还是普通个体空调,均应注意作隔离处理。

屏蔽暗室要单独的屏蔽接地网,接地电阻小于 1Ω。为了获得低的接地电阻,常需对屏蔽暗室附近的一块土壤进行一些化学处理,以提高土壤的导电率。为减少地线阻抗,接地线采用高导电率的扁状导体,推荐用 $100mm \times 1.5mm$ 铜带,屏蔽暗室的供电线路必须通过电源滤波器才能进入室内,电源滤波器的质量和安装方法对屏蔽室的屏蔽效能影响很大。电源滤波器的性能指标要考核它的工作电压、工作电流,考核它的插入损耗,还要考核它的滤波性能。除考核这些功能性指标之外,还要注意考核它的非功能性指标。如漏电流太大不仅影响它的效率,关键是带来不安全因素。电源滤波器各项性能指标的验收测试方法在第 10 章细述。电源滤波效果如何与电源滤波器的安装工艺关系极大,在选用高性能电源滤波器之后,其安装必须遵循以下原则:① 进入屏蔽室的每根电源线(含地线)都应安装滤波器;② 滤波器应安装在电源穿越屏蔽室的入口处;③ 所有电源滤波器应集中在一起,并靠近屏蔽室的接地点;④ 滤波器的输入引线或输出引线应通过金属导管穿越屏蔽室墙壁。

为确保实验室的整洁,为保证所有电缆的可靠工作,实验室的所有电缆均应在双层地板间铺设。上层地板应采用防静电地板。测试室沿四壁预留的 1m 宽的双层地板为铺设电缆使用。如图 6 - 7 为测试室电缆转接板 CP1,包括多芯电缆(EMI 双脊喇叭天线 LNA 直流电源用)、N 型接头(传导敏感度测试、音频传导测试用)、光缆接头(EMI 天线用)等。图 6 - 8 为测试室电缆转接板 CP2,包括 N 型接头(人工电源网络信号连接用)、MIL 接头(人工电源网络控制信号用)、光缆接头(场强计和场强探头连接用)等。

做敏感度实验时,测试室内有较高场强,必要时测试人员要及时离开。因此 EMC 实验室应安装自锁装置。具体操作是在控制室内提供一个 24V 直流电源,该电源与屏蔽门的开关电路实现接通与断开,并将这一信号反馈给控制台。在自动软件运行过程中,通过自锁装置提供的控制信号能及时给出屏蔽门是否关好的提示。

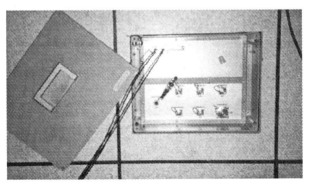

图 6 - 7　测试室电缆转接板 CP1

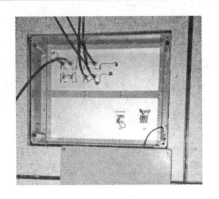

图 6-8 测试室电缆转接板 CP2

6.2.2 标准 EMC 实验室验收

实验室验收的关键是把握好电性能指标。EMC 实验室技术指标是否达到设计要求,靠测试数据验证。测试要由实验室工程承制方和用户以外具备验收测试资格的第三方承担。测试项目有屏蔽体的屏蔽效能、归一化场地衰减、测试平面内场的均匀性。测试前应拟好测试大纲,测试过程作好详细记录,包括测试场地条件等各种现场状态。测试数据应撰写成正规的测试报告。

6.2.2.1 屏蔽效能测试

屏蔽暗室的屏蔽性能用屏蔽效能来衡量。屏蔽效能是指模拟干扰源置于屏蔽体外时,屏蔽体安放前后的电场强度(或磁场强度)的比值,用公式表示为:

$$S_E = \frac{E_0}{E_1} = \frac{H_0}{H_1} \qquad (6-1)$$

式中,E_0 为无屏蔽体情况下的模拟电场强度,E_1 为屏蔽体内的电场强度,H_0 为无屏蔽体情况下的模拟磁场强度,H_1 为屏蔽体内的磁场强度。

为计算方便,屏蔽效能的计算公式用 dB 表示如下:

$$S_E(dB) = 20\lg \frac{E_0}{E_1} = 20\lg \frac{H_0}{H_1} \qquad (6-2)$$

屏蔽效能测量的结果与所用测量方法有关。同一屏蔽室用相同的仪器、不同的方法测量往往会得到差异很大的结果。因此,检测屏蔽室的屏蔽效能必须严格遵循标准规定的测量方法进行,在 GB12190-90 中就规定了高性能屏蔽室屏蔽效能的测试和计算方法。

在 100Hz～12.4GHz 频段,标准规定如下方法以考核屏蔽室的屏蔽效能:100Hz～20MHz 频段用大环和小环天线测量磁场的屏蔽效能。300～1000MHz

频段用偶极子天线测量屏蔽室的电场屏蔽效能。1.7～12.4GHz 频段用喇叭天线及其等效天线测量屏蔽室的电场屏蔽效能。在 20～300MHz 频段,由于天线尺寸和屏蔽室谐振效应,常会出现异常的测量结果,因此,在此频段未规定具体的测量方法,如确实需要在此频段内对屏蔽室的屏蔽效能进行测试,可移用小环法或偶极子天线法。

(1)频段 I (100Hz～20MHz)屏蔽效能的检测方法有大环法和小环法。大环测试模拟屏蔽室四周的磁场,以考核屏蔽室的整体性能;小环测试模拟屏蔽室附近的源所产生的场,尤其适用于测量某些特定结构(如相邻两板搭接处或门缝处)的屏蔽效能。小环法测试适合评价屏蔽室对其附近的源的屏蔽效能,尤其适用于测量接缝、门缝、通风窗等不连续处的屏蔽效能。适用频率范围 100Hz～20MHz。测试布置如图 6-9 所示。

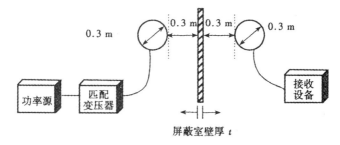

图 6-9　小环测试布置示意图

无屏蔽室时场的模拟:发射环与接收环共面放置,发射环边与接收环(检测环)边的距离为 0.6m 加屏蔽壁厚度 t,如图 6-10 所示。信号源通过发射环产生的磁场 H_0 由接收环直接测得。有屏蔽室时,测得漏场 H_1 后,将 H_0、H_1 代入计算磁场屏蔽效能 S_H。

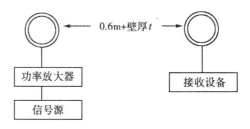

图 6-10　无屏蔽室时模拟场的测试布置示意图

(2)频段 II (300～1000MHz)屏蔽效能的检测多采用收发共用的偶极子天线测量屏蔽室局部表面的屏蔽效能(又称偶极子天线法)。模拟源频率的选择应

高于屏蔽室最低固有谐振频率,以避开谐振效应的影响。测试布置如图 6 - 11
所示。

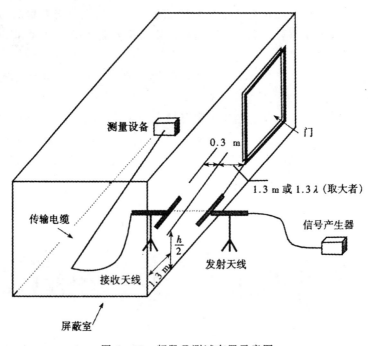

图 6 - 11　频段Ⅱ测试布置示意图

　　无屏蔽时自由场的模拟:实际上由于在频段Ⅱ内很难获得无反射环境,所以
标准规定,在现场利用屏蔽室壁面形成的驻波平均值作为自由空间远场的度量。
即将检测天线放置在屏蔽壁外侧约 0.3m 处,其他设备布置与图 6 - 11 一致。
检测天线的电缆垂直于电偶极子,并通过屏蔽壁上的同轴电缆连接器接到室内
的测量场强仪上。如果没有电缆连接器,可把门稍开一点,让电缆穿过门缝与场
强仪相连。

　　发射天线与检测天线都采用水平极化。检测天线平行屏蔽壁上、下、左、右
移动 $\lambda/4$,找出驻波的最大值 $E_{\max}$ 和最小值 $E_{\min}$。则

$$E_0 = \frac{E_{\max} + E_{\min}}{2} \qquad (6-3)$$

测得 E_0 后,将检测天线放置在屏蔽室内离屏蔽壁 0.3m 处测试室内电场 E_1,则
电场屏蔽效能为:

$$S_E = 20\lg \frac{E_0}{E_1} \quad (\text{dB}) \qquad (6-4)$$

(3)频段Ⅲ(1.7～12.4GHz)屏蔽效能的检测方法、测试布置如图 6-12。

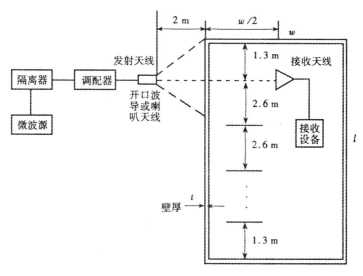

图 6-12　微波频段测量布置示意图

无屏蔽室时测得自由场的功率为 P_0,有屏蔽室时测得漏场功率为 P_1,则屏蔽效能为:

$$S_P = 10\lg \frac{P_0}{P_1} \qquad (\text{dB}) \qquad (6-5)$$

测试连接如图 6-13 所示。检测要求如下:① 检测之前,应把金属设备或带金属的设备搬走,如不用的仪器等;② 屏蔽室的电源滤波器及室内电源只给测试仪器及照明供电;③ 检测中,所有的射频电缆、电源和其他平时要求进入屏蔽室的设施均应按正常位置放置;④ 测量中,对各种导线、电缆的进出口、门、观察口及板与板之间的接缝应特别注意;⑤ 测试报告应记录可接近的屏蔽壁数目、受试屏蔽壁的数目以及局部测试区的数目和位置。

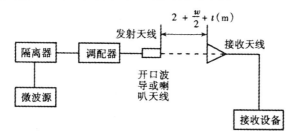

图 6-13　模拟无屏蔽室时的设备

6.2.2.2　归一化场地衰减测试

归一化场地衰减(Normalized Site Attenuation,缩写字母 NSA)用来衡量开阔试验场能否作为合格场地进行电磁兼容测量的关键技术指标,在国际无线电干扰特别委员会(CISPR)No.16 标准中是用来评定金属接地平板试验场的质量。五面铺设吸波材料地面金属材料的试验室性能可借用它描述。

美国国家标准 ANSI C63.4 - 1992 对屏蔽暗室中 NSA 的物理意义作了如下说明:两副天线(分别平行和垂直)放置地面一定距离,发射天线源电压(用 dB 表示)与接收天线端电压(用 dB 表示)之差,称该天线测试场地的场地衰减。

换句话说,对于给定的反射平面上的收 - 发天线的隔离和高度以及特定天线的极化方式,场地衰减定义为输入到平衡、匹配、无耗的调谐偶极子发射天线的功率与类似的平衡、匹配、无耗的调谐偶极子接收天线的输出功率的比值。所以,对于放置在测试场地两端的发射天线和接收天线,场地衰减由下式给出:

$$A = \frac{V_1}{V_R} \qquad\qquad (6-6)$$

式中,V_1 为信号源(发射机)的指示电压,V_R 为使用场强计测得的接收电压。用 dB 数来表述 A 为:

$$A(\mathrm{dB}) = 20\lg \frac{V_1}{V_R}$$

归一化场地衰减是用场地衰减减去收发天线的天线系数,所得结果称该天线测试场地的归一化场地衰减(AF_R 为接收天线的天线系数,AF_T 为发射天线的天线系数)。

由于实际发射天线和接收天线之间存在互耦问题,场地衰减的计算还与互阻抗的校正系数相关。互阻抗系数的精确计算又十分复杂,同时受一些前提条件限制。一般工程中常根据 ANSIC63.4 - 1992 有关规定,对于 10m 法和 30m 法的测试场地,以及测试频率大于 180MHz 的 3m 法测试场地,认为当使用宽带天线时互阻抗校正系数为零。

测试场地的非理想性引起的实际场地衰减值与理论计算的结果是有区别的。

屏蔽暗室的场地衰减与场地地面材料、平坦度、结构、布局相关,与收发天线距离、高度相关,与收发天线性能相关。

屏蔽暗室的归一化场地衰减与场地地面材料、平坦度、结构、布局有关,与收发天线距离、高度无关,与收发天线性能无关。

理想开阔场地是指在自由空间放置一个平直的无限延伸的金属导电平面所

形成的空间。理想开阔场地的归一化场地衰减可以用公式计算。

　　屏蔽暗室的归一化场地衰减用来表示屏蔽暗室模拟开阔试验场的相似程度。该项指标直接影响 EUT 的辐射发射测量结果,特别是对民标测试属于强制要求。

　　基准数据为开阔场测试数据或计算数据,计算数据根据规定的宽带天线和标准推荐的试验室尺寸得来。

　　屏蔽暗室是为模拟开阔试验场而建造的,暗室中的归一化场地衰减(NSA)应与开阔场一致,以表明二者的相似程度,当测试值与标准值之差小于 4dB,则认为该屏蔽暗室可作为开阔场的替代场地(称为 4dB 准则)。与开阔场的场地衰减测量不同,屏蔽暗室需考虑与 EUT 体积相当的一定区域内的场地衰减,而不像开阔场只测一点即可。为此,美国国家标准 ANSIC63.4 - 1992 和 CISPR22 - 1997 对屏蔽暗室中 NSA 的测量作了如下规定:

　　(1) 用双锥天线和对数周期天线等宽带天线进行测量,而不用偶极子天线。原因是低频时,双锥天线和对数周期天线比偶极子天线的尺寸小,而且便于扫频测量。

　　(2) 考虑到 EUT 具有一定的体积,设备上不同位置与屏蔽暗室墙壁所贴吸波材料的距离各不相同,尤其对体积大的试件更为明显,所以应对 EUT 所处的区域进行多点 NSA 测量。

　　测试点选择发射天线所处中心位置以及向前、向后、向左、向右各移动 0.75m 后的点,共有 5 个。发射天线在不同的高度下进行测量:垂直极化取 1m 和 1.5m,水平极化时取 1m 和 2m。需进行 5 个平面位置、2 个高度、2 种极化共 20 种组合的 NSA 测量。CISPR 22 - 1997 中给出了使用宽带天线和推荐尺寸的屏蔽暗室归一化场地衰减标准值,如表 6 - 2 所示。EMC 试验室指标要求,在 3m 测试距离,静区为直径 2m(30MHz~18GHz);在 5m 测试距离,静区为直径 3m(30MHz~18GHz),规一化场地衰减满足 4dB 准则。

表 6 - 2　用宽带天线测量不同位置的归一化场地衰减

极化	水平			垂直				
R(m)	3	3	10	10	3	3	10	10
H_1(m)	1	2	1	2	1	1.5	1	1.5
H_2(m)	1~4	1~4	1~4	1~4	1~4	1~4	1~4	1~4
f(MHz)	A_N(dB)							

极化	水平			垂直				
30	15.8	11.0	29.8	24.1	8.2	9.3	16.7	16.9
35	13.4	8.8	27.1	21.6	6.9	8.0	15.4	15.6
40	11.3	7.0	24.9	19.4	5.8	7.0	14.2	14.4
45	9.4	5.5	22.9	17.5	4.9	6.1	13.2	13.4
50	7.8	4.2	21.2	15.9	4.0	5.4	12.3	12.5
60	5.0	2.2	18.0	13.1	2.6	4.1	10.7	11.0
70	2.8	0.6	15.5	10.9	1.5	3.2	9.4	9.7
80	0.9	−0.7	13.3	9.2	0.6	2.6	8.3	8.6
90	−0.7	−1.8	11.4	7.8	−0.1	1.3	7.6	
100	−2.0	−2.8	9.7	6.7	−0.7	1.9	6.4	6.8
120	−4.2	−4.4	7.0	5.0	−1.5	1.3	4.9	5.4
125	−4.7	−4.7	6.4	4.6	−1.6	0.5	4.6	5.1
140	−6.0	−5.8	4.8	3.5	−1.8	−1.5	3.7	4.3
150	−6.7	−6.3	3.9	2.9	1.8	−2.6	3.1	3.8
160	−7.4	−6.7	3.1	2.3	−1.7	−3.7	2.6	3.4
175	−8.3	−6.9	2.0	1.5	−1.4	−4.9	2.0	2.9
180	−8.6	−7.2	1.7	1.2	−1.3	−5.3	1.8	2.7
200	−9.6	−8.4	0.6	0.3	−3.6	−6.7	1.0	2.1
250	−11.7	−10.6	−1.6	−1.7	−7.7	−9.1	−0.5	0.3
300	−12.8	−12.3	−3.3	−3.3	−10.5	−10.9	−1.5	−1.9
400	−14.8	−14.9	−5.9	−5.8	−14.0	−12.6	−4.1	−5.0
500	−17.3	−16.7	−7.9	−7.6	−16.4	−15.1	−6.7	−7.2
600	−19.6	−18.3	−9.5	−9.3	−16.3	−16.9	−8.7	−9.0
700	−20.6	−19.7	−10.8	−10.6	−18.4	−18.4	−10.2	−10.4
800	−21.3	−20.8	−12.0	−11.8	−20.0	−19.3	−11.5	−11.6
900	−22.5	−21.8	−12.8	−12.9	−21.3	−20.4	−12.6	−12.7
1000	−23.5	−22.7	−13.8	−13.8	−22.4	−21.4	−13.6	−13.6

美国国家标准(ANSIC 63.4)推荐这个差异应该在 4dB 以内,其中场地本身对这个差异的贡献通常不能超过 1dB,其余的 3dB 则主要来自测试设备误差和

测试误差。

标准规定对屏蔽暗室 NSA 测量应对 EUT 所处的区域进行多点 NSA 测试。测试时天线布置如图 6－14 和图 6－15 所示。在一些特殊情况下,检测点可以适当减少至 8 个点,如:①当 EUT 高度不大于1.5m时,可省略高度为 1.5m 的垂直极化检测点;②天线水平极化放置时,若其投影可覆盖 EUT 直径的 90 %,则可省略左右两个检测点;③如 EUT 后沿与吸波材料间距大于 1m,则后面的测试点可略去。如图 6－16 和图 6－17 所示。

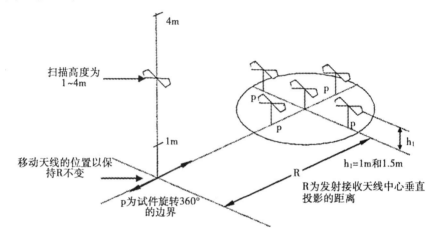

图 6－14   水平极化 NSA 测试图

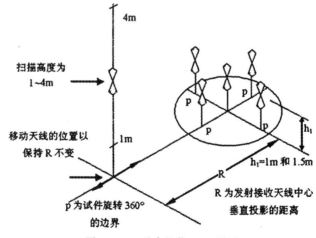

图 6－15   垂直极化 NSA 测试

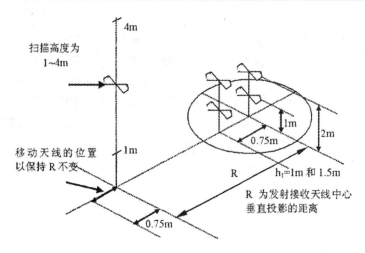

图 6-16 水平极化 NSA 测试

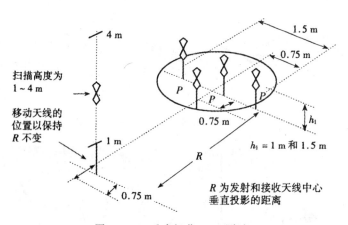

图 6-17 垂直极化 NSA 测试

实际测量结果与表 6-2 中的理论值比较,若偏差在 4dB 以内,则认为 NSA 指标合格,可以在此屏蔽暗室中进行辐射发射和辐射敏感度认证检测。一般情况下,天线在水平极化时,测试位置的改变引起 NSA 的变化不像垂直极化时那样明显,测量值比较容易达到 I 理论值的 ±4dB 以内,建议先测试。在测试过程中如果出现较大偏差,应首先寻找由于仪器、天线系数、测量方法引入的问题。再测仍不符合要求,接着用垂直极化测试来确定不规范点,进一步分析暗室的结构布置是否存在问题。

因此用宽带天线测试屏蔽暗室的 NSA 时,一定要在不同的距离上校准天线,如在与场地衰减测量距离相对应的 3m 或 10m 距离上校准,并用网络分析仪测试天线的驻波系数,尽量选用驻波系数小的天线测试 NSA。

从许多暗室的 NSA 测量结果看,有一些屏蔽暗室低频段垂直极化 NSA 有不同程度的超差。原因可能有以下几点:

(1) 屏蔽暗室受结构尺寸和吸波材料低频性能的限制,低频段对开阔场的模拟效果不好,测垂直极化时的 NSA 差得较多。

(2) 因宽带天线的天线系数与接收距离相关,所以当用宽带天线测试实验室 NSA 时,会引入测量误差。

(3) 宽带天线的驻波系数一般较大,在低频段,驻波系数可达 2.0 以上,甚至大于 2.5,这意味着天线输入端阻抗可能在 10～100 之间变化,这样大的阻抗失配,将给信号源和接收机带来较大的读数误差,从而造成垂直极化时 NSA 的超差。

因此用宽带天线测试屏蔽暗室的 NSA 时,一定要在不同的距离上校准天线,如在与场地衰减测量距离相对应的 3m 或 10m 距离上校准,并用网络分析仪测试天线的驻波系数,尽量选用驻波系数小的天线测试 NSA。

6.2.2.3　场均匀性检测方法

在屏蔽暗室中进行电磁辐射敏感度或抗扰度测量时,发射天线在 EUT 周围产生一个规定的场强(如 1～20V/m 或更高),以考察其是否会引起 EUT 工作性能下降或出现故障。在 EUT 周围产生的场强应充分均匀,以保证试验结果的有效性。

由于 EUT 具有一定体积,它正对发射天线的表面可能很大,因此假设在 EUT 所处位置有一个 1.5m×1.5m 的垂直平面,其上各点的场强具有均匀性,测试时,EUT 受照射的表面与此垂直平面重合,这样可保证照射到 EUT 表面各点的场强基本一致。

测量均匀性之前先在选定的垂直平面内均匀分出 16 个点,如图 6 - 18 所示。发射天线的放置距离应使 1.5m×1.5m 的均匀区域处于发射天线的主波瓣宽度之内,电场探头距离发射天线至少 1m 以上,优先采用 3m。用场强探头依次测量每个点的场强,在每个频率上均测出 16 个点的数值,若其中至少有 12 个点容差在 - 0～ + 6dB 的范围内,则认为规定的区域内 75% 的表面场的幅值之差小于 6dB,该垂直平面上的场强符合均匀性要求,可以进行电磁辐射敏感度测试。

均匀性测试时,发射天线与 EUT 之间的地面上应铺设吸波材料,与实际测试状态一致,防止地面反射影响场的均匀性。此外,应采用带光纤传输的各向同

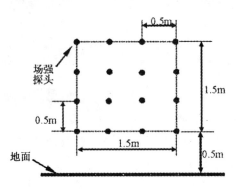

图 6-18 垂直平面的 16 个测试位置点示意图

性探头,不能用普通屏蔽电缆,因金属电缆会造成很大的测量误差。发射天线应选择方向图波瓣较宽的,使天线辐射场尽可能覆盖 EUT 表面,并在测试面上形成均匀的场强。

场均匀性测量是多频率(80MHz～1GHz,步长不大于 10 %)、多位置(16 个点)、多极性(垂直极化、水平极化)的测量,若采用自动测量系统,则可大大节省测量时间,数据的重复性也好。自动测量软件的功能包括:控制发射信号的频率变换、探头的移动和数据采集,以及数据处理与判别、比较。

其他相关项目的验收也要重视。新建好的实验室一定要请技术安全部门作专业安全检查,以确保人身安全,也为测试设备安装提供必备条件。消防验收是指定消防部门作专业验收,只有得到上级消防部门检查、认可,才能正式启动。

应该注意的是,由于受到测量设备不完善性和测量方法的局限性影响,NSA测量和场均匀性测量也会有测量误差。

由于吸波材料的特性,暗室的内壁能够在高频时提供较大的功率吸收能力,低频时则较小。为了确保低频屏蔽效能,一般要采用铁氧体材料。

6.2.3 横电磁波传输小室

还有一种能够进行 EMI/EMC 测试的实验室是横电磁波小室,也称 TEM小室,参见图 6-19。TEM 小室的尺寸由其所能够测试的最高频率所限制,如果超出了这个限制,TEM 小室中就会出现高次模。另外,在 TEM 小室中,被测设备的最大尺寸是受限制的,其必须满足这样的要求,就是由于被测设备的存在而引起的 TEM 小室特性阻抗的改变量必须最小。使用 TEM 小室的 EMI/EMC测试技术有其优势,但也有限制,所以这种特别的技术在一些特定的应用中是非常适合的。

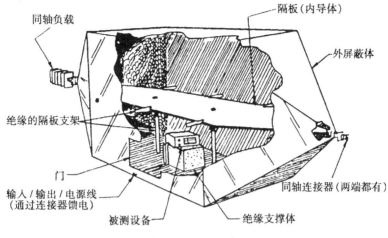

图 6-19　TEM 小室

　　为了让理想情况的变化或偏离的效果最小,就要尽量缩小被测设备的尺寸。实际上,经过研究发现被测设备的最大允许尺寸不能超过 $\frac{b}{3} \times \frac{2}{3}(a-g) \times \frac{l}{3}$。比如:FCC 规则规定在 TEM 小室中被测设备占据的空间内的任意两点的电场强度的差值不能超过 2dB。

　　在使用 TEM 小室进行 EMI/EMC 测试时一个值得注意的问题是 TEM 小室中被测设备处的电磁场和 TEM 小室的(同轴连接器)终端所测得的电压或功率之间的联系。因为测试结果的精度及其解释都要基于这个联系,所以有必要尽量准确地把握它。另外,TEM 小室中有限尺寸的被测设备也会在某种程度上破坏场方向图,TEM 小室中被测设备处的电场强度与在经典的电磁理论中将被测设备设为一个"点源"时的电场强度不是完全一样的。

　　GTEM cell(Gigahertz Transverse ElectroMagnetic cell)吉赫横电磁波传输室是近年来国际电磁兼容领域发展起来的一项新技术,其工作频率范围可从直流至数吉赫兹以上,内部可用场区大,对 EUT 大小的限制与频率无关,既可以用于电磁辐射敏感度(EMS)的测量,也可进行电磁辐射干扰(EMI)的测试,该装置及技术为现代电磁兼容(EMC)的性能评估与测定提供了强有力的手段。由 GTEM 组成的电磁辐射敏感度(EMS)测试系统、电磁辐射干扰(EMI)测试系统较之在开阔场地,屏蔽暗室中采用天线辐射、接收等测试方法可节省大量资金,同时对外界环境条件无特别要求。由于所需配置的仪器设备简单,效率高,可数倍地提高测量速度,易实现自动化测量。GTEM 电磁波传输小室外貌如图 6-20。

图 6-20 GTEM 电磁波传输小室外观

GTEM 横电磁波传输小室采用同轴及非对称矩形传输线设计原理,为避免内部电磁波的反射及产生高阶模式和谐振,总体设计为尖劈形。也可以把 GTEM 小室看作一个 50Ω 的锥状矩形同轴传输线,其内部有一个偏置的中心导体(隔板)。中心导体的截面由平、宽的带状结构逐渐过渡到一个圆形,从非对称的矩形截面到标准的 50Ω 同轴线的过渡是经过精密加工的。输入端口采用 N 型同轴接头,而后渐变至非对称矩形传输以减少结构突变所引起的电波反射。为使 GTEM 内部达到良好的阻抗匹配与较大的可用体积,选取并调测了合适的角度、芯板宽度和非对称性,参见图 6-21。

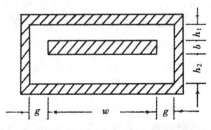

图 6-21 非对称矩形传输线截面

为使球面波从源输入端到负载不产生时间差和相位差,并具有良好的高低频特性,终端采用电阻式匹配网络与高性能吸波材料组合成的复合负载结构。矩形传输线的中心导体也端接了由几百个碳质电阻构成的 50Ω 负载,电阻的分布与中心导体上电流的分布是匹配的。中心导体端接的阻性负载的作用等同于让电流终止,然而扩口段端接的分布电阻就好比是在空间传播的电磁波接了一个匹配终端。所以,GTEM 小室在从直流到几 GHz 的范围内提供了一个宽带的终端负载。锥形段的扩口角度通常较小(比如 15°),这样可以保证传播中的 TEM 波建立起的场方向图具有较大半径的球对称性。出于实际测试的考虑,在 GTEM 小室中传播的波可以近似地认为是一种平面波。扩口段的长度决定了可用测试空间的尺寸,从而可以对进行辐射发射或辐射敏感度测试的测试样本的尺寸进行估计。

端接一个同轴连接器的 GTEM 小室锥状矩形波导部分能够对朝其端口传播的电磁波起截止作用,朝 GTEM 小室远端传播的电磁波由匹配终端所吸收。从而,GTEM 小室的形状决定了小室中产生的驻波是不会一直持续下去的。GTEM 小室中的场强与输入功率有关,同时还与纵轴上的位置和隔板的高度有关。GTEM 小室可以用作 CW(连续波)和脉冲模式的测试,还可以在超高功率或大于 100V/m 的场强下进行 EMC 测试。通常,在隔板和底板的间距为 1m 的 GTEM 小室中要产生 200V/m 的场强需要使用一个 1000W 的功率源。模拟暴露于电磁脉冲环境中的设备所经受的干扰所需的几千 V/m 的超高场强也可以在 GTEM 小室中产生,但是此时需要使用能够避免弧光放电的特殊的输入连接器。

使用 GTEM 小室进行辐射敏感度和辐射发射测试的测试步骤与 TEM 小室类似。需要注意以下几点:

(1)需要进行辐射敏感度评估的被测设备要放在 GTEM 小室中底板与隔板之间的区域中。可用的测试区域为 $h_1/3$ 和 $h_2/3$ 所围成的空间。在这个区域中,场强均匀性在 ±1dB 之间。

(2)当需要使用高功率电平时,要将与放大器相连的一个合适的信号源连接到同轴连接器上,信号源和放大器设置到所需的频率和功率电平上,在功率放大器的输出端和 GTEM 小室的同轴输入端之间安装有功率监测装置以精确测量输入功率电平。被测设备处的场强可以根据 GTEM 小室的形状和输入功率电平来进行计算,同样也可以给 GTEM 小室安装附加的测试设备以实现对被测设备处场强的测量。

(3)当必须在一个频带内进行辐射敏感度测试并使用了一个扫频信号源时,需要注意扫频速率要保证被测设备有足够的响应时间进行稳定,并且有对场强进行相应的可靠的性能参数。在使用 GTEM 小室进行测试时,进行辐射敏感度测试的被测设备要在几个不同的极化角度上进行测试以确保测试是在被测设备耦合到了最大射频能量的条件下进行的。

辐射发射测试与辐射敏感度测试是类似的。同样地,被测设备的尺寸必须在上面所描述的可用区域之内,此时,来自被测设备的辐射发射耦合到 GTEM

小室中并以 TEM 模式传播。将合适的电压或功率和频率测量设备连接到同轴连接器以精确测量被测设备辐射发射信号的特性,也可以改变被测设备的指向,从而测得不同指向所对应的辐射发射特性。

像进行辐射敏感度测试一样,此时也要适当选取测试设备的响应时间以确保测试设备能够对来自被测设备的辐射发射信号进行检测和响应。

目前有能够将测试数据转换为距离被测设备 3m 或 10m 处的辐射发射的商用计算机程序,这个计算和数据的转换能够将被测设备的辐射发射特性与通常在距离被测设备 3m 或 10m 上所规定的辐射发射性能标准进行比较。

电压驻波比(VSWR)的测量是在输入端口参考面对 GTEM 的阻抗匹配和电波反射状况进行评定。当输入信号时,其匹配性能好坏将直接影响信号源有效功率的输出。如果 VSWR 过大,将增加电磁场的计算误差,影响内部电磁场分布,并使系统的准确度下降。通常要求 SWR<1.5。

在频率不很高时,GTEM 小室内电磁场分布可根据广义电报方程组求解计算。当频率较高时,由于高阶模式多,边界条件不易确定,计算复杂。我国学者对此进行了较深入的研究分析,理想的 GTEM 横电磁波传输小室电场和磁场分布方向如图 6-22 所示。

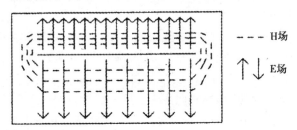

图 6-22　GTEM 小室内电场和磁场分布方向示意图

6.2.4　开阔试验场地

理想的开阔试验场地是一个无限大的理想导电平面,没有背景噪声,也不存在间接的耦合路径,另外,它还需要经过精确校准的天线和无误差的测试设备。开阔试验场地需要一个较大的无障碍物的区域,这也会增加建设成本,同时开阔试验场地还需要针对复杂天气的防护措施。所以,通常来说开阔试验场地是一种成本较高的测试设施,只有在需要标准的测试场地进行测试时才会去使用它。

在电磁辐射干扰和骚扰测量中,场地对测试结果的影响非常明显,常常在不同的测试场地(如屏蔽室,暗室,横电磁波室中)使用相同的仪器仪表测量却得到不同的结果。产生这种情况的主要原因是场地的差异,即空间直射波与地面反射波的反射影响和接收点不同,造成相互迭加的场强不一致。为此国际和国内电磁兼容相关标准中均明确规定,不同测试场地的试验测试结果有差异时,应以开阔试验场 OATS 的测试结果为准。

开阔试验场地测试是一种国际上普遍采用的辐射发射测试标准,开阔试验场地本身没有频率的限值。但是,因为辐射信号有可能会干扰到广播电台和通信的信号,或者影响到频谱管理,使用时,应避开广播和通信的常用频率。一般不利用开阔试验场地进行辐射敏感度的测试,避免污染环境。

开阔试验场地测试是一种最直接的和被广泛认可的标准测试方法,开阔试验场 OATS(Open Area Test Site)是电磁兼容测试中非常重要的试验场地,也称为标准测试场地。试验场地地面的特性,包括表面粗糙度及其导电性,都是需要特别注意的。另外,开阔试验场地附近的外部电磁噪声环境要比 RE 或 RS 测试的限值低几个 dB,所使用的天线必须在一个高性能的开阔试验场地中经过精确的校准,为了减小或限制测试设备带来的误差,必须对测试设备进行周期性的校准。

虽然测试原理非常简单和直接,但是如果要求测试真实地反映被测设备的辐射特性,且测试结果具有可重复性,则关注测试的一些注意事项和细节是很有必要的。首要要求的是开阔试验场地电磁环境必须相对安静,一般不应有来自广播电台、电视台引起的较强的电磁噪声和诸如汽车点火系统或弧焊设备引起的人为电磁辐射。作为一个基本的原则,美国国家标准规定在测试区域,当被测设备未开机时测得的传导和辐射的环境噪声和信号强度至少要比相关规范或标准中规定的限值低 6dB。

理想的开阔试验场是在自由空间内放置一个平直的、无限延伸的金属导电平面所形成的空间。实际工程中的开阔场地为满足上述条件需要注意以下几点:

(1) 要确保在开阔场地内不应有类似电力传输线、架空的电话、栅栏、树类植物等电磁散射体。

(2) 为了提高测试精度,有必要将 EUT 的电源连接线和开阔场中的发射/接收天线与开阔场附近放置的发射/接收设备之间的电缆置入地沟中。

(3) 埋入地下的电缆和管线如果其埋的不够深,仍可以引起电磁散射。避免来自地下散射体的干扰的可行方法,就是使用一个金属接地平面来消除由此产生的散射效应。

(4) 为 EUT、接收机和发射机供电的电源线还应使用滤波器来消除传导干扰。

（5）为确保测试场地内的地形变化不会对场地内的电磁环境产生严重影响，对场地内地形的粗糙度进行限制。

一般场地按椭圆形设计，如图 6-23 所示，其场地长度不小于椭圆焦点之间距离的 2 倍，宽度不小于椭圆焦点之间距离的 1.73 倍，具体尺寸的大小一般视测试频率下限的波长而定。如测试频率下限为 30MHz，波长是 10m，则选择椭圆焦点之间距离为 10m。实际电磁辐射干扰测试时，EUT 和接收天线分别置于椭圆场地的两个焦点位置。考虑到开阔试验场 OATS 及屏蔽暗室的建造成本和环境的限制，国内外电磁兼容标准将 EUT 到接收天线的距离定为 3m，10m，俗称 3m 法，10m 法。如满足 3m 法测量，场地长度不小于 6m 距离，宽度不小于 5.2m 距离；如满足 10m 法测量，场地长度不小于 20m 距离，宽度不小于 17.3m 距离。

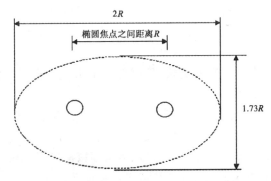

图 6-23　开阔场 OATS 基本结构示意图

当发射天线（或 EUT）和接收天线架设在开阔试验场上时，接收天线处的场强 E 是空间直射波、地面反射波和地表波的合成。当频率较高时，地表波随收、发天线间距增加衰减很快。因此，在 30MHz 以上频率，可忽略地表波影响，仅考虑直射波和反射波。地面对水平极化波和垂直极化波的反射是不同的，可采用镜像原理分析。

当发射天线和接收天线之间没有直接互耦存在时，上述说法是正确的。反之，则要求考虑收发天线之间互阻抗的校正系数。互阻抗系数的精确计算是很复杂的，同时还要受一些前提条件的限制。根据 ANSIC63.4-1992 对于 10m 法和 30m 法的测试场地，以及测试频率大于 180MHz 的 3m 法测试场地，当使用宽带天线时互阻抗校正系数可以认为是零。

建立开阔试验场地后，须进行归一化场地衰减的测试。在使用过程中，应经常监测周围电磁环境的变化,并进行定期检测,以确认场地高频电性能及电气安全性。

开阔试验场(OATS)在电磁兼容领域主要用于 30MHz～1000MHz 频率范围对 EUT 进行电磁辐射骚扰测试,并适用于较大型 EUT 的测试。理想的开阔试验场可作为最终判定测量结果的标准测试场地,其造价低于屏蔽暗室。

在计量测试领域,开阔试验场 OATS 占有重要地位,如天线系数的校准、国际间的比对均要求在标准开阔试验场 OATS 中进行。随着广播、电视、无线通信技术的高速发展,空间电磁环境日趋复杂,这给开阔试验场 OATS 的建造和选址以及使用带来了不少问题。选择远离城市的郊外地区虽可减少和避开电磁干扰,但却给日常维护和试验以及生活管理带来诸多不便。此外开阔试验场 OATS 位于室外,自然界气候的影响也使其不能全天候工作,这也制约了开阔试验场的广泛使用。

开阔试验场地的测试误差主要来自场地的非理想性、天线特性的误差、被测设备和发射/接收天线间电磁能量的直接耦合以及测试设备的校准误差。理论结果都是基于无限大的自由空间和理想的导电地面的,然而实际上这些理想情况是几乎不可能出现的。另外,被测设备和发射/接收天线的间距(尤其是 3m 和 10m)会导致一定程度的直接耦合(不管有多小),其效果很少被全面和精确地给出。距天线一定距离处的地面也会影响天线的理论输入阻抗和理论天线系数。实际测试中,由于辐射发射和辐射敏感度测试都会涉及处于大部分测试设备门限值的弱信号,所以测试设备的校准误差和测试误差也是一个重要的误差源。在使用开阔试验场地进行 RE/RS 测试时,必须对以上的误差源进行全面的考虑。

EUT 安装在一个能够进行 360°方位角旋转的平台上,此时,发射/接收天线固定不动便能够从所有方向(360°方位角)来观察 EUT。对于这样的测试配置,测试场地的边界是一个椭圆,长轴 M_D 为 $2D$,短轴 M_d 为 $\sqrt{3}D$,其中 D 为 EUT 和发射/接收天线之间的距离。对于这种尺寸的测试场地,需要注意来自场地边界的散射信号的路径长度是直射信号的两倍,这样能够确保散射信号强度至少比直射信号低 6dB。

通常情况下,EUT 和天线之间的距离 D 为 1m、3m 或 10m。如果出于实际情况的考虑而有必要采用一个不同于标准距离的 D,那么所测得的数据就需要进行转换以得到标准测试距离下的结果。

规定的无障碍物测试场地能够确保场地外的散射体不会对场地内的电磁环境产生任何严重的影响。为了确保测试场地内的地形变化也不会对场地内的电磁环境产生严重影响,有必要对场地内地形的粗糙度进行限制。

6.2.5 混响室

使用混响室进行 EMI/EMC 测试是另一种有效的测试方法。混响室的工作原理是基于多模式谐振混合。

建造一个混响室是比较简单的,测试配置和测试流程也都不复杂。然而,这种测试方法的应用还不普遍,其原因可能是缺少可以描述混响室中场特性的全面的理论分析和一种能够将测试结果与实际测试条件联系起来的方法。

图 6-24 显示了一种混响室结构,它由一个带有墙壁的矩形腔体构成,其损耗能够有效保证不同模式之间的均匀耦合,同时也不会太高以至于在腔体中形成驻波。矩形腔体中全部可能存在的模式数量的近似计算如下:

$$N = \frac{8\pi}{3} pqr \frac{f^3}{c} - (p + q + r)\frac{f}{c} + \frac{1}{2} \quad (6-7)$$

其中 p、q 和 r 为混响室的尺寸(单位为 m),f 为混响室的工作频率(单位为 Hz),c 为波传播速度(单位为 m/s)。当混响室的两边或三边的长度一样时就会出现简并模,所以当混响室三条边的长度互不相同时,对于给定的工作频率独立模式的数量就会增加。

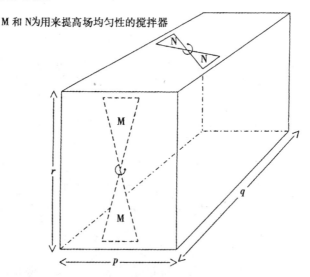

图 6-24 一种简单的混响室结构

由于几种彼此非常相近的模式的存在,混响室能够在其内部产生一种均匀场环境,但不包括墙壁附近。一个简单的矩形腔不能在其内部各个方向上的任意点处产生均匀场,所以要在混响室相邻的墙上安装两个金属搅拌器,如图6-24所示,搅拌器绕着垂直于墙面的轴以不同的速度旋转。搅拌器的转动导致混响室的结构随时间变化,从而引起模式混合按照相同的场的统计分布发生连续变化,且这个变化是和位置无关的,除了墙壁附近或混响室中所放置的金属物体的表面以外。通过这种方式就能够在混响室内产生一种均匀的任意场环境。比如,对任一点的任一场分量的幅度在一个时间段内进行取样,其最大值、最小值和平均值几乎完全相等。在混响室中使用一个偶极子天线对场强进行测量以验证这一概念,测试结果表明,混响室每边的长度大约为2m,在距离墙壁大约8cm以上的空间内的场均匀性在±0.5dB之间。

研究表明,对于给定的旋转角度,搅拌器的效果取决于感应到的高频频率变化的数量。当搅拌器的尺寸为两个波长或更长,并且其旋转不产生任何轴向对称时搅拌器的效率会更高。

图6-25为一个使用混响室进行辐射发射测试的简单框图,这里所描述的是一种替代方法。经过校准的信号发生器与经过校准的衰减器连接起来为已知增益特性的天线馈电,天线和经过供电连接的被测设备都放在混响室内。

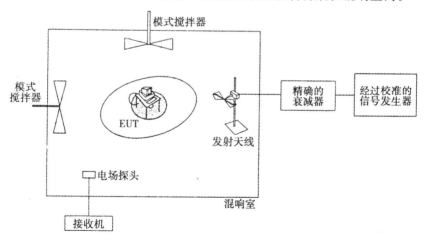

图 6-25　混响室测试配置示意图

接着进行两次测试。首先,混响室外部的信号发生器关机,被测设备处于开机状态,使用接收天线和接收机来测试混响室内部的场强。接下来,将被测设备断电,但断电动作必须小心以保证其在混响室内的位置不会发生改变,然后将经过校准的信号发生器开机,并借助于经过精确校准的衰减器来调整其功率以使混响室内的场强与之前所测得的相同。在进行这两次测试时,模式搅拌器都必

须是连续转动的,其转动速度要足够慢以使被测设备有足够的时间来响应测试
场方向图的变化。通过这两次测试,就可以计算出被测设备的辐射发射水平。

混响室也可以用来进行辐射敏感度测试。此时,必须对被测设备进行一些
附加的连接,从而能够对规范中所要求的可反映其由于敏感而引发故障的性能
或性能参数进行监测。

借助于信号发生器和衰减器可以在混响室中得到所需的电场强度,搅拌器
也要连续转动。在不同的场强下观察被测设备的性能以记录被测设备发生故障
时的场强。当每次场强发生变化时,一定要确保留有足够的时间以使场强和被
测设备的性能能够趋于稳定,这一点是很重要的。对于不同的频率可以重复进
行测试。

6.3　EMI 测量设备

电磁兼容测量设备分为两大类,一类用作接收,接上适当的传感器,可进行
电磁干扰的测量;另一类模拟不同干扰源,通过适当的耦合/去耦网络或天线,施
加于各种被测设备,用作敏感度或抗扰度的测量。

6.3.1　测试接收机

6.3.1.1　测量接收机组成及各部分功能

测量接收机组成如图 6-26 所示,各部分功能介绍如下:

(1) 输入衰减器,可将外部进来的过大的信号或干扰电平衰减,调节衰减量
大小可保证输入电平在测量接收机可测范围之内,同时也可避免过电压或过电
流造成测量接收机的损坏。

(2) 校准信号发生器,为测量接收机本身提供的内部校准信号发生器,可随
时对接收机的增益进行自校,以保证测量值的准确。普通接收机不具有校准信
号发生器。

(3) 高频放大器,利用选频放大原理,仅选择所需的测量信号进入下级电
路,而外来的各种杂散信号(包括镜像频率信号、中频信号、交调谐波信号等)均
排除在外。

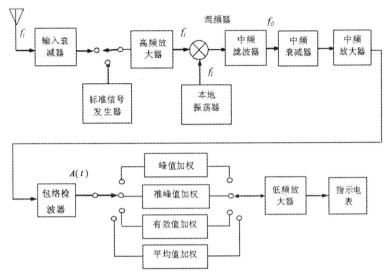

图 6 - 26　测量接收机组成框图

（4）混频器,将来自高频放大器的高频信号和来自本地振荡器的信号合成产生一个差频信号输入中频放大器,由于差频信号的频率远低于高频信号频率,使中频放大级增益得以提高。

（5）本地振荡器,提供一个频率稳定的高频振荡信号。

（6）中频放大器,由于中频放大器的调谐电路可提供严格的频带宽度,又能获得较高的增益,因此可保证接收机的总选择性和整机灵敏度。

（7）检波器,测量接收机的检波方式与普通接收机有很大差异。测量接收机除可接收正弦波信号外,更常用于接收脉冲干扰电平,因此测量接收机除具有平均值检波功能外,还增加了峰值检波和准峰值检波功能。

（8）输出指示,早期测量接收机采用表头指示电磁干扰电平,并用扬声器播放干扰信号的声响。近几年已广泛采用液晶数字显示代替表头指示,且具备程控接口,使测量数据可存贮在计算机中进行处理或打印出来供查阅。

6.3.1.2　测量接收机工作原理

测量信号时,先将仪器调谐于某个测量频率 f_i,该频率经高频衰减器和高频放大器后进入混频器,与本地振荡器的频率 f_l 混频,产生很多混频信号。经过中频滤波器后仅得到中频 $f_0 = f_l - f_i$。中频信号经中频衰减器、中频放大器后由包络检波器进行包络检波,滤去中频得到低频信号 $A(t)$。$A(t)$ 再进一步进行加权检波,根据需要选择检波器,得到 $A(t)$ 的峰值($Peak$)、有效值(rms)、平均值(Ave)或准峰值(QP)。这些值经低频放大后可推动电表指示或在数码管屏幕显示出来。

测量接收机测量的是输入到其端口的电压,为测场强或干扰电流需借助一个换能器,在其转换系数的帮助下,将测到的端口电压变换成场强(单位 $\mu V/m$ 或 $dB\mu V/m$)、电流(单位 A、$dB\mu A$)或功率(单位 W、dBm)。换能器依测量对象的不同可以是天线、电流探头、吸收钳或线阻抗稳定网络等。

6.3.1.3　测量接收机使用中应注意的问题

(1)当输入到测量接收机端口的电压过大时,为防止输入端过载,在测量前需小心判别所测信号的幅度大小,没有把握时,接上外衰减器,以保护接收机的输入端。另外,一般的测量接收机是不能测量直流电压的,使用时一定先确认有无直流电压存在,必要时串接隔直电容。

(2)依据不同的 EMC 测量标准,选用合适的检波方式(平均值、有效值、准峰值或峰值检波器)。如对于脉冲干扰信号,采用准峰值检波器最为合适,其加权系数随脉冲信号重复频率的变化而改变。用平均值、有效值检波器测量脉冲信号,读数也与脉冲的重复频率有关。又如随机干扰的来源有热噪声、雷达目标反射以及自然环境噪声等,通常采用有效值和平均值检波器测量。

利用这些检波器的特性,通过比较信号在不同检波器上的响应,我们还可以判别所测未知信号的类型,确定干扰信号的性质。如用峰值检波测量某一干扰信号,当换成平均值或有效值检波时如果幅度不变,则信号是窄带的;如果幅度发生变化,则信号可能是宽带信号(即频谱超过接收机分辨带宽的信号如脉冲信号)。

(3)测量接收机或频谱仪都带有校准信号发生器,目的是通过比对的方法确定被测信号强度。测量接收机的校准信号是一种具有特殊形状的窄脉冲,以保证在接收机工作频段内有均匀的频谱密度,测量中每读一个频谱的幅度之前,都必须先校准,否则测量值误差较大。频谱分析仪的校准信号是正弦信号,其频谱常可见各次谐波,测量前校准一次即可,通常频谱分析仪启动自动校准时校准的内容比较多,如带宽、参考电平、衰减幅度、频率等,约需 5～10 分钟。作测量接收机用时,频谱分析仪也配有脉冲校准源。

(4)无论是高电平的窄带信号还是具有一定频谱强度的宽带信号,都可能导致测量接收机输入端第一混频器过载,产生错误的测量结果。对于脉冲一类的宽带信号,在混频器前进行滤波(也称为预选)可避免发生过载现象。不经预选时,宽带信号的所有频谱分量都同时出现在混频器上,若宽带信号的时域峰值幅度超过混频器的过载电平,便会发生过载情况。这种靠滤波而不是靠衰减来实现的幅度减小,改变了宽带信号测量的动态范围,同时又能维持接收机测量低电平信号的能力。若窄带信号(如连续波信号)处在预选滤波器的通带内,则预选的过程不会改变测量窄带信号的动态范围。

6.3.1.4　测量接收机的技术指标

幅度精度:±2dB

带宽(6dB):

国标 EMI 测试	9～150kHz	200Hz
	150kHz～30MHz	9kHz
	30～1000MHz	120kHz
国军标 EMI 测试	30Hz～1kHz	10Hz
	1～10kHz	100Hz
	10～250kHz	1kHz
	250kHz～30MHz	10kHz
	30MHz～1GHz	100kHz
	>1GHz	1MHz

检波器:峰值、准峰值和平均值检波器

输入阻抗:50Ω

工作频率:应满足 EMI 测量全频段要求

灵敏度:优于 -30dBμV(典型值)

6.3.2　电磁干扰测试附件

6.3.2.1　电流探头

电流探头是测量线上非对称干扰电流的卡式电流传感器,测量时不需与被测的电源导线导电接触,也不用改变电路的结构。它可在不打乱正常工作或正常布置的状态下,对复杂的导线系统、电子线路等的干扰进行测量。国军标 EMC 传导发射或敏感度测试主要用电流探头做换能器,将干扰电流转换成干扰电压,再由测量接收机测量,频率最高用到 400MHz。

电流探头为圆环形卡式结构,能方便地卡住被测导线,如图 6-27。其核心部分是一个分成两半环的高磁导率磁芯,磁芯上绕 N 匝导线。当电流探头卡在被测导线上时,被测导线充当 1 匝的初级线圈,次级线圈则包含在电流钳中。

电流探头使用时,需先测出其传输阻抗,然后才能用于传导干扰的测量。当电流探头卡在被测电源线上时,其输出端与测量接收机相连,线上的干扰电流值等于接收机测量的电压除以传输阻抗。电流探头结构参见图 6 - 27,外形图如图 6 - 28。

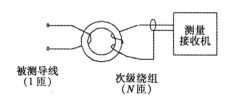

被测导线　　　　　　　次级绕组
（1 匝）　　　　　　　（N 匝）

图 6 - 27　电流探头电路结构图

图 6 - 28　电流探头外形图

6.3.2.2　电源阻抗稳定网络(LISN)

电源阻抗稳定网络是试验时加在电源和 EUT 之间起隔离作用的一个网络,在给定频率范围内,在测量分配电压时提供一个特殊的负载阻抗。在此频率范围内起到设备与电源的隔离作用。它是一种具有特定的、重复的阻抗特性的人工电源网络。

LISN 的作用有两个:首先,LISN 为 EUT 的电源输入端在高频提供了一个限定好的标准阻抗,从而来自诸如负载开关等因素引起的电源线阻抗变化能够与 EUT 有效隔离;其次,电源线上的任何无用输入电磁干扰都可由 LISN 滤除,这样可以保证提供给 EUT 的电源是纯净的。

LISN 是一个三端口网络,如图 6 - 29 所示,端口 1 连接到电源,端口 2 连接到 EUT 的电源输入端口,端口 3 则端接标准 50Ω 终端负载,或者连接用来测量传导发射的输入阻抗为 50Ω 的射频噪声计。

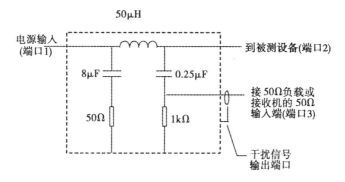

图 6-29　电源阻抗稳定网络结构示意图

6.3.2.3　测量天线

天线是把高频电磁能量通过各种形状的金属导体向空间辐射出去的装置。同样,天线亦可把空间的电磁能量转化为高频能量收集起来。

（1）天线主要参数

输入阻抗 Z_A:天线在馈电点的电压 $U(V)$ 与电流 $I(A)$ 之比。

天线系数 AF:接收点的场强 $E(V/m)$ 与此场强在该天线输出端生成的电压 $U(V)$ 之比。

天线增益 G:指在观察点获得相同辐射功率密度时,均匀辐射天线的输入功率与方向性天线的输入功率的比值。天线增益除包含天线的方向性特征外,还包含天线由输入功率转化为场强的转换效率。

天线方向图:即用极坐标形式表示不同角度下天线方向性的相对值。其最大方向的轴线又称为前视轴。天线最大辐射方向与半功率点($-3dB$)之间的夹角 θ 又称天线波瓣的夹角。

（2）天线类型

磁场天线用于接收被测设备工作时泄漏的磁场、空间电磁环境的磁场,并测量屏蔽室的磁场屏蔽效能,测量频段为 20Hz～30MHz。根据用途不同,天线类型分为有源天线和无源天线。通常有源天线因具有放大小信号的作用,非常适合测量空间的弱小磁场,此类天线有带屏蔽的环天线。近距离测量设备工作时泄漏的磁场通常采用无源环天线,与有源环天线相比,无源环天线的尺寸较小。测量时,环天线的输出端与测量接收机或频谱仪的输入端相连,测量的电压值($dB\mu V$)加上环天线的天线系数即得所测磁场($dBpT$)。如有源环天线参见图6-30,测量频段 10kHz～30MHz。

电场天线用于接收被测设备工作时泄漏的电场、空间电磁环境的电场及测量屏蔽室(体)的电场屏蔽效能，测量频段为 10kHz～40GHz。根据用途不同，天线类型分为有源天线和无源天线两类。电磁兼容测量中通常使用宽带天线，配合测量接收机进行扫频测量。有源天线是为测量小信号而设计的，其内部放大器将接收到的微弱信号放大至接收机可以测量的电平，主要用在低频段，测量天线的尺寸远小于被测信号的波长，接收效率很低。下面介绍几种常用的电场天线。

杆天线　用于测量 10kHz～30MHz 频段的电磁场，形状为垂直的单极子天线，参见图 6-31，由对称振子中间插入地网演变而来，所以测试时一定要按天线的出厂要求安装接地网(板)。杆天线分为无源杆天线和有源杆天线，区别在于测量的灵敏度不同。无源杆天线通过调谐回路分频段实现 50Ω 输出阻抗，而有源杆天线则通过前置放大器实现耦合和匹配，同时提高了天线的探测灵敏度。

图 6-30　有源磁场环天线

图 6-31　有源电场杆天线

杆天线技术指标：频率范围为 10kHz～30MHz。对无源杆天线，10kHz～30MHz 需分多个频段分别调谐，测量场强一般为 1V/m 以上；而有源杆天线因配有前置放大器，灵敏度大大提高，可达 10μV/m，但测量的场强上限最大为 1V/m左右，否则会出现过载现象。有源杆天线还具有宽频段的特点，无需转换波段，其前置放大器增益在整个测量频段内基本保持不变，在非自动测量中可免去查天线系数的麻烦。

进行电磁场辐射发射测量时，所测场强可通过下式计算：

$$E = U + AF \tag{6-8}$$

式中，E 为场强，dBμV/m；U 为接收机测量电压，dBμV；AF 为杆天线的天线系数，dB/m。

对无源杆天线,其天线系数与有效高度相对应,为 6dB。有源杆天线的天线系数则需通过校准得到,其值与前置放大器的增益有关。

双锥天线 参见图 6-32。双锥天线的形状与偶极子天线十分接近,它的两个振子分别为六根金属杆组成的圆锥形,天线通过传输线平衡变换器将 120Ω 的阻抗变为 50Ω。双锥天线的方向图与偶极子天线类似,测量的频段比偶极子天线宽,且无须调谐,适合与接收机配合组成自动测试进行扫频测量。技术指标:测量频段 30～300MHz。

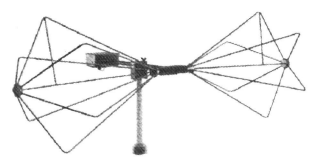

图 6-32 双锥天线

双锥天线不仅用于电磁场辐射发射测量,也用于辐射敏感度或抗扰度的测量。前者测量的是小功率电场,可用功率容量小的天线;后者发射和接收的功率均较大,比如 20V/m,因此应选用能承受几百瓦功率的双锥天线。

对数周期天线 参见图 6-33,结构类似八木天线,它上下有两组振子,从长到短交错排列,最长的振子与最低的使用频率相对应,最短的振子与最高的使用频率相对应。对数周期天线有很强的方向性,其最大接收/辐射方向在锥底到锥顶的轴线方向。对数周期天线为线极化天线,测量中可根据需要调节极化方向,以接收最大的发射值。它还具有高增益、低驻波比和宽频带等特点,适用于电磁干扰和电磁敏感度测量。技术指标:测量频段 80～1000MHz。

图 6-33 对数周期天线

双脊喇叭天线 参见图 6‑34。双脊喇叭天线的上下两块喇叭板为铝板，铝板中间位置是扩展频段用的弧形凸状条，两侧为环氧玻璃纤维的覆铜板，并刻蚀成细条状，连接上下铝板。双脊喇叭天线为线极化天线，测量时通过调整托架改变极化方向。因其测量频段较宽，普遍用于 0.5～18GHz 辐射发射和辐射敏感度测试。技术指标：测量频段 0.5～1GHz，1～18GHz

图 6‑34 双脊喇叭天线

6.3.2.4 功率吸收钳

对于带有电源线或引线的设备，其干扰能力可以用起辐射天线作用的电源线（指机箱外部分）或引线所提供的能量来衡量。当功率吸收钳卡在电源线或引线上时，环绕引线放置的吸收装置能吸收到的最大功率近似等于电源线或引线所提供的干扰能量。功率吸收钳适用于 30～1000MHz 频段干扰功率的测量。

功率吸收钳由宽带射频电流变换器、宽带射频功率吸收体和受试设备引线的阻抗稳定器和吸收套筒（铁氧体环附件）组成。其射频电流变换器、射频功率吸收体等做成可分开的两半，并带有锁紧装置，便于被测导线卡在其中，又保证磁环的磁路紧密闭合。测量时，功率吸收钳与辅助吸收钳配合使用。外形图和组成示意图分别如图 6‑35、图 6‑36 所示。

图 6‑35 功率吸收钳外形图

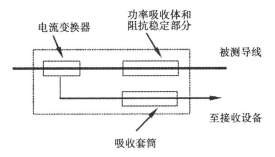

图 6 - 36　功率吸收钳组成示意图

6.3.2.5　天线塔与转台

辐射发射测量中,民标测量标准要求测量天线在离地面 1～4m 的高度内可调节,以便在每一个测试频率点获得最大的场强值。此外,测量过程中还需转动被测设备,以便捕捉最大的辐射干扰。为达到此目的,实验布置时,将被测设备置于一个转台上,手动或自动控制转台的旋转,通过预测试,确定最大的辐射方向,再作进一步的测试。

用于 EMI 测量的转台由台板与控制器组成,见图 6 - 37。直径一般为 1.5m,有的为了承载汽车等大型装备,直径达 7～8m 或更大。转台表面可以是金属的,也可以是非金属的。与电波暗室做在一起的转台表面是金属的,台面也与暗室的金属地面齐平;在金属地板上方,用于放置小型被测设备的转台表面是非金属的,其控制电路部分要求有良好的屏蔽,以降低不必要的电磁泄漏,使之不会对环境电平产生影响。

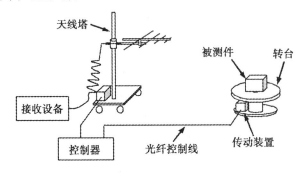

图 6 - 37　天线塔与转台

可升降天线塔由天线杆、升降装置及控制器组成,具有完全自动化操作功能,控制简便,移动、定位精度高,其控制器可与转台共用,具有 IEEE488 接口,可以很方便地加入各种自动测试系统中。由于控制器与天线塔和转台之间的控制线缆采用光纤,而且采取了其他一些技术措施,可大大降低天线塔的电磁发射,也不会因线缆穿过屏蔽室的屏蔽墙而破坏屏蔽室的屏蔽效能。

6.3.3　测试系统及测试软件

　　EMI自动测量系统主要由测量接收机和各种测量天线、传感器及线阻抗稳定网络组成,用于测量电子、电气设备工作时泄漏出来的电磁干扰信号,测量频段20Hz～40GHz。干扰信号的传播途径分为两类:一种是传导干扰,通过电源线或互连线传播;另一种是辐射干扰,通过空间辐射传播。测量接收机借助不同的传感器测量传导和辐射干扰。如利用测量天线接收来自空间的干扰信号,利用电流钳探测电源线上的干扰电流。对时域干扰,如开关闭合产生的瞬态尖峰干扰,则需通过示波器采样来捕捉、测量。测量系统的组成示意图见图6-38。

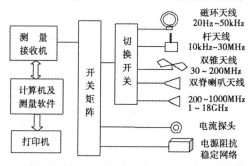

图6-38　电磁干扰自动测试系统组成框图

　　由于EMI测量大部分为扫频测量,数据量较大,数据处理复杂,因此多利用计算机组成自动测量系统,可大大简化测量程序,节约大量数据处理的时间,特别是按GJB151A/152A等测量标准编制的测量软件,包含了测量设备和附件的名称、型号,设备的配置和连接,测试参数的设定和控制,测试项目的极限值,信号的识别,贮存天线系数、电缆损耗、带宽修正系数和测试结果数据库,并能给出数据和曲线两种结果形式。测试人员只要通过计算机控制测量设备,即可实现数据的自动采集、处理,并输出测量结果,最后形成测试报告。

　　测试系统还包括转台和可升降天线架,通过计算机控制,旋转方向寻找被测设备辐射最大的方位,通过升降天线,测出辐射场强的最大值。

　　国内大部分EMC实验室的EMI系统多从国外引进,主要为EATON、EM、HP和R&S公司的产品,测量频率到18GHz。近几年配置最多的是R&S公司的EMI测量系统,频段已达40GHz,集成度很高,单台即可覆盖全部测量频段。

　　EMI测试涉及的仪器虽然不多,但处理数据的工作量较大,因为无论是干扰场强还是干扰电压、电流的测量,都不是直接可以从仪器上读出数据来的,需要计入传感器、天线的转换系数,还要与标准规定的极限值进行比较,以判定干扰信号是否超标。当干扰信号数量很多时,手动测量显得既费时又费力,这时,测量软件的作用就体现出来。在常规的 EMI 测试中,测量软件有以下 4 大功能:

　　(1) 参数设置,包括测试标准的选择,测试配置提示、测量参数的设置,如测量频段、测量带宽、检波器、衰减器、扫频步进、每个测量点的驻留时间等。

　　(2) 控制仪器进行信号测量的能力,对信号进行扫频测量、判别和数据读出。

　　(3) 数据处理能力。测量软件自动将测量的信号电压转换成干扰的量值,即自动补偿因传感器的使用引入的随频率变化的校准系数,并可以用线性或对数频率坐标显示出干扰信号的频谱分布,同时自动与相应极限值进行比较,判别信号是否超标并在图中表示出信号频谱与极限值的关系。软件还可以提供信号分析的基本能力,如仔细测量特殊频点信号的幅度和频率,与极限的差值,在小范围内的实时复测等。

　　(4) 数据的存储和输出能力。测量软件能够将每次的测量数据列表存放,需要时提取,特别是传感器系数和极限值的数据存储,便于数据处理时调用。

6.4　EMS 测量设备

　　用于电磁抗扰度或电磁敏感度测试的设备由三部分组成:一是干扰信号产生器和功率放大器类设备,二是天线、传感器等干扰注入设备,三是场强和功率监测设备。以下分别介绍试验中常用的测量设备。

6.4.1　模拟干扰源

6.4.1.1　信号源

　　信号源在电磁兼容试验中有两个用途,一是做系统校准的信号产生器,二是用于敏感度试验中推动功率放大器产生各种模拟干扰信号。电磁兼容试验对信号源的型号未做具体规定,性能不一定是高精度、高稳定度的,只要它能提供敏感度试验所需要的已调制或未调制的功率,输出幅度稳定,并满足以下要求即可:

　　频率精度:不差于 ±2%

谐波分量:谐波和寄生输出应低于基波 30 dBc

调制方式:具备调幅、调频功能,并且对调制类型、调制度、调制频率、调制波形可选择和控制

目前,国内 EMC 实验室的敏感度测试系统因多由国外公司集成,所以使用进口信号源的较多,覆盖的频段为 25Hz～18GHz 甚至更高。常用的有 Marconi 公司的 2022 系列、Agilent 公司的 8648 系列信号源,Solar 公司的低频功率源及 Wiltron、R&S 公司的微波源等。若需要特殊调制,如脉冲调制、三角波调制等,可以通过外调制的方式实现,即信号源只产生载波,由另外一台函数发生器产生所需的调制信号,输出到信号源的外调制输入端,在信号源中完成调制并输出已调制的信号。国产信号源因其价格相对便宜,在电磁兼容预测试中用得较多,如北京无线电二厂生产的低频信号产生器,可输出几瓦至几十瓦的功率,用于 TEM 室的辐射敏感度测试系统极为合适。

敏感度测试要求在 25Hz～18GHz(40GHz)段频内进行,根据测试项目与测量系统组成的需要,一般分三个频段配置仪器,即:25Hz～100kHz、10kHz～1GHz 和 1～18GHz(40GHz)。

25Hz～100kHz 频段的测试项目有电源线传导敏感度和磁场辐射敏感度,要求信号产生器具有足够大的输出功率,所以常用几百瓦的低频功率源或低频信号源加音频放大器来实现;10kHz～1GHz 频段的测试项目有电缆束的传导敏感度和电场辐射敏感度,通常由信号源加射频放大器提供所需的功率电平;1GHz～18GHz(40GHz)频段的测试项目为电场辐射敏感度,通过微波信号源与行波管放大器产生所需的功率输出。

下面以 Agilent 公司的 8648B 信号源为例给出信号源的基本指标:

频率范围:9kHz～2GHz

频率精度:$\pm 3 \times 10^{-6}$

谐波抑制:$< -30\text{dBc}$

输出功率范围:$-136\sim +13\text{dBm}$

幅度精度:$\pm 1.0\text{dB}$

正弦波调制:10Hz～20kHz

方波、三角波、锯齿波调制:100Hz～2kHz

程控接口:GPIB

控制功能:所有前面板功能(电源开关和旋钮除外)

泄漏:传导和辐射满足 MIL－STD－461B

6.4.1.2　尖峰信号产生器

尖峰信号产生器是对设备或分系统电源线进行瞬变尖峰敏感度实验必备的信号产生器,其测量对象是所有从外部给被测件供电的不接地的交流线或直流线,模拟被测件工作时开关闭合或故障引起的瞬变尖峰干扰。

测试标准对尖峰信号产生器的输出波形做了规定,GJB151A 规定的波形、幅值图见图 6－39,其中波形上升沿≤1μs,下降时间约 10μs。标准波形只在 0.5Ω 校准电阻上产生,接入测试电路之后,实际波形将由于负载的影响而发生变化,一般以尖峰信号产生器面板幅度指示为准。它的输出有两种形式:并联和串联。串联方式用于直流或交流电源线的尖峰信号注入,并联只适用于直流电源线。尖峰信号产生器与电源同步时,通过相位调节钮将尖峰信号放在交流波形的任意位置。

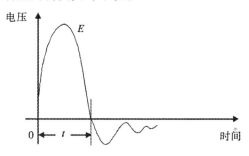

图 6－39　国军标要求的尖峰信号波形图

下面是 Solar7054－1 尖峰信号产生器的技术指标:

尖峰信号幅度:10～600V

源阻抗:0.5Ω

上升时间:1μs

下降时间:10μs

相位调节:0°～360°

重复频率:0.8～10 个脉冲/秒

极性:正、负

输出方式:串联、并联

6.4.1.3　浪涌模拟器

在电网中进行开关操作及直接或间接的雷击引起的瞬变过压都会对设备产生单极性瞬变干扰,雷击浪涌测试仪就用于检验设备抵抗单极性浪涌的能力。

开关瞬态的产生与以下因素有关:主电源系统切换、配电系统内在仪器附近的轻微开关动作或负荷变化、与开关装置有关的谐振电路及各种系统故障,如设备接地系统的短路和电弧故障。雷电产生的浪涌电压来自几个方面,一是直接雷击于外部电路,注入的大电流流过接地电阻或外部电路阻抗而产生电压;二是在建筑物内、外导体上产生感应电压和电流的间接雷击;三是附近直接对地放电的雷电入地电流耦合到设备接地系统的公共接地路径。当保护装置动作时,电压和电流可能发生迅速变化,并可能耦合到内部电路。

模拟单极性瞬态脉冲的浪涌模拟器主要组成有两部分:组合波信号发生器和耦合/去耦网络。其技术指标如下:

电压范围:500~4000V

电压波形:1.2/50μs

电流峰值:2000A

电流波形:8/20μs

极性:正/负

相位:0°~360°

耦合方式:L−N,L−PE,N−PE,L+N−PE

组合波信号发生器的原理图和开路电压波形分别如图6-40和图6-41所示。

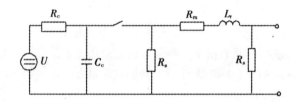

U—高压源;R_c—充电电阻;C_c—储能电容;R_s—脉冲持续时间成形电阻;R_m—阻抗匹配电阻;L_r—上升时间成形电感

图6-40 浪涌组合波发生器电路简图

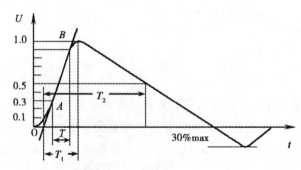

波前时间:$T_1=1.67×T=1.2μs±30\%$
半峰值时间:$T_1=50μs±20\%$

图6-41 开路电压波形图

6.4.1.4　电快速瞬变脉冲发生器

电快速瞬变脉冲发生器用于产生一串串模拟脉冲,测试被测设备抗电磁干扰的能力,评估电器和电子设备的供电端口、信号端口和控制端口在受到重复的快速瞬变脉冲干扰时的性能。在电源线、信号线和控制线上出现的脉冲群干扰常具有上升时间短、重复频率高、能量低的特点,会对电子设备产生骚扰。其波形图如图 6－42 所示。

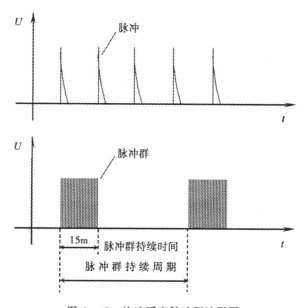

图 6－42　快速瞬变脉冲群波形图

电快速瞬变脉冲发生器的主要元器件有高压源、充电电阻、储能电容器、放电器、脉冲持续时间成形器、阻抗匹配负载和隔直电容,示意图如图 6－43。

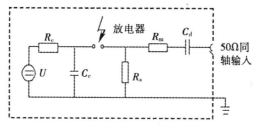

U—高压源;R_c—充电电阻;C_c—储能电容;R_s—脉冲持续
时间成形电阻;R_m—阻抗匹配电阻;C_d—隔直电容

图 6－43　电快速瞬变脉冲发生器电路简图

电快速瞬变脉冲发生器技术指标如下：

测试电压：220～8000V

波形：上升时间 5ns

脉冲串宽度：50ns

脉冲串重复频率：0.1kHz～1MHz

6.4.1.5 静电放电模拟器

静电放电是指具有不同静电电位的物体相互靠近或直接接触引起的电荷转移现象，它发生在操作者及其邻近物体之间。静电放电模拟器可模拟自然产生的静电，用于考核电子、电气设备遭受静电放电时的性能。模拟试验对设备的输入、输出连接器、机壳（不接地的）、键盘、开关、按钮、指示灯等操作者易于接近的区域。静电放电模拟器由高压产生器和放电头组成，如图6－44所示。工作时先对高压电容充电，然后闭合放电开关，向试验对象做直接或间接放电。直接放电有接触放电和空气放电两种方式，前者仅施加在操作人员正常使用被测设备可能接触的点和表面上；空气放电用在不能使用接触放电的场合，如有绝缘漆的设备表面。间接放电是对放置或安装在受试设备附近的物体的放电的模拟，是通过静电放电模拟器对耦合板接触放电来实现的。

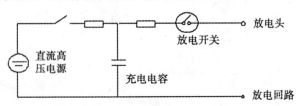

图6－44 静电放电模拟器电路

静电放电模拟器的指标如下：

放电电压：空气放电 200V～16.5kV

接触放电 200V～9kV

保持时间：>5s

放电模式：空气、接触放电

极性：正、负

操作模式：单次、连续放电

6.4.2 功率放大器

电磁敏感度测试中，功率放大器是必不可少的设备，对于连续波及脉冲干扰的模拟,仅靠信号源或信号发生器难以达到所需的功率,特别是宽的测量频段,即使有些功率源能够输出 200W 的功率,但覆盖的频段很有限,且输出阻抗要求很小才能得到高的功率。用功率放大器来提升信号的功率是一个很好的办法,并且根据需要功放可分频段将增益做得高,以达到辐射强场或在线上注入强电流的目的。

电磁兼容测试用功放一般为 50Ω 输入输出阻抗,与传感器是匹配的,只有音频放大器输出阻抗为 2Ω、4Ω 或 8Ω,通常与耦合变压器或环天线相连。

放大器因器件特性的限制,单台不可能覆盖全部测量频段,在 10kHz～18GHz 的测量频率范围内,需 5～6 台覆盖,如国军标测试配备的功率放大器的频段划分为:10kHz～200MHz、200～1000MHz、1～2GHz、2～4GHz、4～8GHz、8～18GHz。1GHz 以下用固态放大器,而 1GHz 以上需采用行波管放大器。行波管放大器是有使用寿命的,一般为 1000 小时左右。

功率放大器对负载的驻波极为敏感,负载匹配良好是得到最大输出功率的基本条件。在使用中,必须接上负载后方可加输入信号,空载会使负载驻波极大,形成功率的全反射,极易损坏放大器。这是功放使用中必须特别注意的问题,尤其是上百瓦的大功率放大器。早期的不带程控接口,其增益控制靠手动调节,功率输出需通过控制信号源的输出实现。因而自动化测试程度不够,这种控制方式还要求放大器的线性比较好,对一定幅度范围内的输入信号具有同样的增益,这时测试的不确定度较小。

图 6－45 所示为信号源、功放用于电场辐射敏感度和传导敏感度试验时的连接示意图。图 6－46 所示为信号源和音频功放用于磁场辐射敏感度和低频传导敏感度试验时的连接示意图。

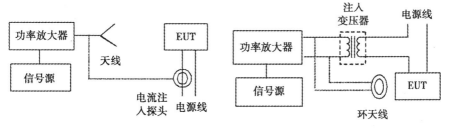

图 6－45　射频放大器的应用　　　　图 6－46　音频放大器的应用

下面以 AR 公司的 AR100W1000A 为例说明功放的技术指标:

额定功率:100W

最大输入信号:1mW

频率范围：1～1000MHz

增益：50dB

平坦度：±2.0dB

驻波：　输入端 2.0:1

　　　　输出端 2.5:1

谐波抑制：－20dBc

6.4.3　功率计

功率计应用在电磁敏感度测试中，功率计与双定向耦合器一起组成功率监测系统(参见图6-47)，实时测量放大器输出功率的状态，了解负载端的匹配情况，如确定正向功率和反向功率的大小、输出电缆是否正确连接、功率是否加上等。

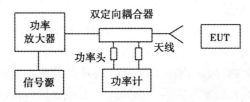

图 6-47　功率计用于敏感度测量

放大器的输出功率选择用功率计监测因为敏感度试验测量频段较宽，从10kHz～18GHz，一般信号源和放大器都是多台覆盖的，而功率计单台即可覆盖以上频段，通过更换功率头甚至还可测到110GHz，且体积小，操作简便。如果使用双通道功率计，则可接两个功率头，分别接到定向耦合器的两个耦合端，同时监测入射功率和反射功率。由于敏感度测量要求在每个信号频率上附加调制，而功率计是通过功率头检波测量信号功率的，因而测出的是调制信号的总的平均功率。电磁兼容测量用功率计需根据所测功率大小选择功率头的动态范围及测量的频段。

测量连接图如图6-47。常用功率计的指标(以 AR 公司功率计为例说明)：

测量频段：10kHz～18GHz

功率测量范围：－70～＋44dBm

动态：90dB，二极管功率检波头；50dB，热敏功率检波头

测量通道：双通道

6.4.4　大功率定向耦合器

定向耦合器是功率测量的常用部件,它是一种无耗的三端/四端网络,有一个耦合端的称单定向耦合器,有两个耦合端的则称双定向耦合器。当输入端接功率源,输出端接负载后,两个耦合端分别接功率计或频谱仪,由靠近输入端的耦合端 3 测量前向功率,由靠近负载端的耦合端 4 测量反向功率。小功率定向耦合器的输入、输出端是互易的,如图 6 – 48 所示。

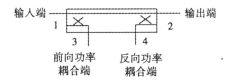

图 6 – 48　定向耦合器示意图

主要参数有:

耦合度 C:输入端功率与前向耦合端输出功率之比,$C = P_1/P_3$

方向性 D:1 端输入时从 3 端测出的功率 P_{13},与 2 端输入时从 3 端测出的功率 P_{23} 之比,$D = P_{13}/P_{23}$。

功率测量方法:在忽略负载反射的情况下,正向功率 P_1(dBm) $= P_3$(dBm) $+ C_{13}$(dB);反向功率 P_2(dBm) $= P_4$(dBm) $+ C_{24}$(dB),式中 C_{13}、C_{24} 分别为 3 端对 1 端输入功率的耦合系数和 4 端对 2 端输入功率的耦合系数。

敏感度试验用大功率定向耦合器接在功率放大器的输出端,与功率计一起组成大功率输出监测系统,其作用一是随时监测大功率输出的情况,二是了解反射功率的大小,确保放大器连接正确,负载匹配良好。定向耦合器的选择需考虑测量频段、功率容量和耦合系数。如在 10kHz～30MHz 频段,需 1000W 的功率放大器才能达到 20V/m,此时应选同频段能承受至少 1000W(+ 60dBm)功率,耦合系数为 40～50dB 的定向耦合器,这样耦合出的功率约为 + 20dBm,一般功率计最大能测到 + 24dBm,必要时再加衰减器,把功率减小到功率计的测量范围之内。

以 AR 公司的 DC2500 定向耦合器为例,给出定向耦合器的指标如下:

频率范围:10kHz～220MHz

可承受功率:2500W 连续波,5000W 峰值

耦合系数:50 ± 1dB

方向性:25dB

插入损耗:0.25dB

驻波:最大 1.2:1

连接头:功率传输端 N 型、阴头;耦合端 BNC 或 SMA 头。

6.4.5　附件

6.4.5.1　电流注入探头

电流注入探头用于电缆线及电缆束的高频大电流注入实验,EMC 国军标中的 CS114、CS115、CS116 项均采用了电流注入探头向电缆线束施加干扰信号。测试时,注入探头卡在导线上,射频功率通过放大器的 50Ω 输出将电压传送到注入探头。导线或电缆束穿过探头中心,相当于变压器的次级。

电流注入探头通过口径特殊设计发夹具来校准插入损耗和传输阻抗,与电流测量探头相比,注入探头的功率容量较大,一般在几十瓦以上,适合与功率源或放大器配合使用。电流注入探头不仅可用于连续波干扰的注入,也可用于施加脉冲干扰的敏感度测试。其结构、原理与电流测量探头类似,这里不再赘述。

6.4.5.2　电场探头

电场探头是电磁敏感度测试系统中场强定标的重要设备,主要用于敏感度实验中干扰场强的监测、定标与测量,也可用于电磁核脉冲的测量及电波暗室性能之一场均匀性和屏蔽室场分布特性的测量。

采用电场探头测量有许多优点:

(1)因其体积较小,可认为测量的是空间某一点的场强,其特殊的结构设计对场的扰动小,且测量更为准确。

(2)测量大场强时,用电场探头比用天线更合适,因为探头采用电小天线作接收器,感应的信号幅度较小,测量动态范围较大。

(3)探头的测量频段较宽,覆盖 10kHz～18GHz 需 3～4 副天线,而电场探头最多 2 副即可。探头的频响也比天线好,最大为 ±3dB,天线吸收的则随频率变化较大,且校准过程远比电场探头复杂。

(4)电场探头则采用检波接收方式,在多信号接收时,不能检测出每一个频率上场强的幅度,而是各频率场强的迭加值。用电压表检测其输出的电压,再通过校准系数转换成场强值。

(5)电场探头一般是全向性的,对任意极化方向的电磁场均可测量,天线则因其具有方向性,必须改变极化或调整接收位置来接收不同极化、不同方向的电磁场。

6.4.5.3　敏感度测量天线

（1）平行单元天线为电场发射天线，由四根天线杆及阻抗匹配单元组成。其产生电场的原理与平板电容器相似，上下两排天线杆构成电容的上下两个极板，中间产生线极化、垂直的均匀电场，用于 EMC 国军标 10kHz～30MHz 频段的辐射敏感度测试。由于工作频率较低，天线尺寸远小于工作波长，因而要求的驱动功率较大，如在距天线 1m 处产生 20V/m 的场强需 1000W 的功率放大器支持。平行单元天线示意图见图 6－49。

（2）磁环天线参见图 6－50。磁场发射环产生 20Hz～50kHz 的磁场，用于 EMC 国军标要求的磁场敏感度试验。测试时，磁环天线串联 1Ω 的限流电阻，并与信号源相连以产生期望的驱动电流，由电流探头和测量接收机监测流过天线回路的电流，再计算磁环天线发射的磁通密度。

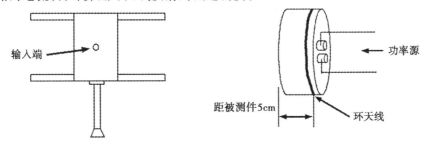

图 6－49　平行单元天线示意图　　　图 6－50　磁环发射天线示意图

（3）喇叭天线中最常见的是角锥喇叭，参见图 6－51。它的使用频段通常由馈电口的波导尺寸决定，比双脊喇叭窄很多，但方向性、驻波比及增益等均优于双脊喇叭天线，在 1 GHz 以上高场强（如 200V/m）的辐射敏感度测量中，为充分利用放大器资源，选用增益高的喇叭天线做发射天线，就很容易达到所需的高场强值。

图 6－51　喇叭天线

6.5　EMC测量方法

电磁兼容性测试归纳起来可分为四类:传导发射测试、辐射发射测试、传导敏感度(抗扰度)测试和辐射敏感度(抗扰度)测试。

6.5.1　传导发射测试

传导发射测试需要对周围的电源线噪声与 EUT 所发出的电源线噪声进行隔离,这样作是为了确保测量到的干扰全部为 EUT 所发出的。在进行传导干扰测试中,需要使用一些网络,尤其是用来为 EUT 提供纯净电源的网络。

传导发射测试是测量 EUT 通过电源线或信号线向外发射的干扰。根据干扰的性质,传导发射测试可分为连续干扰电压测量、连续干扰电流测量和尖峰干扰信号测量等。

6.5.1.1　连续干扰电流的测量

测量框图如图 6-52。主要测量被测件沿电源线向电网发射的干扰电流,测量频率为 25Hz~10kHz,测量在屏蔽室内进行。测量时需在电网和被测件之间插入一个电源阻抗稳定网络,将电网和被测件隔离,使测量到的干扰电流仅为被测件发射的,不会有电网的干扰混入,并且为测量提供一个稳定的阻抗,使测量的干扰电流有统一的基准,规定的统一阻抗通常为 50Ω。测量采用电流探头作为传感器,由接收机接收,通过电流探头转换系数将接收到的电压转换为电流,得到不同频率上的干扰电流的幅度。

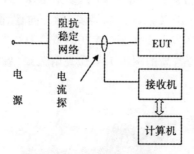

图 6-52　连续干扰电流测量示意图

测量前先确定环境的影响,因为阻抗稳定网络与被测设备之间的连接电缆可能起天线的作用,从而引起虚假信号。为排除这种现象,应切断被测设备的电源,并检查环境电平是否有信号,保证背景噪声和环境信号均小于极限值 6dB。

正式测试可由自动测量系统完成参数设置、仪器控制、测量和数据处理功能,并给出测量的幅－频曲线。

6.5.1.2　连续干扰电压的测量

测量框图如图 6－53。对于被测件沿电源线向电网发射的干扰电压,测量频率为 10kHz～10MHz,测量被测件通过天线端子发射的传导干扰,其测量频率为 10kHz～40GHz。测量在屏蔽室内进行,测量电源线向电网发射的干扰电压时,利用一个电源阻抗稳定网络,不仅将电网和被测件隔离,使测量到的干扰电压仅为被测件发射的干扰,而不会混入来自电网的干扰;也为测量提供一个稳定的阻抗,使测量的干扰电压有统一的基准。规定的统一阻抗通常为 50Ω。

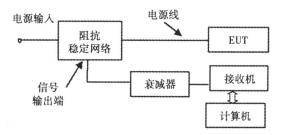

图 6－53　连续干扰电压测量

测量直接通过阻抗稳定网络上的监视端口进行,测量接收机接收从监视端口输出的干扰电压,通过阻抗稳定网络的转换系数将接收到的电压转换为线上的实际电压,得到不同频率上干扰电压的幅度。

利用阻抗稳定网络测量传导干扰需特别注意过载问题,被测件因开关或瞬时断电会引起瞬态尖峰,幅度远远超过接收机的测量范围,很容易损坏接收设备,因此需在接收设备前端加过载保护衰减器,并且保证在被测件通电、调试好之后再接上测试设备。

6.5.1.3　天线端子的测量

测量天线端子的传导发射时,需要将发射的载波频率抑制掉,因其功率较大,超出了接收机的幅度测量范围,而所测的传导发射值则远小于载波功率。一般通过定向耦合器测量大功率辐射天线端口的传导发射。测量可由自动测量系统完成,并给出测量的幅－频曲线。测试连接如图 6－54 所示。

6.5.1.4　尖峰干扰信号的测量

测量连接如图 6－55 所示。电源线上产生的尖峰信号通常在设备和分系统

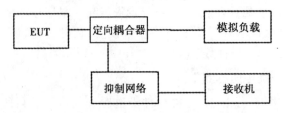

图 6-54　天线端子传导发射示意图

中操作开关、继电器动作等情况下出现,属于瞬态干扰,需通过具有一定带宽的带存储功能的示波器捕捉和测量。测量通过阻抗稳定网络的信号监测端,在开关不断开合、继电器连续动作的条件下进行,记录一段时间内尖峰干扰的最大值,并与极限要求比较,评价其是否超标。

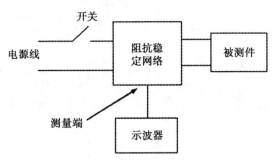

图 6-55　尖峰干扰信号测量示意图

6.5.2　辐射发射测试

辐射发射测试是测量被测件通过空间传播的干扰辐射场强,要求在半电波暗室中进行。干扰信号通过测量天线接收,由同轴电缆传送到测量接收机,再加上天线系数,得到所测量的场强值。辐射发射分磁场辐射发射和电场辐射发射,二者测量的频段不同,所用天线也不相同。

6.5.2.1　磁场辐射发射测试

测试连接如图 6-56。测量 25Hz～100kHz 频段来自被测件及其电线和电缆的磁场发射,测量天线为环形磁场天线,国军标 151A/152A 中规定环直径为13.3cm,测量距离为 7cm。测量时,将环天线平行于被测件待测面,或平行于电缆的轴线,移动环天线,记录接收机指示的最大值,并给出所测频点和磁场强度的测量曲线。

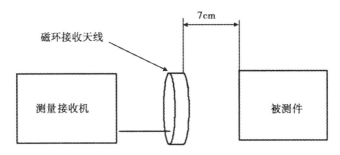

图 6 - 56　磁场辐射发射测试示意图

6.5.2.2　电场辐射发射测量

电场辐射发射是测量 10kHz～18GHz 频段来自被测件及电源线和互连线的电场泄漏,测试要求在半电波暗室中进行,以排除外界电磁环境的影响。测试设备包括测量接收机、测量天线及阻抗稳定网络等。在整个测量频段,需由四副天线覆盖,不同频段需更换测量天线,分别为杆天线(10kHz～30MHz)、双锥天线(30～200MHz)、对数周期天线(200～1000MHz)和双脊喇叭天线(1～18GHz)。

正式测试前,应对环境电磁场进行测量,先切断被测件电源,对所关心的频段进行扫描,检查环境电平是否在极限值以下,一般要求环境电平低于极限值6dB,若有超出,则应予以记录,以便在正式测试时剔除。

国军标电场辐射发射测量要求发射天线距离被测件 1m,发射天线中心离地面 1.2m。其他测量标准则要求测量天线距被测件 3m、10m 或 30m,并与相应的极限值对应,测量天线在 1～4m 的范围内扫描,被测件在转台上旋转,以便寻找辐射的最大场强。

测量时,由测量软件控制接收机选择符合测量标准要求的测量频段、检波方式、带宽等参数,在测量频段内从低到高测量每一频点可能有的干扰信号场强大小,被测场强 $E(\mathrm{dB}\mu\mathrm{V/m})$ 可由接收机接收的端口电压 $U(\mathrm{dB}\mu\mathrm{V})$ 加上天线系数 $AF(\mathrm{dB/m})$ 得到。测量示意图如图 6 - 57。

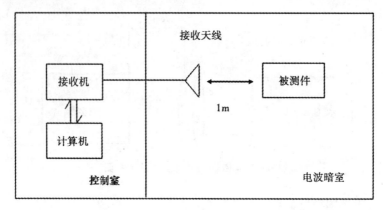

图 6 - 57 电场辐射发射测量示意图

6.5.3 传导敏感度测试

传导敏感度测试是测试被测件承受耦合到输入电源线及互连线上干扰信号的能力。干扰信号的类型有连续波电压干扰、瞬态尖峰干扰、阻尼正弦瞬变干扰及脉冲干扰等。干扰的注入方式因测量频段和测量对象的不同而不同。测量示意图如图 6 - 58 所示。

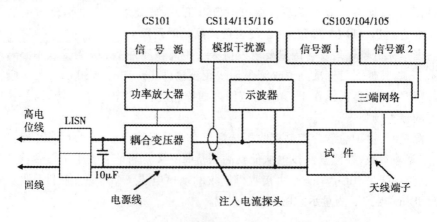

图 6 - 58 传导敏感度测量示意图

6.5.4 辐射敏感度测试

辐射敏感度测试的目的是检验由于设备外部耦合到了电磁能量而引起的设

备性能的降级,对于设备性能降级的限制通常由设备的用户所制定的规范来确定,这个规范是以图像、声音或其他形式的判据来检验设备外部耦合到的电磁能量的强度是否超过规定的门限。

辐射敏感度测试是测试被测件和电源线及互连线上承受辐射电场的能力。干扰场强有磁场、电场和瞬变电磁场三种。测量通常在半电波暗室或 GTEM 室中进行,防止很强的辐射电磁场对测量仪器、测试人员造成不必要的影响。在半电波暗室中进行电场辐射敏感度测试时,标准规定电场发射天线距被测件 1m,磁场天线距被测件表面 5cm。发射的干扰电磁场应对着被测件最敏感的部位,如有接缝的板面、电缆连接处、通风窗、显示面板等。

测试设备包括信号发生器、功率放大器、发射天线、GTEM 室、电场探头、功率监测及视频监视设备等。通过自动测试系统及测量软件可以控制和调节测量仪器,如通过电场探头测量被测件处场强,并调节信号源使之达到标准要求的值等。在测量软件控制下以一定的步长进行辐射场的频率扫描,由监测设备或射频监视器观测被测件在干扰场辐射下的工作情况。测试示意图如图 6-59。

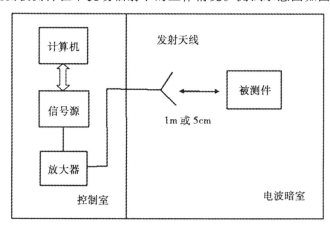

图 6-59　辐射敏感度测试示意图

6.6　EMC 测量结果误差分析

面对今日的技术进步和现代市场经济的现实,电磁兼容技术已经形成一种产业,并在国民经济中发挥着重要作用,创造着巨大的经济效益和相当重要的社会效益。电磁兼容测量作为电磁兼容领域的支撑技术,正在受到越来越多的关注。中国已经成为 WTO 的正式成员国,国际贸易会更加频繁,各类电子、电气产品均要进行电磁兼容测量,只有满足规定电磁兼容标准的产品才能作为商品在市场上销售。

另一方面,国际形势现状无法回避外层空间的军事化及空间、地面联合作战大型军事活动的发生。这就要求军用系统、武器装备必须满足更加苛刻的电磁兼容指标。军用产品的电磁兼容测量同样显得至关重要。

目前的电磁兼容实验室大都以军标或民标为主,彼此兼顾,承担着产品最终检测任务。由它给出的测量结果将关系到一项设计能否被认可,一个产品能否有资格上市流通以及各种军用产品总装前能否通过验收的大问题。

综上所述,确保测量结果的正确性,提高测量结果的准确性,不仅关系到军民产品的命运,也直接关系到实验室的命运。从这种意义上讲,电磁兼容测量结果具有一定的法律效力。

6.6.1 与测量误差相关的基本概念

测量结果是由测量所得到的赋予被测量的值,测量误差描述测量结果与真值之差。测量误差给出的是测量结果的可能范围。

被测对象量值的真实大小,或说成与给定的特定量定义的值叫真值。真值只有通过完善的测量才有可能获得。实际上任何测量都受时间、地点和条件多方制约,所以真值是得不到的,得到的只能是约定真值,也称指定值,或最佳估计值,工程上常由某量的多次测量结果来确定。

不附加测量误差的测量结果是不真实的。测量误差可以分为系统误差和随机误差。

系统误差描述的是在重复性条件下,对同一被测量作无限多次测量,误差的绝对值和符号保持恒定,或在条件改变时按照某种确定规律而变化的误差。也可以描述成测量所得结果的平均值与被测量真值之差。为补偿系统误差,常用代数法将修正值与未修正的测量结果相加。由于系统误差及其原因不能完全获知,因此通过修正值对于系统误差的补偿只能是有限度的。

随机误差描述的是重复性条件下,对同一被测量作无限多次测量,误差的绝对值和符号以不可预定的方式变化的误差。也可以描述成测量结果与所得结果的平均值之差。也就是说,随机误差主要是由影响量的随机时空变化所引起,它们导致重复测量中的分散性。

表述测量结果中系统误差大小的程度用正确度表示,表述测量结果中随机误差大小的程度用测量精度表示。当正确度和精度均高,则称为测量的准确度高。表述测量结果与被测量真值之间的接近程度常用测量准确度表示,准确度是一个定性的概念。

在测量实践中,测量工作者主观和测量条件客观都可能出现差错,这是可以理解的,关键在于要学会排除差错。通常检查 EUT 连接技术状态,检查测量设备及辅助设备的技术状态,检查测量过程中环境变化情况等等,依据物理概念及工程经验,判断出现差错原因,以便及时排除。

测量不确定度广义地讲是对测量结果的可疑程度,用来表征对被测量的真值所处的范围的评定,或者说是用来表征合理地赋予被测量之值的分散性,是一个与测量结果相联系的参数。使用不确定度表述测量结果的质量或准确度是科学的、合理的。

误差与不确定度是完全不同的两个概念,误差之值只取一个符号,非正即负。对同一被测量,不论其测量程序和测量条件如何,测量结果相同,误差也相同;而在重复性条件下,则不同测量结果可以有相同的不确定度。不确定度工程上具有可操作性,即着眼于测量结果及其分散性。

1993 年 ISO、IEC、BIMP(国际计量局)等 7 个国际组织联合发布《测量不确定度表示指南》,使得涉及测量的领域和部门采用统一的准则对测量结果及其质量进行评定、表示和比较。

1999 年 1 月国家质量技术监督局发布《测量不确定度评定与表示》,代号 JJF1059 – 1999。

1999 年 3 月总装备部发布《测量不确定度的表示与评定》,代号 GJB3756 – 99。

实验标准偏差是指对同一被测量作 N 次测量,表征测量结果分散性的量。以标准差表示的测量不确定度称标准不确定度。当测量结果由若干个其他量的值求得时,或表述成当测量结果包含有若干个独立的不确定度分量时,合成标准不确定度为单个标准不确定度平方和的根。当被测量由测量设备直接测得,测量结果的不确定度包含 N 个标准不确定度分量,且各分量独立不相关时,合成标准不确定度 $U_c(y)$ 由下式计算:

$$u(y) = \sqrt{\sum_{i=1}^{N} u_i^2} \qquad (6 – 9)$$

式中,$u(y)$ 为被测量 Y 的估计值的合成标准不确定度。

当被测量 Y 是通过测量各输入量计算得到,则测量结果的合成标准不确定度按公式(6 – 10)计算:

$$u(y) = \sqrt{\sum_{i=1}^{n} \left(\frac{\partial f}{\partial x_i}\right)^2 u(x_i)^2} \qquad (6 – 10)$$

式中，$f(x_1,x_2\cdots)$ 为间接测量时各输入量的函数表示式。在工程的测量报告中校准、测试结果一般用扩展不确定度表示。

确定测量结果区间的量，被测量值以较高的置信概率落在此区间。扩展不确定度是在合成标准不确定度确定后，乘以一个包含因子 k 得到的：

$$U = \pm k_y \sqrt{\sum_{i=1}^{n} \left(\frac{\partial f}{\partial x_i}\right)^2 u(x_i)^2} \qquad (6-11)$$

包含因子是一个与概率分布和置信度相关的量。置信度表述的是测量结果的取值区间在被测量值分布中所包含的百分数，包含概率或区间的置信水平。当置信概率设定为0.95时，则扩展不确定度为标准不确定度的两倍（严格计算，正态分布当置信概率设定为 0.95 时，包含因子为 1.96）。当置信概率设定为0.99时，则扩展不确定度为标准不确定度的三倍（严格计算，正态分布当置信概率设定为 0.997 时，包含因子为 3）。

不确定度是由随机影响和对系统不完善带来的，由产生不确定度的原因来对评定方法进行分类，标准规定有两种评定办法：A 类和 B 类。表征 A 类标准不确定度分量估计方差是由一系列重复观测值计算得到的，A 类标准不确定度估算是对多次测量而言，用统计方法得到。B 类标准不确定度分量估计方差则是根据有关信息来评定的，估算方法用不同于 A 类的其他方法，它包括系统影响引起的不确定度。

测量结果在很多情况下在重复观测时是确定的。在工程上测量结果的重复性是指在相同测量条件下，对同一被测量进行多次测量所得测量结果之间的一致性。

工程上的测量结果完整表述应包括测量不确定度。

在工程的测量报告中，要注意正确表示测量结果的有效数字，测量不确定度一般取 1～2 位；测量不确定度的尾数位应与测量结果的尾数一致。

6.6.2　GJB151A/152A 为提高测量结果可信度所做的努力

GJB151A/152A 与 GJB151/152 相比作了以下改进：

（1）GJB151A/152A 在正文中明确规定了电磁干扰测量中的测量带宽，废除了 GJB151/152 中的宽带发射和窄带发射两种测量方式。这不仅给测量带来方便，关键是减少了人为对宽窄带辨别的测量误差。

（2）传导发射测量项目用 CE102 代替 CE03。实验室测量设备的附件用 LISN 代替 $10\mu F$ 穿心电容。这不仅实现了电源和负载的隔离，同时提供了很好的阻抗匹配。CE102 的截止频率是 10MHz，CE03 的截止频率为 50MHz，无疑对提高该项目测量准确度有贡献。

（3）GJB151A/152A 规定了屏蔽室需要加装吸波材料,并附有对吸波材料反射特性的具体要求,这不仅使标准的可操作性改善,重要的是对提高测试结果的准确度有所帮助。

（4）GJB151A/152A 明确规定测试设备和天线必须进行校准,至少每两年校准一次。在每次发射测量前,应对整个测量系统按单项测量方法的规定进行系统校准。减少了天线因子引入的测量误差。

（5）对发射测量采用自动化测量方式时,要求数字接收机扫频步长小于或等于半个带宽,且规定了驻留时间(模拟接收机限定了最小测量时间),还明文规定不应使用视频滤波器。这些规定是从提高测量准确度考虑的。

（6）在进行敏感度测量时,步进式扫描在每一个调谐频率上至少驻留 1 秒,防止 EUT 来不及响应而带来假象。

（7）GJB151A/152A 增加了 CS114、CS115、CS116 测试项目,对 RS103 的要求也从 1～5V/m 提高到 5～20V/m。说明 GJB151A/152A 的指导思想从重视干扰发射测量转向更重视敏感度测量。也就是说工程上更多关注设备的抗干扰能力。

（8）重视执行标准过程中的裁剪工作。在 1.3 节明确指出:为了避免造成电磁兼容欠设计和过程设计,对于特定系统或平台内使用的设备或分系统,当具体电磁环境和工程分析表明本标准的要求不完全使用时,可对本标准要求进行裁剪,加严或放宽要求,以满足整个系统的性能,提高费效比,降低成本。要求将裁剪内容列入设备和分系统的测量文件中,试验室的电磁环境电平应记录在测量报告中,产品敏感性判据应记录在测量报告中。说明对测量报告的撰写工作给予了更多地重视,要求给出的测量报告提供更多、更完善的信息。

6.6.3　电磁兼容测量结果准确度分析

通用测量结果可以用下式表示:

$$X = \bar{X} \pm K_i \sigma \bar{X} \tag{6-12}$$

$\bar{X}$ 为测量值的算术平均值,用下式表示:

$$\bar{X} = \frac{1}{n} \sum_{i=1}^{n} X_i \tag{6-13}$$

其中,n 为测量次数;K_i 置信概率,不特别注明时一般为 0.95;$\sigma \bar{X}$ 为标准偏差,也称标准不确定度:

$$\sigma \overline{X} = \frac{\sigma}{\sqrt{n}} \qquad (6-14)$$

σ 为均方根误差

$$\sigma = \sqrt{\frac{\sum V_i^2}{n-1}} \qquad (6-15)$$

$$V_i = X_i - \overline{X} \qquad (6-16)$$

6.6.4 电磁兼容测量不确定度来源分析

电磁兼容测量中不确定度的评定指南(CNAL/AG08:2003)是中国实验室国家认可委员会为电磁兼容检测实验室进行不确定度评估提供的技术文件。根据CISPR16-4编制,为EMC检测中考虑所使用的仪器引入的测量不确定度对测量结果的影响时提供指南。

电磁兼容测量误差主要来源于测量仪器、测量方法及实验室条件。以CE102为例,传导发射不确定度来源于以下几项:①接收机由于测量系统不稳定;②接收机噪声等因素引起的不确定度;③接收机与LISN及限幅器的电缆衰减引入的不确定度;④接收机与LISN之间不匹配引入的不确定度;⑤LISN阻抗引入的不确定度,等等。按上述公式进行计算,求得工程上认可的CE102扩展不确定度。

以RE102为例,辐射发射不确定度来源于以下几项:①接收机由于测量系统不稳定;②接收机噪声等因素引起的不确定度;③接收机与天线的电缆衰减引入的不确定度;④天线系数引入的不确定度;接收机与天线之间不匹配引入的不确定度;⑤天线高度、天线方向性、天线与被测件距离引入的不确定度等等,按上述公式进行计算,求得工程上认可的RE102扩展不确定度。

实验配置包括EUT的布局、连线状况以及被测面的选择等等。当实验室电磁环境电平满足低于限制线6dB时引起测量误差±1dB。

电磁敏感度测量主要取决于模拟干扰场强度,特别是EUT敏感度值测量误差主要来源于信号源、功率放大器、场强探头、场强计、功率计等仪器设备,也与EUT的布局及实验的场均匀度等各项技术指标相关。

6.6.5 关于提高电磁兼容测量准确度的几点建议

(1) 为了提高电磁兼容测量准确度,从1998年开始由中国航天科工集团203所负责对承担军品电磁兼容测量的实验室开展测量能力的检查工作。实践证明 实验室比对是目前协调各实验室测量结果一致性的可操作方法。它的工作原理是要求参试的实验室对某同一被测件,这里称传递标准,进行规定项目的测量,如军标 GJB151A 的 CE102、CS101、RE102、RS103 等。传递标准可选定宽带干扰源、标准负载,梳状辐射源、标准场强探头、标准电压表等。测试条件的准备、测试方法的规定,均由计量单位统一考虑,并写成正式专用技术文件下发。各参试实验室依据专用文件规定的办法对测试结果进行分析。显然,对选定标准的选择项目进行实验室比对,对于评定参试实验室的技术能力,探讨测量方法对准确度影响有重要意义。

(2)定期测试实验室的背景噪声并记录在案,不仅为测量结果的可信度提供证明,也为实验室性能检测提供数据依据。这是 GJB152A 标准对测量报告内容所作的具体约定。

(3)测试实验室的谐振频率对测量结果进行误差分析有参考价值。测试室是一个矩形波导谐振腔,它的固有谐振频率可以计算。

已知波导激励模和测试室尺寸,按下式计算振频率 f_0:

$$f_0 = \frac{1}{2\sqrt{\mu\varepsilon}}\sqrt{\left(\frac{p}{l}\right)^2 + \left(\frac{m}{w}\right)^2 + \left(\frac{n}{h}\right)^2} \qquad (6-17)$$

式中,μ 为室内空气介质磁导率,$\mu_0 = 4\pi \times 10^{-7}$ H/m;ε 为介电常数,一般按 8.85×10^{-12} F/m 考虑;l、w、h 分别为测试室的长、宽、高,单位 m;p、m、n 与波导激励模的阶数相关,一般取 $0 \sim 9$,波导激励模存在的条件是 p、m、n 最多只能有一个为零。

例如,以 TE 模为例,测试室的最低谐振频率是 TE_{110},则

$$f_0 = \frac{1}{2\sqrt{\mu\varepsilon}}\sqrt{\left(\frac{1}{l}\right)^2 + \left(\frac{1}{w}\right)^2} \qquad (6-18)$$

测试室除了 TE_{110} 模以外,还可能存在 TE_{210}、TE_{310}、TE_{120}、TE_{111} 等高阶模。

测试室的谐振现象是有害的。当被测件发射频率和激励方式造成测试室谐振,则会给 EMI 测试数据带来较大误差。

对于一个已经建设好的实验室,应主动测试实验室的谐振频点,将计算数据与测试数据一并记录。在以后工作中要么使用时避开,要么对该点测试结果加注解,便于分析。

(4)对实验室仪器设备作定期校准,及时更换测量软件中的校准数据,可以减少测量仪器引入的误差。应说明的是电磁兼容测量系统是由多台仪器设备组成,只坚持对单台仪器作定期校准是不够的,必须研究出对本实验室专用测量系统适用的校准程序,并形成正式的技术文件。

(5)加强实验室管理,提高测试人员的技术水平,加强测试人员的职业修养,对提高实验室的可信度也是至关重要的。

　　EMC实验室是专业实验室,它需要实施完善的技术管理和组织管理。这里所涉及的实验室管理已定义为实验室工程建设验收、测试设备安装完毕、实验室具备正常运营之后的管理工作。实验室运营后,测试技术人员要承担各式各样的测试任务。提供准确、可靠的测试数据是实验室的目标,也是求得广大客户信任的基本条件。将测试数据与验收测试数据进行比对,可以及时掌握实验室的当前工作性能。长期坚持,保留一组这类数据,为实验室性能监测提供依据。

　　建立技术档案是实现上述目标的得力措施之一。技术档案应包括以下内容:
- 实验室工程建设的技术资料;
- 实验室相应设施的技术资料;
- 测试系统的技术说明书、操作手册等有关技术资料;
- 测试任务基本技术数据;
- 测试任务中有价值的重要案例;
- 实验室性能跟踪检测结果;
- 实验室使用过程中的重要技术说明,注意事项。

6.7　EMC预测试技术

　　前面我们用了大量篇幅叙述EMC测试内容、测试设备、测试方法以及实验室、场地条件等,这些内容均应满足EMC测量标准要求。这种受EMC测量标准制约的EMC测量,技术条件要求是比较苛刻的。对于承担航天产品研制的许多基层单位来说,建设一个规范的实验室(或场地)、引进规范的测试设备需要大笔经费,同时工程建设也需要时间。当今处在科学技术迅猛发展的市场经济时代,时间就是金钱,时间就是生命。航天产品研制周期比较长,如果能在产品设计初期发现问题并及时解决,就能赢得时间和效益。EMC预测试的目的就是及时发现产品的EMC问题,分析EMC性质及产生原因,给出被测设备EMC的大致性能。EMC预测试所需经费只是规范测试的一小部分,由于它及时、简单、方便,所以它是一种经济实惠的选择,是规范测量所无法替代的。EMC预测试是产品设计师在整个研制过程中不可缺少的辅助手段,它能及时向设计师反馈EMC设计是否合理,采取的电磁干扰抑制措施是否奏效。产品设计师能够根据预测试结果的提示明确采取EMC加固从哪个环节着手。

6.7.1　EMC 预测试在产品研制过程中的重要性

目前,满足标准要求的 EMC 实验室在科研单位和生产第一线上发挥着重要作用。这种实验室配套的测试系统大都从国外引进,有满足军标测试的 EMI、EMS 专用测试系统,有满足 CISPR 系列标准要求的电磁干扰测试设备,有满足 IEC61000 系列标准要求的抗干扰度测试设备等。这种 EMC 测量是对 EUT 进行严格的标准测试,目的是回答 EUT 是否通过了事先选定的标准要求。如果没有完全通过,则应回答哪个项目有超标,出现在哪个频率点上,超标多少等。换一种说法,是通过测量对 EUT 的 EMC 性能指标给以定量评价,如对各种干扰源的干扰发射量、干扰的传播特性以及产品的抗干扰特性给出准确说法。具体地说,某产品的电磁干扰通过传导方式传播到某处的发射量,或通过辐射方式传播到某处的发射量值。某产品对于外部施加的模拟干扰是否产生影响,是否引起了性能降低等。这种 EMC 测量是有法律效力的。民用产品能否通过指定标准,将决定产品能否推向市场,企业能否生存。军用产品能否通过指定标准,将关系到产品能否交付使用,能否应用于军用目的。这种类似于产品鉴定的测量对于产品定型、形成批量生产是至关重要的。但是,由于电磁干扰源是非理想的电磁源,其频谱特性和时域特性都很复杂,在传播方式上通常传导、辐射并存,在辐射问题上又要考虑远场、近场和环境条件差异等,总之 EMC 测量比起一般的功能性测试要困难得多,麻烦得多,各个实验室的测量结果在量值上很难达到完全一致。因此,为保证各个国家、各个实验室测量结果的有效性和可比性,国际标准化组织制定了一系列测量标准。对测量仪器、测量方法、实验室要求作了严格规定,要求各个国家的仪器指标定义相同,量值一致,为使标准有可操作性,除了公用标准外,针对不同产品还作了更详细的具体规定。EMC 测量付出的代价是巨大的,测试费用也是相当可观的。

EMC 测量是以测试技术人员为主角的测试,实验室实施独立管理,有专门的测试技术队伍。测试人员对实验室使用,对测试设备操作比较熟悉,对测试标准要求也比较精通。但测试人员一般不了解各种 EUT 的性能,这对于分析测试结果有一定困难。产品设计人员一般靠阅读 EMC 测量曲线分析问题,其他参与形式受客观条件限制。众所周知,任何产品从设计到定型都需要一个过程,在整个研制生产过程中需要以试验作为辅助手段来检验 EMC 设计是否合理,所采取的抑制干扰措施是否奏效,要想进一步抑制干扰应从哪些环节入手等。上述问题在产品开发期间会经常遇到。而要求技术开发人员或产品设计人员都到规范实验室去解决这些问题是不现实的。另外实际工程中所谓电子产品有可能是一个分系统,也可能是一个复杂的大系统,现实条件有时不允许将系统搬至规范的实验场地。对于这种复杂的电子系统,干扰可能来自多台设备,同一台设备可能既是干扰源,又是敏感设备,干扰的传播可能多种渠道。联机过程中也需要有些仪器设备帮助进行各种诊断。EMC预测试能够满足设计人员的上述需求。

对军用设备来说,电磁兼容性指标是首要的,必须达标的。通过预测试实现军用设备EMC测量一次通过,对于单台设备的直接使用以及组装成武器系统提供给部队使用,贡献都是巨大的。

综上所述,预测试是保证产品的EMC设计落实到工程中,从样品变成产品的重要手段,它是产品通过EMC测量标准的保障条件。

6.7.2　EMC预测试设备

EMC预测试一般情况下只做定性测试。工程实践中可以利用通用仪器设备加上一些必要的附件组成预测试系统。如遇特殊需要可使用规范的EMC测量系统在感兴趣的频点上对预测试系统进行标定。

工程上一般要求对产品的不希望的发射进行预测试。主要的测试设备是一台高灵敏度接收机,常用频谱分析仪实现,频谱分析仪的工作频带最好包含感兴趣的所有频率。在9kHz~10GHz或更高频段,可以由两台频谱分析仪覆盖。频谱分析仪的最窄分辨率带宽最好是10Hz(至少要选有100Hz),以确保良好的灵敏度。必要时在频谱分析仪输入端接入前置放大器以提高测试灵敏度。

EUT的交、直流电源线上的传导发射测试是个重要问题。为进行传导发射预测试,需要使用电流钳作传感器,如果能够备好$10\mu F$的穿心电容隔离供电电源,会使预测试结果更接近真实情况。备用一个线路阻抗稳定网络(LISN)能使这种隔离作用更完善,同时还能对电源和负载间的阻抗实现匹配。EMC测试设备一般用通用频谱分析仪和必要的测试附件(包括电流探头、天线、LISN等等)组成预测试系统,必要时可将其与规范的测试设备比对,从而提高预测试结果的可信度。对于敏感度试验也可通过预测试设备实现。通常选择合适的模拟干扰源,通过一些简易的测试注入装置,将干扰施加给试验样机。

在做EMC预测试时,往往对干扰的性质、干扰量大小处于未知状态,另外在接通与切断EUT电源时有可能在LISN中产生尖峰信号。为了保护频谱分析仪不受未知的、大幅值的瞬态干扰信号的冲击,常在频谱分析仪输入端加一个瞬态限幅器。安捷伦公司的HP11947瞬态限幅器包括限幅器、高通滤波器、衰减器。它的使用还可以防止频谱分析仪的非线性功率压缩和过载。对于脉冲、浪涌等非连续干扰,常用示波器进行时域测试。

　　EUT 的辐射干扰也需要进行预测试,只要备有必要的近场探头和天线就可以实现。安捷伦公司的 HP11940A/HP11941A 可提供 9kHz～1GHz 的近场测试,一系列 EMC 测试天线与频谱分析仪相连,可以接收到相应频段的辐射干扰信号。安捷伦公司还开发了 EMC 预测试系统如:HP84115EM,包括带预选器的 EMC 分析仪、一个 LISN、天线、近场探头和连接电缆,如图 6-60 所示。

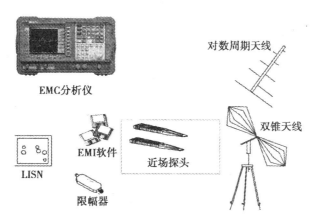

图 6-60　HP84115EM 预测试系统组成部分

　　如果设计师关心的是所设计的敏感电路是否具备一定的抗干扰能力,在实践中可以利用一些代用仪器设备(各种信号源)模拟某些类型的干扰源,通过合适的附件,如电容、电感耦合部件或天线,将模拟干扰源施加给 EUT,观察其影响。具体操作在下一节细述。

　　艾姆克科技有限公司推出一种电磁兼容扫描仪 EMC-Scanner,适用于元器件、电缆、PCB 板级检测辐射发射。它可以给出三维电磁场辐射图形,从而精确定位辐射干扰源的位置,精确分析频谱成份。它是一种经济适用的预测试仪器,适用于产品调试和产品可靠性检查。

　　EMC-Scanner 测试系统包括扫描器、带有近场探头的频谱分析仪和一块 GPIB 接口及 Dscan、Dview 软件。扫描器是一个三维运动机构。GPIB 卡用于 PC 机与频谱分析仪进行数据通信。当其配置热分析探头时可同时具备热分析功能。

　　预扫功能是先对整个测量区的全部干扰频率初步扫描一遍,然后对感兴趣的频点进行精确测试,也即 Scan 功能。对于 Scan 产生的文件可以用 Dview 软件进行处理和显示,见图 6-61。

图 6 - 61　EMC/Heat - scanner

6.7.3　EMC 预测试方法

由于普通频谱仪没有预选滤波器且灵敏度低,因而测量的数值是不准确的,特别是对脉冲干扰的测量。无预选功能的频谱分析仪对宽带干扰信号的加权校正测量很繁琐,且其输入不能提供测量宽带干扰信号所需的动态范围。为解决此问题,可对频谱分析仪进行改进,使它们满足上述要求。通过增加一些模块使原来的频谱仪类似一台接收机,但通过按一个键即可简单地变回普通频谱分析仪。这类仪器 R&S 公司和 Agilent 公司均有生产,名称为接收机,但实质上是由频谱仪改造而来的。

由频谱分析仪改造的接收机与传统的 EMI 接收机相比明显具有扫频测量速度快、覆盖同样频段的仪器体积小、价格相对便宜等优点,对所关注的频段扫描测量后,可直接给出频谱分布图形。因而,越来越多的实验室选用频谱分析仪式接收机作为 EMI 测量用仪器。

产品设计师需要通过预测试解决什么问题,什么时候最需要,如何使用简便易操作的方法达到目的等是本节阐述的重点。由于预测试不需要在规范的测试场地进行,为了使环境影响能从测试值中剔除,必须进行如下操作:

(1) 在被测设备开机前,对环境背景噪声进行测试,记录测试曲线。

(2) 在整个预测试完成后,关闭被测设备,对背景进行再测试,对关键的环境影响进一步确认,同时也能观察环境条件随时间的变化。

(3) 利用测试接收机的调幅/调频解调功能,调节音量以监听本地调幅、调频、电视或移动通信信号。

　　HP84115 测试软件具备上述功能。具体做法是将两次测试数据作代数运算,一次是被测设备与其环境的共同贡献,一次是关闭被测设备后背景环境的单独贡献。

　　预测试用的仪器设备可能是临时组建的。频谱分析仪上的读数标示的是仪器输入端口的功率电平,一般以 dBm 计。我们想知道的是传感器所在处电磁干扰发射量值,以电流、电压或场强表示。实际工程中,在进行产品调试时一般只要求作相对比较,比如衡量采用临时屏蔽、接地、滤波等辅助措施是否有效,这种情况可不必对测试系统作校准,只要说明采取措施后干扰能够降低几分贝即可。但如果希望得到定量数据,还是需要经过校准,即将测试数据换算到传感器所在位置。具体校准办法为:根据物理意义进行换算,以辐射发射测试为例,已知天线校准因子(或天线增益)和连接电缆损耗,具体计算表示为干扰场强(dBμV/m)等于频谱分析仪读数(dBμV)与电缆损耗(dB)加天线因子(dB/ m)的和。以 dBμV 表示的频谱分析仪读数也可用频谱分析仪读数(dBm)加上一个常数(107)求得。上述关系成立的条件是频谱分析仪输入端阻抗为 50Ω。

　　天线因子与天线增益的关系为

$$AF_{dB} = 20\lg \frac{9.73}{\lambda \sqrt{G_r}} \qquad (6-19)$$

式中,G_r 为天线增益;λ 为工作波长;AF_{dB} 为天线因子。

　　如果有条件,也可以将预测试设备到规范实验室进行点频标定。作者曾经对 200MHz~1GHz 预测试设备做过此项试验。用公式换算得到的数据和用测试接收机进行校准得到的测试数据相近,如表 6-3 所示。测试接收机使用的是 R/S 公司的 ESMI。

表 6-3　校准数据对照表

工作频率(GHz)	0.2	0.4	0.6	0.8
HP8566B (dBm)	-57	-70.5	-62	-68.5
换算结果 dBμV/m	76.5	55	75.7	62.3
测试结果 dBμV/m	75.5	53.5	73.7	61

　　注:电缆损耗为测试结果,天线因子查产品手册得到。

　　HP84115 预测试系统带有专用测试软件,它具备自校准功能。该软件还将常用的一些 EMC 标准极限值输入到软件中,用户直接可以得到被测试设备是否超标,或哪些频率点超标以及超标多少的全部信息。EMC预测试后,对于超标的频率点要进行具体分析,找出问题根源,寻求解决方法,我们称这种测试为EMI诊断,诊断方法分为设备级和系统级。设备级注重电源上的传导干扰、机箱泄漏、信号线和控制线引出等环节。系统级诊断常用隔离法、替代法,重点关注设备之间的相互干扰。工程上可以使用近场探头对干扰源精确定位,将近场探头沿被测设备移动,找寻干扰最大处;也可以将探头置于事先选好的检测点,用示波器检测干扰的幅度、重复频率和波形参数。测试时注意将频谱分析仪与被测设备分相供电。频谱分析仪最好通过隔离变压器与电源相连接,这样可以防止射频地电流在测试设备内构成环流。

进行EMC预测试的主要目的在于分析干扰源的性质类型。根据大量工程经验,从以下几方面思考一般有利于问题解决:

· 分析测得的干扰是否与开关电源频率及谐波相关;

· 分析测得的干扰是否与CRT显示器产生的电磁泄漏相关;

· 分析测得的干扰是否与时钟频率的谐波相关;

· 分析测得的干扰是否与晶振频率的谐波相关;

· 分析测得的干扰是否与发射频率的各次谐波相关;

· 分析测得的干扰是否与发射的各种杂波相关;

· 分析测得的干扰是否与接收机本振及谐波泄漏相关;

· 分析测得的干扰是否与天馈机构射频泄漏相关;

如果发现了不明频谱,注意检查、计算,是否由于有源器件非线性和无源部件锈蚀等带来的非线性特性影响导致组合干扰频率成份。

6.7.4 EMC预测试实例

本节所描述的几个测试实例是作者在工程实践中遇到的。在没有规范测试设备和试验场地条件下,EMI诊断测试曾经为工程研制起到过指导作用。

例1 某单位在验收供电子产品作热真空试验用的真空罐时,发现罐内有残存的电磁场。

具体试验操作如下:将HP8566B频谱分析仪用同轴电缆连到罐外壁的N型插座一端,罐内壁的N型插座另一端与同轴电缆相连,电缆末端同轴内导体裸露,起到宽频带接收天线作用。这个临时组成的EMI测试系统,检测到真空罐内有高频电磁场存在。如图6-62所示。

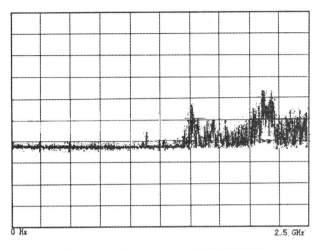

（a）　真空罐内 0～2.5GHz 电磁场频谱图

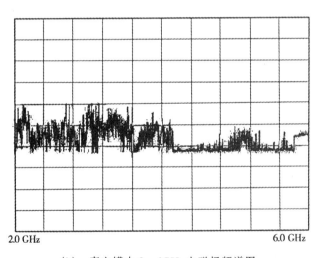

（b）　真空罐内 2～6GHz 电磁场频谱图

图 6－62　同轴电缆作天线测得真空罐内的电磁场频谱图

　　因为该真空罐为防止光学镜头或显示器等类型的电子产品被油气污染，专门采用溅射离子泵工作原理设计，该设计无意中导致了电磁干扰场的发生。为了抑制这些干扰场，我们在溅射离子泵和真空罐之间的有用空间通路上，加设了一个截止波导窗式波导法兰，该法兰对抽真空的影响控制在可接受的范围内，而对已经产生的电磁干扰场起到衰减作用。法兰厚度及截止波导孔大小的计算在此从略。改进设计完成后重复上述测试,测试结果如图 6-63、图6-64所示,达到了预想结果。

　　这里所举的工程实例说明这种临时组成的简易设备,可以作相对测试。它在工程上是可取的,是有实际价值的。

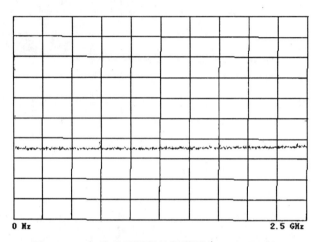

图 6-63　加法兰后测得的频谱图(0~2.5GHz)

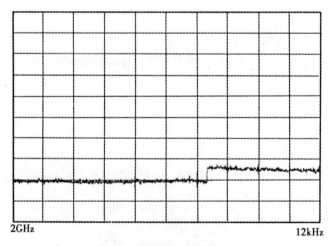

图 6-64　加法兰后测得的频谱图(2~6GHz)

　　例2　图 6-65 给出的是某工程的一台电子设备电源线采用普通线时在电源线上采集的传导发射值。当时使用的测仪器是HP8566B,传感器用的是电流钳,两者用同轴电缆连接。图 6 - 66 给出的是电源线用屏蔽电缆代替,与设备相连的屏蔽皮采用 360°端接,实现了良好接地。明显可见,EMI 干扰消失了。

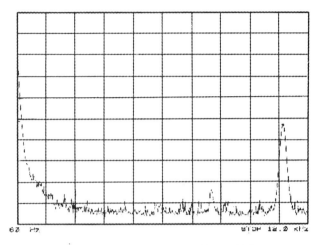

图 6 - 65　电源线上采集的传导发射值

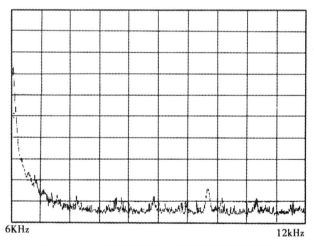

图 6 - 66　电源线用屏蔽电缆代替后干扰消失

该项测试解决了工程中电源线上的干扰抑制问题,同时也表明,电源线是否屏蔽,以及采用什么方式屏蔽,对传导发射的抑制作用关系极大。

例 3　某车载军用电子系统,在联机时发现接收机受扰。系统设计师研究决定,重点复测临近发射机的频谱。

联机前使用频谱分析仪检测发射频谱时,误认为发射频谱比较纯净;而联机时发现问题后,对发射机频谱进行复测时纠正了原来的错误操作。

联机前测试的错误操作表述如下:被测发射机终端接大功率负载,频谱分析仪接收从射频电缆中耦合出来的信号谱。由于耦合措施不规范,操作者只是将高频电缆剥开,采用极普通的方式将高频电缆内导体扭在一起,导致了错误结果。测试结果表明:频谱分析仪只接收到主信号,所有谐波、杂波均被漏掉。

复测采用几种方式,都验证了发射机谐波的存在,为系统联机过程中出现的电磁干扰现象提供了科学的解释。

复测方式1,将被测发射机输出端接规范的射频电缆,终端接大功率负载。在距被测设备 3m 处架设单极有源天线,用频谱分析仪接收,发现了谐波和杂波。将上面试验中的频谱分析仪换成校准过的 EMI 测试接收机,得到了准确的测试结果。

复测方式2,用电流钳从被测设备的高频电缆上采集发射干扰信号,得到了与复测方式1同样的结论,证实了发射机谐波、杂波的存在,而且找到了落入接收机带内的电磁干扰。

该项试验告诉人们,EMC 预测试是在不具备规范测试条件下的一种通用测试手段,它要求技术人员弄清物理概念,熟悉通用仪器操作规范,万不可随便应付,一旦导致错误的测试结果带来的影响是巨大的,有时造成无法弥补的损失。电磁干扰是宽频带的,在采取措施时要加倍小心。

6.7.5 EMC 加固辅助测试实例

鉴于目前的设计手段,很难一次性通过 EMC 标准。我们把通过采取有效措施后实现 EMC 性能指标的过程称为 EMC 加固。

例 1 某典型感烟火灾探测器要求按 GB 4715-93 的标准进行测试,以检验探测器在辐射电磁场环境中工作是否发生误报。

产品设计师带着研制产品在规范实验室测试,依标准要求对 EUT 施加频率范围 1~500MHz,场强为 10V/m 的电磁干扰,干扰源的扫频速率 0.005 倍频程/s。测试结果表明,在某些频点上未通过指定标准。具体测试 EUT 的敏感度阈值,在某些频点上为 5V/m。显然该产品需进行 EMC 加固,但对于一个不具备规范测试条件的研发部门,如何解决此间的跟踪测试呢?这里推荐一种方便可行的方法供参考。

准备信号源,考查频率范围和功率满足使用要求,扫频速率的设置要遵照标准要求,以保证 EUT 对所施加的干扰来得及反应。天线类型不限,也可以使用近场探头,但基本参数必须符合要求。这种测试的关键是能在普通试验室重现规范 EMC 试验中所出现的异常现象,记录此时的信号源指示、天线布局。改进探测器的电子线路设计,重复上述试验,看其异常现象是否消失。如果探测器工作正常,则加大信号源功率,继续观察。信号源功率加大 3dB,探测器工作仍正常,则说明该产品的 EMC 加固已有成效。如果有条件作进一步改进,则完全可以从测试中获得 EMC 性能指标的改善程度,基本上可以作到定量表述。

例 2　某红外测温仪安装在一电子工程中,发现对同一系统的接收机构成干扰,经规范 EMC 实验室检测,证实该产品电源线上的传导发射干扰和辐射发射干扰严重超标,超标频点及超标量值由实验测试数据给出。

在普通实验室中,将超标产品用通用频谱分析议和电流钳,在电源线上采集数据(沿线移动采集最大值),记下超标频点(频点与规范测试相同)和幅值(幅值与规范测试不同),记录频谱分析仪的设置状态。该产品设计师对产品实施 EMC 加固,具体措施此处从略,这里只介绍如何用通用仪器设备解决 EMC 加固中的辅助测试问题。将改进后的产品重复上述测试(注意频谱分析仪设置不变),观察幅值下降的分贝数。当该数值大于当时的超标分贝数时,应该说再到规范 EMC 实验室测试,通过指定 EMC 标准是不成问题的。试验证明,上述判断是正确的。

例 3　某卫星有效载荷分系统在联机时发现国产的微波接收机工作异常,当时用信号源和喇叭发射天线模拟干扰源(接收机带外)在接收机机箱周围移动,发现接收机高频插座与机箱壳体之间衔接处是薄弱环节,对此处采取措施加强屏蔽,效果非常明显。用频谱分析仪和喇叭接收天线,在有效载荷仪器舱内寻找射频漏场的存在。对发射通道进行射频泄漏检查,对高频传输通道的波导法兰连接处进行加固。多方努力,解决了工程中遇到的实际问题,完成了飞行任务。这些检测手段曾在复杂系统联机中发挥了重要作用。

在以后的系统研制过程中,坚持测试有效载荷系统内的射频漏场。此测试用大功率匹配负载代替系统天线,让系统工作在闭路状态,一般情况让被测系统工作在最大辐射状态。重点关注被测系统的接收机附近区域。工程效果很好。

例 4　某卫星地球接收站的低噪声放大器(LNA)曾出现频谱变坏的不正常现象。在联试现场很难断定问题出在哪里,人们往往首先怀疑的是 LNA 有问题。为了弄清事情真象,LNA 设计师将产品拿到 EMC 实验室,利用实验室模拟干扰源对 LNA 施加干扰,将系统联机过程的异常现象全部复现。测试此时的干扰场强,严重超过指定 EMC 标准对 LNA 的规定要求。测试数据证明 LNA 安装的电磁环境恶劣。系统总师根据测试数据提出新的解决问题方案,通过降低天馈大功率传输通道的射频泄漏场强,改善 LNA 所处的电磁环境条件,使整个系统正常运转。这样的决策是科学的,既快又省地解决了问题。

综上所述,EMI 诊断测试简单易行,对于复杂的电子系统联机时是不可缺少的测试手段。尤其是 EMC 故障尚未形成,但有症状出现时,适时抓住时隐时现的症状,及时进行诊断测试,判断异常现象的产生途径,这样往往可以防止或消除潜在的 EMC 故障,赢得时间和效益。

第7章 星载设备 EMC 设计

星载设备 EMC 工程设计,目前主要参照 GJB151A - 97《军用设备和分系统电磁发射和敏感度要求》。在进行星载设备功能性设计时,必须控制星载设备的无意电磁能量发射,同时注意提高星载设备的抗干扰能力,以满足 EMC 要求。EMC 要求是用具体指标来描述的,EMC 要求是否达标必须通过实验验证。

本章主要介绍以下内容:星载设备 EMC 设计要求、星载设备 EMC 设计方法、开关电源的 EMC 设计和高频设备的 EMC 分析。

7.1 星载设备 EMC 设计要求

7.1.1 EMC 指标分类

在 EMC 标准中对于设备有专门的定义,即作为一个独立单元进行工作,并完成特定功能的任何电气、电子或机电装置。从电磁兼容性要求的角度考虑,下列任一状况都可以认为是分系统:

(1) 作为单独整体起作用的许多装置或设备的组合,但并不要求其中的装置或设备独立起作用。

(2) 作为在一个系统内起主要作用并完成单项或多项功能的许多设备或分系统的组合。

具体工程中,在电路板级、设备级不同设计层次上,分别采取限制、转化或吸收等方法抑制无用的电磁能量是必要的。值得注意的是,电路板、设备接口部分和设备机壳的 EMC 设计最需要重视。一般星载设备自身含有开关电源,或由开关电源供电,因此开关电源部分也应受到特别的关注。当然接地设计也很关键。

星载设备的电磁兼容性是由 CE、RE、CS、RS 四类指标分别量化和控制的。电源线上的传导发射涉及 CE101、CE102、CE107(在旧版本军标中用 CE01、CE02、CE07 表示)三个项目。星载设备及其互连电缆上的电场发射涉及 RE102、RE103 或 CE106(在军标 GJB151 - 86 中用 RE02、RE03、CE106 表示)。星载设备及其互连电缆上的磁场发射涉及 RE101。每个项目的具体量值是用曲线来表示的,如图 7-1~图 7-11 所示。

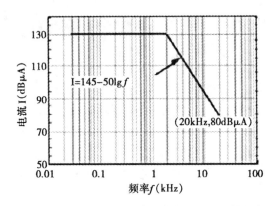

图 7-1 某空间飞行器 28V 直流负载 CE01 限制曲线

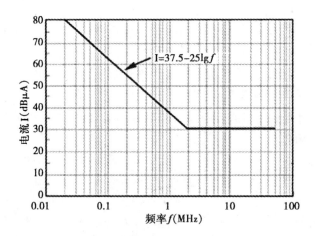

图 7-2 典型 CE03 限制曲线

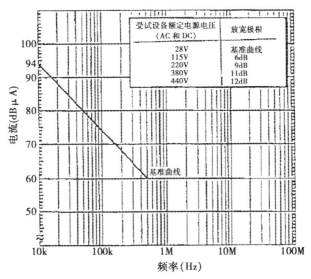

图 7 - 3　CE102 限制曲线

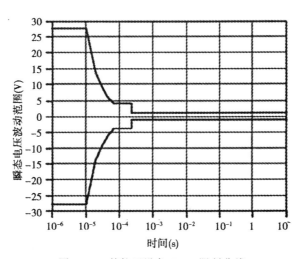

图 7 - 4　某航天设备 CE07 限制曲线

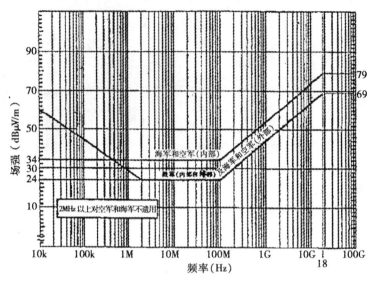

图 7 - 5　适用飞机和航天系统的 RE102 限制曲线

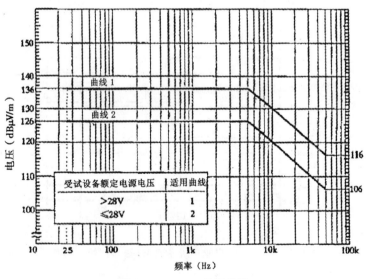

图 7 - 6　CS101 极限曲线

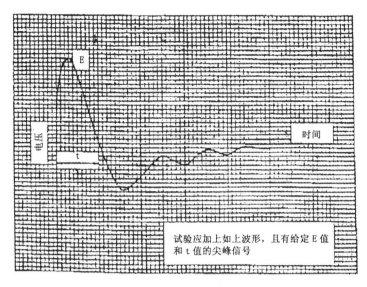

图 7－7　CS106 试验信号波形

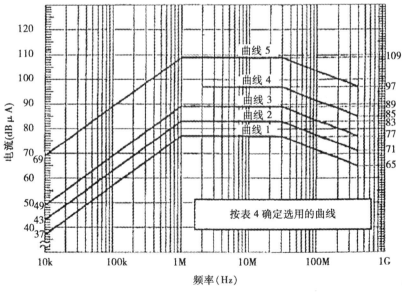

图 7－8　CS114 极限曲线

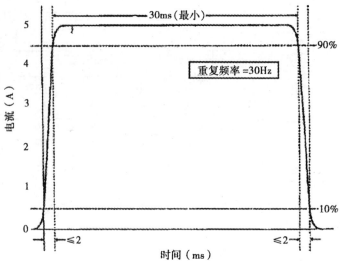

图 7-9　已校准 CS115 信号源特性

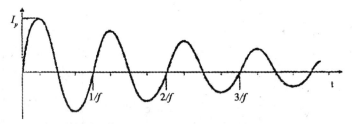

图 7-10　典型的 CS116 阻尼正弦波形

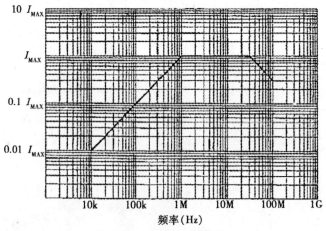

图 7-11　CS116 极限曲线

7.1.2　EMC 设计依据

7.1.2.1　传导发射/传导敏感度分析(图 7 - 12)

传导发射/传导敏感度与电源母线共阻抗耦合相关。有两点需要注意:

(1) 电源母线阻抗只涉及两个负载馈电线路的共用部分——电源线共阻抗。

(2) 电源线共阻抗的分支阻抗,不会因其传输干扰电流产生的传导发射而使受扰设备的电压产生波动。

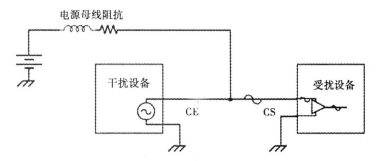

图 7 - 12　传导发射(CE)/传导敏感度(CS)

应该指出的是,共用母线阻抗是个简单的相互作用的情况。在考虑满足传导发射限制要求的时候,还要考虑其他因素,如电缆辐射的电磁场的影响等等。

7.1.2.2　辐射发射分析(图 7 - 13)

辐射发射主要是由设备连接电缆和设备壳体上的电流流动产生的。这些电流不是设备进行信号处理或在接口电缆上传输的差模信号。它们可能是从设备某处耦合到设备外部,并沿共模路径流动。这些电流会以如下方式耦合到受扰设备:

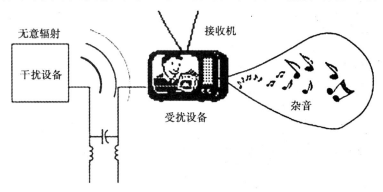

图 7 - 13　辐射发射(RE)

（1）变压器导线与导线之间的耦合。

（2）干扰设备的共模（CM）电压经电容耦合到受扰设备。

（3）直接辐射到与干扰频段相关的接收机天线中。

电感和电容耦合常被称为串扰。随着现代布线经验的逐步丰富，电容串扰已能得到有效控制。电感串扰也可以通过正确的接地、搭接和屏蔽设计得到控制。由于串扰在设备机壳内部是个很严重的问题，电子设备的设计人员必须在设计中认真考虑解决方案。随着现代高速处理器、高密度印刷电路板和带状电缆的应用，通过合理的综合布局以减小设备中的串扰，显得尤为重要。事实上，设计人员现在已根据传输信号的类型对电缆进行适当的集中和隔离，并采用诸如专用回线、双绞线、屏蔽双绞线等处理手段。

7.1.2.3　辐射敏感度分析（图 7 - 14）

应该说明的是，传导发射和传导敏感度由于具有共用阻抗耦合模式而彼此相关，而辐射发射和辐射敏感度却没有这种关系。当有意发射的射频能量被工作在低信号电平的敏感电路的电缆截获后，耦合电压就可能会导致设备性能下降。一般来说，射频场强大于 1V/m，而无意辐射发射一般在 30 mV/m 以下。

RE 限制要求是为了保护和天线相连的接收机，RS 限制要求则是为了保护非 RF 设备不受到大功率 RF 发射机的干扰。

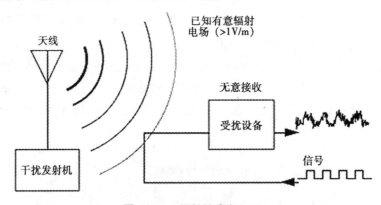

图 7 - 14　辐射敏感度（RS）

要对星载设备实施有效的 EMC 设计，应做好以下工作：

（1）了解电子设备所处的电磁环境中噪声与干扰的物理特性或相应的电磁干扰，这是实施设备 EMC 设计的基本依据。

（2）根据具体电子设备和其所处的特定电磁环境等的多方面数据，做好星载设备的 EMC 设计工作。主要包括:① 电子元器件的选用和印刷电路板(简称 PCB)的布局设计;② 屏蔽、接地、信号线缆设计;③ 采取适当的滤波、隔离等手段来处理电源等引起的电压瞬变干扰和电流瞬变干扰;④ 选择其他行之有效的方法抑制干扰源和切断干扰传递途径等。

(3) 通过适宜的 EMC 验证手段,正确评价电子设备的 EMC 特性,以得出设备能满足的电磁干扰极限值和能承受的噪声敏感度等指标。

7.2　星载设备 EMC 设计实施

7.2.1　电路板级 EMC 设计

印制电路板是所有精密电路设计中最重要的部件,如果印制电路设计得当,它将起到降低干扰源发射和提高抗扰度的作用;如果印制电路板设计不当。将会使与敏感电路相关的一些导线受到寄生阻抗的影响,致使用印制电路板发生电磁干扰问题。所以从工程角度考虑,研究电路板级的 EMI 抑制,对 PCB 板的 EMC 设计显得格外重要。

电路板级的 EMI 抑制一般从两个方面考虑:一是元器件选用,二是典型电路设计。元器件选用是电路组件 EMC 设计的基础,首选能减小噪声和对电磁干扰有抑制作用的元器件。认真研究电容器、电阻器、磁性元件、继电器、各种开关、连接器、电缆、模拟和逻辑有源器件等组成电路的基本元器件的 EMC 特性是必要的。研究电源去耦和放大器去耦电路设计,可以用来降低电子电路产生的电磁干扰。研究平衡电路设计,分析差分电路、平衡混频电路、平衡调制器电路和推挽放大器电路,利用平衡原理达到抑制电磁干扰目的。对于干扰信号幅度过大或频域滤波器出现相位失真情况,需要研究消隐器、抵消器、限幅器等特殊噪声抑制电路,以提高信号传输信噪比。在具体电路设计中特别要注意限制信号带宽和速度、电路板布局和接地方法等内容。

任何电路设计的基本工作之一就是元器件的选择。换句话说,元器件的选择是电路设计的基础,在 EMC 设计中合理选择和正确使用电子元器件是实现 EMC 的保证。研究元器件着眼点在于它用于抑制 EMI 和减小电路噪声的特性。除宽带视频和振荡电路外,模拟电路通常比数字电路更"安静"一些。因为数字电路更可能产生干扰,所以本节的重点放在用于 EMI 抑制的数字元器件的选择上。

选择数字元器件时,最重要的问题是要考虑其低噪声特性随能量变化的比率。从干扰源电路感应到受扰电路的噪声电压表示如下：

$$V = - M dI/dt \qquad (7-1)$$

这里的 M 是两个电路之间的互感，这种耦合实质上是磁场耦合。或者：

$$I = - C dV/dt \qquad (7-2)$$

这里的 C 是两个电路之间的电容。这种耦合实质上是电场耦合。互感 M 的大小取决于干扰电路和受扰电路的电流环路面积、方向、间距和电路距离接地面的高度等因素。干扰电路和受扰电路上的电流回路就类似于变压器上的初级和次级线圈。电容 C 的大小取决于两个导体之间的距离、联合的有效面积和受扰电路的阻抗 Z 等因素的影响。干扰源和受扰电路导体实际构成了平行板电容器，如图 7-15 所示。

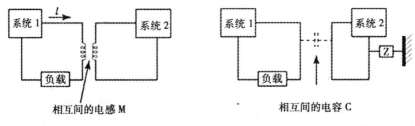

（a）磁感应耦合的噪声途径　　　（b）电感应耦合的噪声途径

图 7-15　磁感应耦合和电感应耦合的噪声途经

数字器件系列的电压变化率用 dV/dt 表示（表 7-1）。上升时间(ns)越快，电压抖动(V)越高，则 dV/dt (V/ns)就越大。使用上升时间最慢的器件来达到或实现想要的功能，就能降低噪声耦合总量。采用上升时间较慢的器件还能够限制数字信号的高频谐波分量。因为印刷电路板上的电路走线在较高频率上会像天线一样辐射噪声，所以通过限制数字信号中不必要的谐波，有利于防止其高频谐波的辐射。

表 7-1　各类数字器件系列的上升时间和电压变化率（dV/dt）

逻辑器件种类	上升时间(ns)	电压波动(V)	dV/dt(V/ns)
CMOS 5V	100	5	0.05
CMOS 12V	25	12	0.48
COMS 15V	50	15	0.30
HCMOS	10	5	0.50
TTL	10	3	0.30
ECL 10K	2	0.80	0.40
ECL 100K	0.75	0.80	1.10

由于芯片里的逻辑电路输出端堆叠的结果,当逻辑切换的时候,三极管断开变得比导通要慢一些,并且在这种切换过程中会在 V_{CC} 和地线上造成一些瞬态干扰。CMOS 电路比起 TTL 电路会产生更大的瞬态电流($\mathrm{d}i/\mathrm{d}t$ 有时高达 5000A/s)。限制这类浪涌电流的方法之一是使用隔离电容。隔离电容连接在 V_{CC} 和地线之间。必须注意电容引脚尽可能短,以减少寄生电感。电容安装应尽可能距被隔离的芯片近些,以减小环路面积,如图 7 - 16 所示。

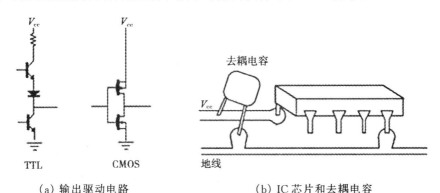

(a)输出驱动电路　　　　　　(b) IC 芯片和去耦电容

图 7 - 16　CMOS 电路

一般情况下,逻辑器件的噪声余量是可以通过器件制造商提供的数据估算的。这个噪声余量是指器件本身可以允许的加在输入信号上的最大噪声。任何超过这个噪声余量的电压,都有可能被器件作为噪声来传播。用下式可以计算出噪声敏感度电平:

$$V_{hnl} = V_{oh(min)} - V_{ih(min)} \qquad (7-3)$$

$$V_{lnl} = V_{ol(max)} - V_{il(max)} \qquad (7-4)$$

V_{hnl} 是逻辑芯片处于逻辑 1 状态时的噪声敏感度电平,V_{lnl} 是逻辑芯片处于逻辑 0 状态时的噪声敏感度电平,$V_{oh(min)}$ 是由驱动门产生的最小高电平输出,$V_{ih(min)}$ 是被驱动门允许接受的最小高电平输入,$V_{ol(max)}$ 是由驱动门产生的最大低电平输出,$V_{il(max)}$ 是被驱动门允许接受的最大低电平输入。表 7 - 2 给出了各种数字电路芯片的典型的噪声余量。

表 7 - 2 数字电路芯片噪声余量估算

逻辑电路类型	噪声余量(mV)
TTL	400
CMOS 5V	1000
COMS 15V	4500
ECL 10K	125
ECL 100K	100

值得注意的是,CMOS 电路虽然有最大的噪声余量,但同时和其他电路相比产生的噪声也最多,所以,仍存在导致和其他电路不兼容现象的可能。

模拟电路也可能由于无意工作在设计带宽之外而变成一个 EMI 源。模拟放大电路的不稳定性是一个典型例子。如果反馈环路的不稳定,电源噪声对输入端的隔离比较差,容性负载就有可能造成输出不稳。这些放大电路可能在高频范围内(MHz)产生振荡,应提醒设计师注意。

对任何最初原型的放大器都毫无例外地应该检查高频稳定性。供电引脚的寄生电感和去耦电容谐振有可能造成隔离性能下降。解决办法是外加一个电阻和去耦电容或加一个铁氧体珠。由于容性负载的输出不稳定性(10 m 的 RG58 同轴电缆几乎有 1000pF 的电容),可以通过使用小阻值的电阻和一个小容值的电容来改善。下面给出一个模拟放大电路 EMC 设计实例,如图 7 - 17 所示,左边所示是一个没有进行稳定校正的放大电路,右边所示是一个采用电阻和电容进行了稳定校正的电路。R 通常在 $10 \sim 100\Omega$ 之间,C_F 大约是 20pF。

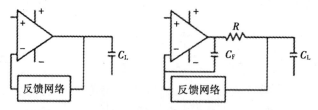

R 和 C_F 用来隔离大电容负载 C_L

图 7 - 17 容性负载造成的不稳定的解决办法

在印制板布线时,应先确定元器件在板上的位置,然后布置地线、电源线,再安排高速信号线,最后考虑低速信号线。元器件的位置应按电源电压、数字及模拟电路、速度快慢、电流大小等进行分组,以免相互干扰。根据元器件的位置可以确定印制板连接器各个引脚的安排。所有连接器应安排在印制板的一侧,尽量避免从两侧引出电缆,以减少共模辐射。

(1) 在考虑安全条件下,电源线应尽可能靠近地线,以减小差模辐射的环面积,也有助于减小电路的交扰。

(2) 时钟线、信号和地线的位置也很重要,信号线与地线距离应较近,形成的环面积较小。

(3) 当需要在电路板上布置快速、中速和低速逻辑电路时,高速的器件(快逻辑、时钟振荡器等)应安放在紧靠边缘连接器范围内,而低速逻辑和存储器应安放在远离连接器范围内。这样对共阻抗耦合、辐射和交扰的减小都是有利的。

(4) 应避免印制电路板导线的不连续性:迹线宽度不要突变;导线不要突然拐角。

布线技术作为重要的 EMC 设计技术,应该说有两个方面的原因:其一是线缆间耦合是电子设备内部最主要的电磁干扰;二是通过布局、布线解决干扰问题最经济可靠。

布线技术的实质是通过隔离技术达到降低设备间、线缆间的耦合的目的。精心的走线设计可以在很大程度上减少走线阻抗造成的骚扰。当频率超过数 kHz 时,导线的阻抗主要由导线的电感决定,细而长的回路导线呈现高电感(典型 10mH/cm),其阻抗随频率增加而增加。如果设计处理不当,将引起共阻抗耦合。减小电感的方法有两个:一是尽量减小导线的长度,如果可能,增加导线的宽度;二是使回流线尽量与信号线平行并靠近。

导线的电感也可用下式近似计算:

$$L = 0.2S[\ln(2\ S/W) + 0.5 + 0.2\ W/S]\quad (\text{nH}) \qquad (7-4)$$

当 $S/W > 4$ 时,

$$L = 0.2S[\ln(2S/W)]\quad (\text{nH})$$

式中,S 为导线的长度(m),W 为导线的宽度(m)。

两根载有相同方向电流的导线的电感为:

$$L = (L_1 L_2 - M_2)/(L_1 + L_2 - 2M) \qquad (7-5)$$

式中,L_1、L_2 分别为导线 1 和导线 2 的自感,M 为互感。当 $L_1 = L_2$ 时,

$$L = (L_1 + M)/2 \qquad (7-6)$$

两根电流方向相反的平行导线,由于互感作用能够有效地减少电感,可表示为:

$$L = L_1 + L_2 - 2M \qquad (7-7)$$

当细导线相距 1cm 以上时,互感可以忽略。

在设计开始阶段,认真考虑板级和设备级的布局方案,可以经济有效地满足 EMC 要求,同时防止产生电磁干扰。一般要遵守两个原则:一是要按信号特性

进行分区,以控制可能的交叉干扰;二是控制电路板上走线的布局,尽量使其环路面积最小化。

在对电路板进行布局设计时,应根据电路板上的元器件特性采取一些有效措施以达到电磁兼容。一般注意以下三点:① 分隔低电平模拟电路和数字电路,并且使用相互隔离的接地板;② 低速、中速、高速逻辑电路应分区布设;③ 将高速组件布设在距离接插件最近的区域;低速组件可布设在离接插件最远的位置(以减少线路阻抗和高速信号的环路面积)。

电路板布线设计中,应注意采用走线长度最短、环路面积最小的技巧。这样有助于将辐射发射和辐射敏感程度降至最小。另外,缩短线路长度有助于减小线路阻抗,还能降低天线效应,防止其意外发射或接收电磁干扰。线间电磁耦合现象在设备级发生的可能性最大,几乎占据首位。线间电磁耦合可以分低频磁场耦合、低频电场耦合和高频电场耦合来分析。

在设备设计中采用多层电路板方案可以防止一些 EMI 问题的发生。这样,不同类型的信号线可以分层布设在电路板中,并便于确保信号走线和临近层上的信号走线相互垂直。同时,可以单独将某一层设定为信号层或接地层,以使其阻抗最小化。

不同层所含的杂散电流和高频辐射电流不同,布线时,不能同等看待。

多层印制板设计中有如下两个基本原则用来确定印制线条间距和边距:

(1) 20−H 原则。因为所有的具有一定电压的印制板都会向空间辐射电磁能量,所以为了减小这个效应,线路面的物理尺寸都应该比最靠近的接地板的物理尺寸小 $20H$,其中 H 是两层印制板的间距。当尺寸小至 $10H$ 时,辐射强度开始下降,当尺寸小至 $20H$ 时,辐射强度下降 70%。根据 20−H 原则,按照一般典型印制板尺寸,$20H$ 一般为 3mm 左右。

(2) 2−W 原则是指当两条印制线间距比较小时,两线之间会发生电磁串扰,串扰会使有关电路功能失常。为了避免发生这种骚扰,应保持任何线条间距不小于二倍的印制线宽度,即不小于 $2W$,W 为印制线的宽度。印制线的宽度取决于印制线阻抗的要求,太宽会减少布线的密度,增加成本;太窄会影响传输到终端的信号的波形和强度。

7.2.2　设备内部接地

对于设备正常工作和 EMI 控制来说,设备内部接地是很重要的。电路板上的地要像数字与模拟那样和电路板隔离。典型系统需要至少三个隔离地:模拟地、数字地和噪声地。图 7−18(a)是一个板上三个地的例子,其中隔离地使用了公共地连接。从模拟小信号系统来看,射频地可以看作为噪声地 。射频信号的频谱内容对电路性能有很大影响。保持这些地的隔离(最小化容性耦合)非常重要。

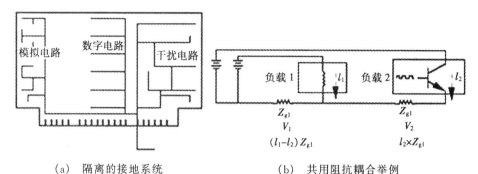

（a）　隔离的接地系统　　　　　　（b）　共用阻抗耦合举例

图 7 - 18　隔离地与共用阻抗耦合举例

　　地的隔离要参照信号电平和频谱内容。小信号和大信号回线要隔离,信号频率和电路的频率响应也要隔离开。一些电路有固有的滤波特性,而另外一些没有。由于运算放大器的转换速度受到限制,一些模拟电路例如比较器有高频滤波作用。而数字电路通过比较可以发现有很宽的输入带宽,因此几乎没有什么滤波特性。

　　防止公共阻抗耦合是为了箱体内有隔离地系统,允许大信号噪声电流在一个被看作是模拟电路的导线上作为一个小信号模拟电流返回产生压降,这个噪声电压可能会干扰模拟电路的性能。

　　防止公共阻抗耦合的理想方式是对与每个电路采用隔离回线。因为这样不总是可行,所以要仔细规划电路布局。将发射干扰较少的电路放置到离单点接地点最远,将发射干扰较多的电路放置得离地连接点最近,这样就通过限制噪声电路回线阻抗限制了公共阻抗耦合。相似的做法是把非敏感电路放置得比敏感电路离接地点更远些,如图 7 - 19。电路离接地点越近,由公共阻抗造成的噪声电压就越小。

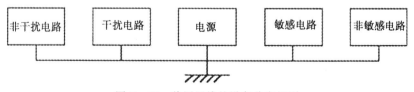

图 7 - 19　共用回线的设备分布规则

通过设备内部的正确接地,可以有效地防止地环路问题。任何地线既有电阻又有电抗,当有电流通过时,地线上必然产生压降,两个不同接地点之间必然存在地电压。当电路多点接地,而各电路间又有信号线联系时将构成地环路,产生共模电流并在负载两端产生差模电压,对有用信号构成骚扰。抑制方法是切断地环路或在两个电路间插入隔离变压器、共模扼流圈或光电耦合器等。

7.2.3　机箱壳体抑制

利用壳体抑制 EMI 是常用的屏蔽方法。外壳的屏蔽效能会由于壳体不连续性而降级。这些屏蔽的不连续性可能是各种的孔、缝隙和接头等,并且它们几乎在所有电子和电气设备中广泛存在。缝隙、孔和接头处的泄漏对屏蔽效能的影响程度大于屏蔽材料的影响。当仅改变屏蔽材料而保持屏蔽方式一致时,其磁场和电场的泄漏基本不变。

7.2.4　时钟电路的电磁兼容设计

时钟电路在数字电路中占有重要地位。同时时钟电路也是产生电磁辐射的主要来源。一个具有 2ns 上升沿的时钟信号辐射能量的频谱可达 160MHz,其可能辐射带宽可达十倍频,即能达到 1.6GHz。因此,设计好时钟电路是保证达到整机辐射指标的关键。

时钟电路设计主要的问题有如下几个方面:

(1) 控制时钟电路阻抗。计算各种由印制板线条构成的微带线和带状线的波阻抗、相移常数、衰减常数等等。许多设计手册都可以查到一些典型结构的波阻抗和衰减常数。特殊结构的微带线和微带波导的参数需要用计算电磁学的方法求解。

(2) 研究传输延迟和阻抗匹配。由印制线的相移常数计算时钟脉冲受到的延迟,当延迟达到一定数值时,就要进行阻抗匹配,以免发生终端反射使时钟信号抖动或发生过冲。阻抗匹配方法有:①串联电阻;②并联电阻;③戴维南网络;④RC 网络;⑤二极管阵等。

(3) 研究印制线条上接入较多容性负载的影响。接在印制线上的容性负载对印制线条的波阻抗有较大的影响,特别是对总线结构的电路,容性负载的影响往往是要考虑的关键因素。

7.2.5　瞬态抑制电路工程设计

特殊抑制电路包括:瞬态抑制电路、去耦电路、平衡电路和特殊噪声抑制电路等。

当供电电源突然与负载接通或断开时,电路中的电流和电压会发生跃变,产生一个瞬变过程。若负载为感性,则使瞬变过程加剧,这种瞬变过程可能对其他电路构成干扰和危害。这种瞬变过程还可能对开关触点部位造成辉光放电和飞弧放电,产生强电磁干扰。感性负载电路如图 7－20 所示。

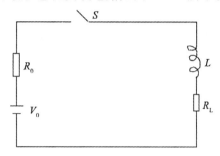

图 7－20　感性负载电路图

当开关断开时,发生瞬态过程,在感性负载的两端出现很高的瞬态电压 $V_L(t) = -L\mathrm{d}i(t)/\mathrm{d}t$。开关 S 触点间的电压约为 $V_L(t)$ 的绝对值与 V_0 之和。当这个电压超过 300V 时,会发生辉光放电或气体放电,当放电电流大于 0.4A 时,会发生飞弧或金属雾放电。这种放电现象时断时续,循环重复多次,直到电流降到零或触点间距足够大,如图 7－21。

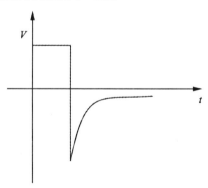

图 7－21　感性电路瞬态过程示意图

上述过程会产生无数电压很高、上升和下降沿极短的重复频率很高的脉冲串。这些脉冲串会叠加到电源上,如果使用共母线供电,同时存在电路间的电磁耦合现象,则此脉冲干扰信号可能影响其他电路的正常运行。若脉冲串干扰信号经空间辐射出去,还会影响周围的电子电路正常工作,污染电磁环境。

抑制瞬态干扰的方法有:在感性负载两端加并联电阻,形成感性负载释放储能的回路;在感性负载两端并联一个压敏电阻,形成感性负载释放储能的回路;在感性负载两端并联一个背对背稳压管对;在开关两端设置各种保护电路。感性负载与开关触点间连线越短越好,因为频率较高时,连接线的电感量变大,会加剧瞬态过程。

瞬态抑制电路简介:

(1) 在感性负载两端并联电阻 R,可组成最简单的瞬态抑制电路,可用在小电流电机绕组和一般继电器电路中,缺点是当电路稳态工作时,R 消耗功率。

(2) 用压敏电阻器代替普通电阻,可用于交直流电机绕组、开关设备、变压器及一些较大功率的场合。

压敏电阻器是指电阻率对于电压表现敏感的半导体器件。有稳压压敏电阻器、高压压敏电阻器、高频压敏电阻器、灭弧压敏电阻器、防静电压敏电阻器、防雷电压敏电阻器等,这些与使用目的有关。供 EMC 技术使用的多属于灭弧压敏电阻器,它供各种继电器、开关的浪涌吸收、熄灭火花、保护接点,也可以作为其他元器件的过压吸收。防静电压敏电阻器也用于电爆装置的防静电保护泄放器件。防雷电压敏电阻器常用于各种半导体器件及各种电子设备的操作过电压及雷击感应过电后防护。

描述压敏电阻器的参数一般有电流噪声、阻值、功率、温度及电压系数(电压系数是指在恒温下测得的加压引起的热效应)。同时还有:压敏电阻器的限制电压;压敏电阻器的响应时间(当出现过压时应能立即限制被保护电路电压到允许的安全值之下);可靠性(能经受电路长期连续工作和浪涌冲击);漏电流 I_L;非线性失真。

压敏电阻器的选择应考虑以下因素:① 保证不因接入压敏电阻器(引起漏电流和非线性失真应在允许的范围内)影响被保护电路的正常工作。② 选择正确的压敏电阻器。加压比 $K = V_{max}/V_1$,V_1 取 $\left(\dfrac{1}{0.5} \sim \dfrac{1}{0.8}\right) V_{max}$。$V_{max}$ 为加在压敏电阻器上的最大交流电压峰值或最大直流电压,V_1 为压敏电阻器上的阀值电压。工程上选 K 在 0.5~0.8 之间。选择较大的 V_1,可能漏电流小,对提高寿命有利;V_1 越小,出现过压时限制电压就小,但漏电流大,容易老化。实际应用时需折衷考虑。③ 压敏电阻器与被保护对象间连线尽可能短,以减少杂散电感;④ 流有浪涌电流的导线要远离信号线,走向尽可能与信号线垂直;⑤ 防止压敏电阻器由于正常工作下的漏电流和重复性浪涌作用使温度升高,一般不能超过 70℃,最高不能超过 85℃;⑥ 防止过负荷工作,指加在压敏电阻器上的浪涌电流或浪涌能量不能超过允许值。

　　压敏电阻器的伏安曲线如图 7 - 22 所示。当加到压敏电阻器上的电压在 P'P 范围之内,流过它的电流为零,呈现无穷大阻值。当电压加到 $P + V$ 或 $P' - V$ 时,它上面流过的电流很大,呈现很小电阻值。物理现象与稳压管的齐纳击穿现象相似,区别是压敏电阻电压无极性要求。称 P 点的电压为压敏电阻器的阈值电压。直流电路运用时要求阈值电压大于 1.1 倍直流供电电压。

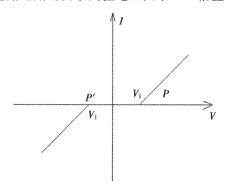

图 7 - 22　压敏电阻器的伏安曲线

　　(3) 稳压管对电路的作用。背靠背的稳压管对感性负载有瞬态抑制作用 (图 7 - 23)。当瞬态电压加在稳压管对时,如果瞬态电压高于一个稳压管 V_{Z1} 的稳压电压,则稳压管反向击穿,另一个稳压管 V_{Z2} 正向导通。感性负载两端的瞬态电压钳制为稳压电压 V_{Z1} 与二极管正向导通压降 V_{DC} 之和。该电路的伏安曲线如图 7 - 24。

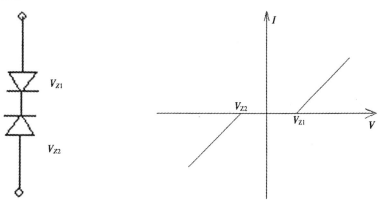

图 7 - 23　背靠背的稳压管对示意图　　　图 7 - 24　稳压管对电路伏安曲线

(4) R-C 网络

当 S 开关断开时,感性负载和 R-C 网络构成频率很低的过阻尼振荡电路。感性负载上的电流 I_L 和电容器上的电压 V_C 发生变化,如图 7-25,图 7-26。

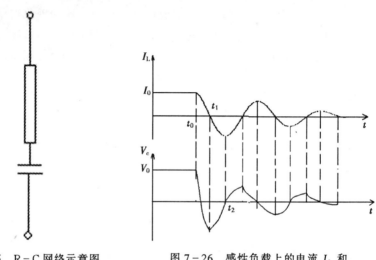

图 7-25　R-C 网络示意图

图 7-26　感性负载上的电流 I_L 和电容器上的电压 V_C 变化

当 $t = t_0$,电感负载上的电流 $I_L = I_0$,则电容器 C 上已经充有电压 V_0。在 $t_0 < t < t_2$ 时,感性负载内储存的磁场能量以电流 I_L 经 R_L(电感性负载内阻)和 R 向电容器 C 反向充电,使电容 C 上的电压以很快速率发生变化。在 $t = t_2$ 时,$I_L = 0$,感性负载存储能量释放完毕,能量已经转换成电容器 C 所拥有的电磁能量,在以后的时间电容 C 开始放电,放电电流又在 R 上产生损耗,如此往复循环,直到能量耗尽。所以要选择合适的 R 和 C,控制阻尼振荡频率约 100Hz 左右。同时控制 C 上的最高电压 V_0 小于 2 倍的供电电压。

7.2.6 平衡电路工程设计

骚扰电流在导线上传输时有两种方式:共模方式和差模方式。一对导线上如果流过差模电流,则两条线上的电流大小相等,方向相反。而一般有用信号也都是差模电流。一对导线上如果流过共模电流,则两条线上的电流方向相同。骚扰电流在导线上传输时既可以差模方式出现,也可以共模方式出现。但共模电流只有变成差模电流后才会对有用信号构成干扰。

平衡电路的特点为:不存在差模电流转化为共模电流干扰的条件。在两根导线的同一截面上,差模电流的幅度相同、相位相同,但是传播方向不同,同时也可以理解为同向传播相位相反。这种模式的电流就是通常的传输线理论、信号分析理论、电路理论中电缆中传输的电流模式。

平衡电路有两类:一类是借助平衡电路原理,主要作用是减小共模干扰信号对电路的影响;另一类是用于抵消电路产生的互调分量或高次谐波分量。

如图 7 - 27 所示,在信号电平 V_S 的 1/2 处实现接地,接地点的电压 V_G,传输信号被分成一对差分信号 V_{S1} 和 V_{S2},它们大小相等,对地电压符号相反。$R_1 /\!/ C_1$ 是差分信号 V_S 的内阻。$R_3 /\!/ C_3$、$R_4 /\!/ C_4$ 是负载,在负载的 1/2 处实现接地,接地点的电压 V_G。当这对差分信号经两根导线加到负载 $R_3 /\!/ C_3$、$R_4 /\!/ C_4$ 时,如果由于某种原因形成的干扰信号通过分布电容耦合到平衡电路的信号线 1 和 2 上,则噪声电压 V_1 和 V_2 大小相等,对地电位相同。由此可知,只要使信号源和负载符合平衡电路条件,都可以实现 V_1 和 V_2 互相抵消,V_G 在负载 $R_3 /\!/ C_3$、$R_4 /\!/ C_4$ 上的干扰影响也可以抵消。

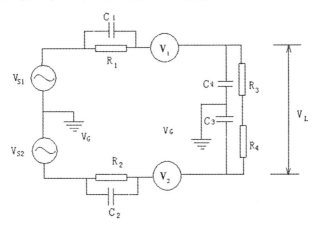

图 7 - 27　平衡电路示意图

为了表征平衡电路对共模 EMI 信号的抑制能力,定义了共模抑制比($CMRR$),在工程上常用下式求得:

$$CMRR = 20\lg\left(\frac{V_C}{V_M}\right) \quad \mathrm{dB} \tag{7-8}$$

式中,V_M 为负载上的差模电压;V_C 为平衡电路连接电缆上测得电压。该式成立的条件是 $R_1 /\!/ C_1$、$R_2 /\!/ C_2$ 差分信号 V_S 的内阻小于负载阻抗。由于负载上的差模电压和平衡电路连接电缆上的电压都可以通过测量得到,这给工程带来很大方便。抑制共模电流发射是控制辐射发射的关键。在实际应用中,常常把某些易受共模干扰的不平衡电路经过适当处理改进为平衡电路,可以达到有效地抑制共模干扰的目的。

7.2.7　去耦电路工程设计

电磁干扰信号往往通过共用电流、共用地回线的耦合传递到敏感电路。去耦电路的作用是将干扰信号电平抑制到允许的范围内,一般安装在 PCB 板电源入口处。典型的去耦电路有电源去耦、放大器去耦两类。

每个电源都是会有内阻的电压元,当两个电路共用电源时,其中大电流电路产生的干扰信号在电源内阻上产生电压降,为了控制共用电源内阻产生的传导干扰耦合,选择大电容小电感的汇流条和馈线是必要的。必要时在直流电源正负极之间并接一只大电容量的电容器 C,其效果使得汇流条和馈线特性阻抗变小,则当 I_L 变化时 V 会引起很小的 ΔV_L,如图 7-28。实际应用中是用 R-C 去耦电路(图 7-29)或 L-C 去耦电路(图 7-30)。

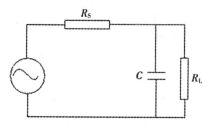

图 7-28　去耦电路示意图

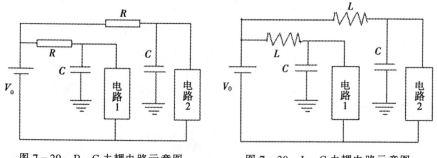

图 7-29　R-C去耦电路示意图　　　图 7-30　L-C去耦电路示意图

R-C 和 L-C 组成低通滤波器网络,允许供电电流通过,衰减由共电电源传经各路的干扰信号,同时有效抑制各电路产生的干扰信号流经共用电源,从而达到去耦的目的。R－C 去耦电路的缺点是 R 上有电压降,L－C 去耦电路多用于高频电路。

7.3　开关电源 EMC 设计

开关电源的种类很多,按变换器的电路结构可分为并联式和直流变换式,按激励方式可分为自激和它激,按开关管的组合可分为桥式、半桥式、推挽式等。因为体积小、重量轻、效率高,具有传统线性电源无可比拟的优点,所以被广泛应用于星载设备设计中。无论哪种开关电源工作时都会产生很强的噪声,通过电源线以共模或差模方式向外传导,同时还向周围空间辐射噪声。因此开关电源 EMC 设计从一开始就必须引起足够的重视。

7.3.1　开关电源干扰分析

一般来讲,开关电源干扰主要有两个原因:

(1)开关电源的大功率开关管工作在高压大电流切换状态,由导通切换为关断状态时形成浪涌电压,或由关断切换为导通状态时形成浪涌电流,其高次谐波分量构成干扰源。

(2)由关断切换为导通状态时,开关变压器副方的整流二极管电流,其高次谐波分量构成干扰源。

下面给出直流变换式它激单边型开关电源的例子,原理图如图 7－31。

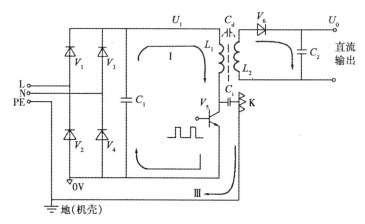

图 7－31　直流变换式它激单边型开关电源原理图

电源在开关机瞬间会产生反向浪涌电流,由于直流输出线路中的分布电感、分布电容,浪涌引起了高频衰减振荡,可能危及一次电源或输入滤波电容,造成失效而影响系统正常工作。当采用熔断器(保险丝)作输入过流保护时,若浪涌电流过大,当电源的输入瞬态特性高于熔断器的熔断特性时,在开关机瞬间可能会使熔断器熔断造成失效故障。若采用磁保持继电器作输入过流保护时,可能将磁保持继电器触点烧蚀造成触点粘接失效。

开关三极管的负载 L_1 是感性负载,所以在开关通断时管子两端会出现较高的浪涌尖峰电压,这个噪声会传导到输入输出端去,也可能击穿开关管。

L_1、V_5 和 C_1 构成的高频开关电流环路,可能会产生较大的空间辐射。L_2、V_6、C_2 也会构成高频开关电流环路,向空间辐射噪声。

散热片 K 与开关管集电极间由于接触面积较大,绝缘垫片厚度较薄,两者之间的分布电容 C_i 在高频时不能忽略,因此高频开关电流会通过 G 流到散热片 K 上,再流到机壳地,最终流到与机壳地相连接的交流电源线的保护地线 PE 中,从而产生共模辐射。电源线 L 和 N 线对 PE 线存在一定阻抗,如阻抗不平衡则共模噪声还有可能转变成差模噪声。

开关电源还可能产生如下噪声:初级电路的高频电压通过 C_d 将直接耦合到次级电路,在次级电路的两条输出直流电源线上可能产生同相位的共模噪声。如对地阻抗不平衡,还会转变成差模噪声。

7.3.2　开关电源的干扰抑制措施

7.3.2.1　屏蔽措施

脉冲变压器初级和次级间加静电屏蔽层,屏蔽层应尽量靠近开关管的发射极接 0V 地,这可以大大减小初级和次级间的耦合电容。选用低介电常数的材料做绝缘垫,加厚垫片的厚度,也可以减少开关管集电极和散热片之间的耦合电容 C_i。采用静电屏蔽层可以达到减小集电极和散热片之间的电场耦合的目的,如图 7 - 32 所示。

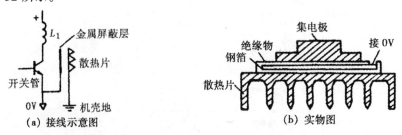

(a) 接线示意图　　　　　　　(b) 实物图

图 7 - 32　开关管和散热片之间的静电屏蔽

为了防止脉冲变压器的磁场漏泄,可利用闭合磁环形成磁屏蔽。整个开关电源可用多孔金属壳屏蔽起来,引入线处使用穿心电容,接缝处焊接,或用螺丝固定,注意螺丝间距要短。另外,使用罐形铁芯做变压器或电感,也有利于磁场屏蔽。

机箱插座(电连接器)与机箱间连接常常需要开口,因而会造成开口泄漏。为了解决这个问题,常常采用衬垫作为过渡。用铝金属加工一个小框,一面与机箱插座连接,另一面与机箱上盖板连接。

选择合适的材料进行焊接或搭接封闭接缝很重要。目前,大多数 DC/DC 变换器机箱选择铝合金,屏蔽问题的关键是隙缝、开口和穿透。因为铝合金是最普遍的屏蔽材料,甚至一薄层就足以进行高频屏蔽。但是为了满足热设计要求,机箱常常需要作黑色阳极化处理,阳极化层是不导电的。为防止辐射干扰,整个机箱的接缝处尽量采用整缝焊接,这是封闭接缝最有效的方法。不能采用焊接处才采用搭接。为保证搭接良好,搭接处应重叠 2mm 以上。同时在进行黑色阳极化之前,在焊缝连接处和电连接器与机箱连接处要预先进行覆盖,待黑色阳极化后将覆盖层去掉。更高要求时,可在接缝处镀上镍或铅锡合金,甚至镀银,也可采用导电胶。一般来说,搭接直流电阻小于 $10m\Omega$,对于静电屏蔽已经足够。要进行高频屏蔽,搭接直流电阻应小于 $3m\Omega$。对于接缝封闭,常用的接缝封闭法是用螺钉截断隙缝。当搭接处用螺钉拧紧时,两个相邻螺钉间距不应太大。螺钉配置方法可提供高达 100MHz 的有效屏蔽。在这个频率上,螺钉间距为15.24cm(1/20 波长),通过槽缝产生 20dB 衰减。为了在 300MHz 保持 20 dB 衰减,要求螺钉间隔降到 5.08cm。

电缆屏蔽必须将电缆屏蔽层的周围都与地搭接,预防电流穿越屏蔽。对于电连接器来说,要求从电缆屏蔽层到电连接器后尾壳,到配合电连接器固定面板,直到机箱都要低电阻连接,形成一个连续封闭接地系统。

7.3.2.2　输入共模和差模滤波器设计

输入端电源滤波器属于低通滤波器。它能够毫无衰减地把直流电源功率输送到设备上,同时又能使高频干扰信号大大地衰减,以保护设备免受干扰。

实际上,在电源线中往往同时存在共模和差模干扰,因此输入端实用的电源滤波器是由共模滤波电路和差模滤波电路综合组成,如图 7 - 33 所示。必要时采用多级滤波器。图 7 - 33 中 L11、L12 与 C2、C3 组成共模滤波器,L2 与 C4 和L3 与 C5 组成差模滤波器。

安装时,滤波器中滤波电容引线要短,尽量靠近滤波电感,滤波电感引线也要短。安装应尽量紧凑,避免不必要的引线长度形成辐射干扰源。接地线尽量

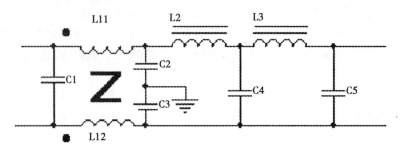

图 7-33　共模差模滤波器典型电路

短,且确保低电阻连接。

7.3.2.3　输出共模差模滤波器设计

在直流电源输出端加一个共模噪声滤波器,例如用铁氧体磁环做成的共模扼流圈,电感量1~3mH即可满足要求。如输出电路的滤波电容器不能充分抑制差模噪声可再加一电感—电容组成的 Γ 型低通滤波器。

输出端要求设置差模共模滤波器,如图 7-34 所示。图中,由 D1、C1 组成整流滤波器,为了更好地抑制纹波干扰,再加一滤波器。由 L2、C3 组成差模滤波电路,由 L31、L32 和 C2 组成共模滤波电路,可以更好地抑制输出尖峰和噪声,是理想的滤波器。这样的电路配置,可以适应各类负载,完全可以满足电磁兼容要求。

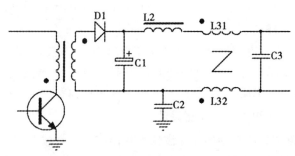

图 7-34　输出端设置共模差模滤波器

7.3.2.4　布线

采用合理的线路布局和走线,尽量不要让强电线路跨过或穿过弱电电路。在布线时注意:

(1) 不要把开关电源的输入交流电源线和输出直流电源线靠在一起,更不能捆扎在一起。

（2）输出直流电源线最好用双绞线，至少应紧靠在一起走线。

（3）开关电源的输入输出电源线应尽可能远离电路中的信号线。印制板布线时注意尽量减小高频环路的面积，缩短高频信号线。交流滤波器离输入端整流器太远，连接线上的噪声会产生辐射。整流器和电解电容距离太远，环路较大，易接收噪声。电解电容、开关管和脉冲变压器的环路太大，高频辐射较强。脉冲变压器、输出整流二极管和直流输出端滤波器组成的环路靠近，甚至与上一环路重叠，会接受较大的干扰。

将电源线和信号线分开走线，电源线采用外带屏蔽护套的双绞线，其中一根作正电压馈电线，另一根作负电压（负回线）馈电线。

设计时注意元器件位置，按 U 形布局；注意输入输出线远离；注意元器件间连线要短；注意电容元件尽量靠近滤波电感输出线，减小引线干扰；注意误差信号采样位置；注意脉宽调制器电源输入端去耦；注意地线连接；注意脉宽调制器远离功率级元器件；滤波器的输入、输出线应远离采样信号线等等。

7.3.2.5　其他措施

在输出端的整流二极管两端加 RC 吸收电路，抑制反向浪涌，也可在整流二极管支路中串接带可饱和磁芯的线圈。可饱和磁芯线圈在通过正常电流时磁芯饱和，电感量很小，不会影响电路正常工作，一旦电流要反向流过时磁性线圈将产生很大的反电势，阻止反向电流的上升，因此将它与整流二极管串联时就能有效地阻止反向浪涌。抑制二极管反向浪涌的如图 7 - 35。

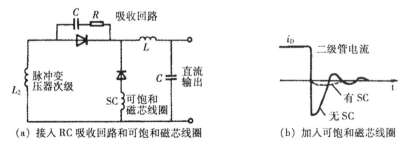

（a）接入 RC 吸收回路和可饱和磁芯线圈　　（b）加入可饱和磁芯线圈

图 7 - 35　RC 吸收电路原理图

DC/DC 变换器功率级是其核心单元，为了满足电磁兼容要求，必须采用功率变压器隔离。功率变压器初级与次级，只有通过电磁耦合实现能量传递。这样，初级的噪声不能直接耦合进入次级输出，反之亦然。这样就避免了输入输出之间相互影响。从电磁兼容角度看，采用变压器隔离的功率级明显优于串联型功率级。

功率级中功率管与变压器之间连线、箝位二极管与功率管之间连线、变压器与整流二极管与续流二极管之间连线、整流二极管与滤波电感或滤波电容之间连线均是高频大电流脉冲引线，越短越好，因为它们不仅会产生传导干扰，更会产生辐射干扰，是明显的电磁干扰源。

同时还应注意功率变压器屏蔽接地问题，确保接地良好，实现低阻抗连接以便减小电磁干扰。在线路板上加装吸收电路（包括强电吸收和弱电吸收）；如在开关管两端加 RC 吸收电路，吸收浪涌电压，达到抑制电快速瞬变脉冲群的目的，如图 7-36 所示。

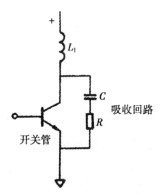

图 7-36　浪涌电压吸收电路示意图

DC/DC 变换器实际上是一个恒值控制系统，它工作于深度负反馈状态，闭环后系统稳定性将影响输出纹波。在闭环系统中有高增益运放，它将输出电压的变化情况与基准电压进行比较，进而将误差信号放大，加到与门电路进行脉宽调制，再将调制脉宽经逻辑电路和功率放大输出。然后进行前置放大，驱动功率晶体管，通过功率变压器进行电磁转换和整流滤波输出。在整个闭环系统中，从传递函数分析看，有线性环节部分，也有非线性环节部分，所以电源是一个较复杂的闭环系统。但闭环系统稳定性要满足一定条件，即增益和相位要满足一定条件，若不满足，就会产生振荡，使电源变成一个电磁干扰（EMI）源。这种情况类似模拟电路可能由于无意之中工作在了设计带宽之外相类似，这一点往往被电源设计师所忽略。解决的办法是改变微分积分电容值，即采用补偿的办法，也就是适当改变 PID 调节中的 I 和 D，甚至改变增益 P，进行稳定校正，直至满足稳定性要求。

所以要求在输入电压变化范围内，在输出负载变化范围内，在工作温度要求的范围内,特别是对于输入电压阶跃变化和负载的阶跃变化,电源始终工作于一个稳定状态,这个设计要求应引起重视。为此,增益和相移均留有足够的余量。

通常在 DC/DC 变换器机壳上设置镀金螺栓,用镀金螺栓做出的结构地通过接地电缆与星船大地相连,使 DC/DC 变换器机箱与星体构成一个等电位体,防止卫星带静电引起静电流而损坏 DC/DC 变换器。

DC/DC 变换器遥测信号"地"、遥控指令"地"与电源输出"地"应分别引线,仅在机箱印制板上一点接地。各路电源的输出"地"可以在机箱内一点接"地",构成等电位"地",也可以独立输出,在负载处再一点接"地"。

机箱内每路电源的印制板上共"地"问题也应引起重视。应分清哪是主回路的负回线,哪是辅助回路的负回线,两者不能混淆。如控制电路的"地"、输出电压反馈采样信号"地"等都属于辅助回路"地",与主电流回路负回线应分开引线,仅在特征点一点接地(也称共地)。不能互相借用,导致地线混乱,造成电磁干扰,因为辅助回路往往又是电源的敏感电路。

另外,若输入过流保护(对一次电源线保护)的采样电阻设置于输入负线回路,那负回线的设计更应重视,不能见"地"就连,造成负回线电流不是 100% 通过采样电阻,从而影响输入过流保护阈值。

7.3.2.6　多层印制板设计

对高速逻辑电路设计,使用单层板不能满足电磁兼容性要求时,应该研究多层板的应用。多层印制板设计要决定选用的多层印制板的层数。多层印制板的层间安排随着电路而变,但应有以下共同原则:

(1)电源平面应靠近接地平面,并且安排在接地平面之下。这样可以利用两金属平板间的电容作电源的平滑电容,同时接地平面还对电源平面上分布的辐射电流起到屏蔽作用。

(2)布线层应安排与整块金属平面相邻。这样的安排是为了产生通量对消作用。

(3)把数字电路和模拟电路分开,有条件时将数字电路和模拟电路安排在不同层内。如果一定要安排在同层,可采用开沟、加接地线条、分隔等方法补救。模拟地和数字地、电源都要分开,不能混用。数字信号有很宽的频谱,是产生骚扰的主要来源。

(4)在中间层的印制线条形成带状线,在表面层形成微带线,两者传输特性不同。

(5)时钟电路和高频电路是主要的骚扰和辐射源,一定要单独安排,远离敏感电路。

7.4　高频设备 EMC 设计

　　星载高频设备与低频设备一样,也需要采取接地、搭接、布线、布局、屏蔽、滤波等基本 EMC 设计技术,实现设备内部及设备与其环境的兼容。但另一方面,由于高频频段有许多不同于低频的特殊问题,使得 EMC 设计有着相当难度,解决不好有导致整个系统失效的潜在危险。

　　鉴于上述考虑,作者从分析高频电路可能产生的电磁干扰现象入手,根据 EMC 原理和总结工程实践经验,提出一些可行的 EMI 控制措施,供从事高频设备 EMC 设计人员参考。

7.4.1　高频电路 EMI 现象分析

　　高频接收电路的噪声有内部噪声和外部噪声。内部噪声可能是放大器元器件和电阻噪声,外部噪声则多半来源于信号源、外界无线电波感应交流声、电容漏电流、接地线噪声、电源纹波、开关切换引起的冲击等等。一般来说在 $f < 10\mathrm{MHz}$ 以外部噪声为主,在 $f > 100\mathrm{MHz}$ 时,以内部噪声为主。高频接收电路的噪声直接关系到接收机的灵敏度。

　　工程上使用的混频器输出端除了有用的混合频率外,还存在许多谐波频率和组合频率。当某些组合频率接近于中频信号频率时,有一些可能落在中频放大器内,则它会和有用的中频信号产生差拍,被检波成音频干扰。

　　如果混频器前端选择性不好,也有可能使射频干扰进入混频器,当它们与本振的谐波发生作用后,有可能产生中频频率的组合干扰。

　　镜像干扰是当正常信号比本振低一个中频时,它比本振高一个中频,反之亦然。镜像干扰是工程上常见的中频频率组合干扰。

　　组合干扰是杂波的一种,广义地讲是指非直接的 RF 泄漏、非谐波、非宽带噪声。产生的条件是两个信号(或干扰)同时存在,并且进入非线性元件或电路。这里主要包括互调干扰和交调干扰,互调干扰频率满足以下公式:

$$\left(f_r - \frac{B_{R60}}{2}\right) \leqslant |mf_1 \pm nf_2| \leqslant \left(f_r + \frac{B_{R60}}{2}\right) \tag{7-9}$$

式中,f_r 为接收机射频工作频率;B_{R60} 为接收机中频 60dB 带宽。交调干扰是非线性设备或传播媒介中信号的相互组合产生的无用信号对存在信号进行调制作用,交调干扰没有确定的频率关系,一般当一个已调制的干扰信号比较强时会对未调载波产生附加调制。交调干扰难于进行较准确地定量 EMC 预测。

在多载波传输的通信系统中,如果已调制的干扰信号很强时,在满足一定条件下,会发生干扰信号的调制转移到正常传输的载波上,它们不需满足确定的频率关系。这种干扰危害很大。

如果接收机前级电路选择性不好,会导致几种干扰信号一起进入电路,由于放大器或混频器等高频有源器件存在的非线性作用,会使干扰信号之间有可能产生混频,其结果出现接近正常信号的干扰信号,而且有可能与正常信号一起进入中频放大之后,产生差拍,形成音频干扰。

如果有一个很强的干扰信号被接收机接收时,有可能使前级放大器或混频器进入饱和工作状态,有可能达到严重的非线性程度,甚至可能导致晶体管损坏。这种现象称为阻塞干扰现象。工程上称晶体管击穿现象为完全阻塞现象。

当两个干扰信号进入混频器与本振边带噪声混频,则会产生中频干扰。这种情况会导致本振噪声间接进入中频,其结果是输出信噪比降低,最终使接收系统灵敏度和动态范围下降。

实际工程中,材料非线性和传输通道结构上形成的不连续导电面等多种因素也有可能导致互调干扰现象发生。这种由于无源部件固有非线性产生的互调干扰称为无源互调产物(简称 PIM)。引起无源部件非线性的微观机理非常复杂,它不仅与材料性能和结构形式相关,还与通道加载及系统装配工艺质量相关。

接收机本振源屏蔽不好或电路选择性设计不好,都有可能导致本振源的基频、谐波、分谐波等各种杂散发射泄漏出现,形成一种潜在干扰。

发射机带外单个或多个频点上的杂散发射,包括谐波发射、分谐波发射、寄生发射、互调产物及变频产物。一般来说谐波发射、互调产物及变频产物是由于发射机高频器件的非线性引起,它们与发射机工作频率之间有确定的关系。分谐波是指采用倍频原理设计的发射机,其晶振频率的无用高次谐波。电路选择设计不合理,容易生成分谐波,它可以预测得到。寄生发射则完全可能是一种随机的骚扰现象。它可能由于杂散电容,也有可能是电路个别部分自激,原因多种多样。

发射机带外发射是指发射机工作频率之外、边带超出配置要求的部分。显然带外发射是由于发射机调制器设计不尽合理,造成调制过的信号边带超出规定范围。工程经验给出启示,调制器带宽选择要适当,不要过宽。

由于航天器任务越来越繁多,使得任何型号航天器都具有多副天线,少则几副,多则十几副,甚至几十副。由于这些天线间一般没有直接的电气联系,所以常称之为"天线集合"。工程上的"天线集合"安装在有限的、常常是狭小的空间,要满足每副天线所需要的合理位置几乎是不可能的。如果天线位置布局不当,会引发一些干扰现象。

7.4.2 高频设备 EMC 设计方法

在高频频段线间耦合遵守传输线理论,电路设计遵守电磁场理论。传输线上驻波效应、空腔谐振及杂散电容等高频现象几乎无处不在。这不仅使得布局、结构设计显得重要,就连工艺技术也直接影响着设备的 EMC 指标。所以从某种意义上讲高频设备 EMC 技术是一种经验性技术。下面给出一些常用的高频设备 EMC 设计方法。

(1)与一般电子设备 EMC 设计一样,首先要合理选择和正确使用高频元器件。选择敏感度阈值高、固有噪声小的晶体管和其他模拟器件做敏感电路的基本结构单元。各种功率管一定要控制在额定功率或额定电流之下工作,避免产生不必要的噪声和 EMI 发射。

(2)印制电路板采用接地平板,将可能载有大电流的时钟信号、行驱动器和总线驱动器等主要辐射源应与地回线就近相连,减小环路面积,控制差模辐射。

(3)控制印制电路板共模辐射的关键是减小所有电缆中的共模电流,这就要求对进入、离开设备的电缆针对共模发射做必要处理,如通过采用接地平面有效减小地电压,通过将电流旁路实现电缆去耦,增加共模扼流圈以提供与电缆串联的高共模阻抗,将电缆屏蔽等多项措施。

(4)电路频率很高时,即使很短的走线也会产生明显的辐射和感应,所以高频电路单元间尽量选择同轴电缆传输信号,减小高频信号泄漏。同轴电缆的屏蔽层与屏蔽盒之间应实现360°连接。同轴电缆也能起到抑制外界干扰的作用。

(5)多级电路的接地点选在低电平电路输入端,这样可以缩短输入级的接地线,使输入端电位尽量接近基准地电位,可以提高抗干扰能力;反之,若把接地点选在高电平端,则会使输入级对地基准电位差加大,地线变长,这显然是错误的。

(6)多级电路小信号放大器和高增益放大器要加屏蔽罩以防自激发生,屏蔽罩接地点应选在线路输出端,并实现良好接地,这样可以减小放大器与屏蔽罩间的分布电容造成的寄生耦合,同时可以降低输出端对输入端的干扰影响。

(7)高频地线的阻抗包括电阻、电感两部分,由于高频存在趋肤效应,地线电阻需用交流电阻表示,其值与趋肤深度相关,接地线应遵循短、直、粗的原则。

(8)高频信号唯一实用的接地方式是多点接地,为使多点接地有效,当接地线长度超过 $\lambda/8$(λ 为最高工作频率时应的波长)时,多点接地需要有一个等电位接地平面。

（9）在高频电路实施搭接时，除考虑直流电阻外，还应考虑驻波效应和通路谐振以及导线固有的电感和杂散电容影响；另外搭接条尺寸对搭接电阻也有影响，推荐长宽比大于 5∶1。

（10）在 EMC 领域，认为长于 $\lambda/4$ 的导线具有电压、电流驻波效应，在电缆布局上应考虑以下几个方面：

· 滤波器输出线与输入线隔离，可以防止高频耦合；

· 长连接电缆应选屏蔽线或同轴线；

· 屏蔽电缆屏蔽层应多点接地，多根电缆的屏蔽层间应相互隔离；

· 高频电缆应尽量靠近接地平板敷设；

· 同轴连接器外壳应 360°和屏蔽电缆屏蔽层实现良好电连接，同轴连接器注意拧紧，避免因松弛带来干扰能量的整流效应；

· 高频连接器应具有电磁密封性，连接器插座与屏蔽箱体实现周向良好搭接，多芯连接器的每个接触点间最好有屏蔽，遇到空插针应接到地电位。

（11）高频电路发射机输出端选择滤波器，以减小乱真发射，控制不需要的信号在允许的电平之内。

（12）高频电路接收机输入端选择预选滤波器，可抑制有意干扰和无意干扰；为提高接收机抗干扰能力，往往在中频段还需要选择性能优良的中频滤波器。

（13）多级电路在屏蔽盒内加隔板或直接分级屏蔽，以防止级间耦合。

（14）高频电路变压器绕组间应采取屏蔽措施，防止绕组间存在的分布电容引发耦合。

（15）必要时采用一些专门抑制干扰电路，如去耦电路、平衡电路及特殊噪声抑制电路等。

（16）高频设备屏蔽机箱应作规范的屏蔽设计，屏蔽机箱安装面应预留出良好的导电连接面，以便就近与仪器舱安装平台实现良好电连接，最好直接接触。

7.4.3　空间微放电现象抑制措施

随着大功率卫星有效载荷应用需求日益增大，对在空间大功率条件下，微波部件产生的特殊现象"微放电"进行研究和探讨，寻找解决大功率微波器件微放电问题的正确途径，对确保卫星有效载荷正常工作有着极其重要的意义。

微放电（Multipaction，也称二次电子倍增）是指真空条件下，电子在强微波电场加速下在金属表面之间产生的二次电子倍增现象，即在传输微波大功率的无源部件中出现的一种射频击穿现象。工作在大功率状态下的微波无源部件，如果设计不当,当功率、频率和部件内部结构缝隙尺寸满足一定关系时极易产生微放电现象,这种现象的产生又取决于加工工艺、表面处理、材料、污染等因素。微放电一旦产生将造成严重后果,导致微波传输系统驻波比增大,反射功率增加;引起腔调谐、耦合参数、波导损耗和相位常数等的波动;产生谐波,引起带外干扰和互调产物;产生附加噪声;对电缆、接头和部件表面慢侵蚀。所有这些因素会造成部件性能下降和系统不能正常工作,在部件内部电场驻波比最大点处及阶梯、锐边缘、缝隙等场强增强处,会加剧微放电效应。特别严重的情况是微放电效应产生的气体放电,气体放电吸收和反射出比微放电效应本身更强的能量,这将导致部件最终损坏和从根本上毁坏整个系统。

微放电现象是由部件表面二次电子发射引起的,见图 7-37。在真空环境下,电子的平均自由程很长(和结构缝隙尺寸相比);部件内缝隙尺寸(d)和微波频率(周期 T)使得电子渡越时间满足:$t_r = (2n-1)T/2$,其中 $n = 1, 2, 3, \cdots$。如果表面二次电子发射系数大于 1,则电子在强微波电场加速下产生电子二次倍增即微放电现象。

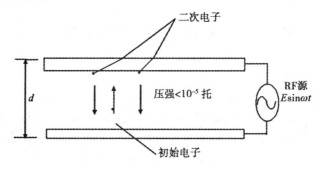

图 7-37 产生微放电的电子二次倍增

从峰值为 E 的正弦变化射频电场内质量为 m 的电子运动方程出发:

$$m \frac{d^2 x}{dt^2} = eE \sin(\omega t + \varphi) \qquad (7-10)$$

e 为电子电荷,ω 为角频率,φ 为初始相位。积分后可以得到:

$$V = \frac{4\pi^2 (f \times d)^2}{(e/m)\Phi} \qquad (7-11)$$

此为微放电击穿电压 V 和频率 f、间隙尺寸 d 的关系。其中 Φ 是相位 φ 的函数。从这些方程出发,建立计算机仿真模型进行计算,结合实际测量数据,可得到平行板间微放电敏感性曲线。

图 7-38 所示曲线是欧空局 ESTEC 从计算机模型得到的微放电敏感性区域曲

线,它可用以设计波导部件,经过修正又可用于其他微波传输系统、部件的设计。

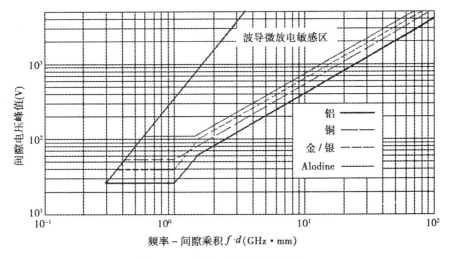

图 7－38　微放电敏感区域曲线

注:Alodine 指表面阳极化

通常在部件设计与加工工艺上可采取如下要点来抑制微放电产生:

(1) 在部件设计阶段,在选择间隙时严格按曲线提供的数据,控制频率与间隙尺寸之积 $f \times d$,使之落在微放电敏感区之外,并且有尽量大的余量。

(2) 研究数据表明,不同表面处理工艺具有不同表面二次电子发射系数。因此要重视研究表面处理工艺,以减小导体表面的二次电子发射系数。

(3) 工程实践证明,导体表面氧化和尘垢污染也成为诱发二次电子发射的原因,其结果表现为部件微放电功率阈值的降低。因此要注意表面清理工艺,在部件装配、调试、存储过程中,应避免污染,保持部件洁净。

(4) 加工毛刺和细丝等多余物,也是诱发微放电的原因之一,应注意加工制造工艺。

(5) 金属结构阶梯、锐边缘容易使电磁场增强,有加剧微放电的潜在危险,部件设计中应尽量避免。

(6) 微放电效应会诱发气体放电,因此在部件设计时要考虑设计适当的排气孔,以便将内部残留气体及时排出。

7.4.4　无源互调干扰现象分析

最早在移动通信的高功率多通道通信设备的研究中,人们发现一种新的电磁干扰源——无源互调(Passive Intermodulation 以下简称 PIM),它是指由无源部件的固有非线性导致的互调产物。

基本的 PIM 现象是由于电流流过非线性部件产生的。诸如滤波器、同轴线缆及连接器、金属连接面、天线馈源及天线等无源部件由于多种原因可能产生固有的非线性。

引起无源部件非线性的微观机理非常复杂,它不仅与材料性质、结构形式有关,还与通道加载及系统装配的工艺质量相关。无数专家学者为此付诸艰巨劳动,进行了大量的理论与试验研究。

历史上,PIM 是在安装在有限空间船上的收发共用天线系统上发现的,当时称为天线结构元件锈蚀产生通信干扰的"rusty-bolt"现象。

1966 年 Krstansky 发表文章,明确指出铁磁材料是 PIM 的主要干扰源。他在 2~5MHz 频段,作过大量金属材料试验,发现钢、镍和钼产生 PIM。还得到定量试验结果,把铁磁材料用铜电镀,则 PIM 影响降低 30dB,减少试验样品边缘的陡峭程度,则可降低 PIM 电平 3dB。

1970 年 Cox 在 6GHz 频率的射频无源部件上做过试验,检测到 3 阶、5 阶、7 阶 PIM 现象。1973 年 Betts 在 2~5MHz 的移动天线系统的试验中,发现了 3 阶 PIM 现象。1975 年 Young 在 240~310MHz 频率范围内,做了各种连接器和馈电器试验,发现了 PIM 现象。分析认为可能是由低导磁率(导磁率<2)的不锈钢镀镍连接器和包含 Kovar(一种新型介质材料)的连接器产生。

Higa 在深空网天线相关的噪声研究中发现 PIM 现象,第一次把 PIM 产物与 MIM(金属-绝缘物-金属)机理联系起来。第一次指出材料上的氧化物厚度和产生具有非线性电压、电流曲线的连接物厚度相似。类似于通过薄绝缘涂层的电子隧道效应。

Bayrak 在 S 波段做过相似和不相似金属接触面试验,检测到 3 阶、5 阶 PIM 产物。

1976 年 Chapman 在 7.9~8.4GHz 频段的天线馈源做过试验,发现了 3 阶 PIM 现象。

1977 和 1978 年 Amin 在 L、S 和 C 波段的同轴电缆和连接器上做试验,检测到 3 阶、5 阶 PIM 产物。1979 年 Bond 在 240~320MHz 金属连接面上做试验,也得出了关于金属-氧化物-金属连接面的电子隧道现象引起 PIM 的结论,同时还测量了连接物参数的时间相关特性。1980 年 Lee 在 245 和 268MHz 频率上做过同轴电缆和连接器的试验,发现了 3 阶 PIM 现象。Arazm 在 1.5GHz 频率上做过金属与金属的接触面试验,检测到了 3 阶、5 阶 PIM 产物。

Arazm F,Benson F 在 IEEE Trans on EMC 上发表了题为"金属接点在微波频段的非线性"的学术论文。文章详细研究了铜、铜铍合金、黄铜、无氧镍、低碳钢、不锈钢、铝以及 12 种不同成分的钢等材料组成的相同－不同金属的表面性能。第一次在 1.5GHz 以上频率上对接点金属的配合表面进行测试,发现了 PIM 现象。1986 年 Hoeber C F 等在 AIAA 上发表了题为"高功率通信卫星中的无源互调产物"的论文。文章介绍了四颗卫星(FLTSATCOM、MARISAT、MARECS 和 INTELSAT V MCS)受 PIM 干扰影响。其中前三个在系统总装和测试阶段发现了 PIM 问题,第四颗是在轨道上发现了由 PIM 产物引起的系统中偶然的随机噪声干扰。1991 年 Benson F A 和 Amin M B 一起又发表了一篇题为"在微波频段作为互调干扰源的同轴电缆"(IEEE Trans. on EMC)的论文,讨论了在微波频段由于编织电缆的非线性引起的 PIM 干扰。通过试验研究了同轴电缆各种参数对产生 PIM 产物的影响。

综上所述,大量的理论研究和测量实践证明,当多个不同的未调制频率 f_1, $f_2, \cdots, f_n$ 入射到一些无源部件时,这些无源部件固有的非线性会导致大量的 PIM 产物。这些 PIM 产物对电子系统研制构成严重危害。研究 PIM 产物产生机理、PIM 试验技术,研究减轻 PIM 的方法,已成为通信、航天、航空等领域的热门话题。

到目前为止,研究认为通信系统产生 PIM 现象的潜在原因有以下几种:系统硬件中(比如连接器)使用铁磁性材料会引起 PIM 现象,因为铁磁性本身是非线性的;使用腐蚀过的材料是造成 PIM 的重要原因,对受腐蚀的试验样品做试验,发现产生相当高的 PIM 电平;同轴连接器连接的不紧固,是产生 PIM 现象的原因之一;由微小裂缝、微小触须和金属结构中的砂眼可能产生 PIM 现象;金属连接处有脏东西或因涂复形成的金属－绝缘物－金属连接物的存在引起非线性,导致 PIM 现象出现;温度不是直接原因,但不同的热胀冷缩改变机械加载,间接影响 PIM 产生;同轴电缆编织物材料及填充因子影响 PIM 产物电平;铝和不锈钢编织物或镀镍铜产生强的 PIM 现象。

无源互调产物与有源互调产物性质大不一样,有它自身的特点,研究表明,温度不同引起的热胀冷缩改变机械加载,对 PIM 有影响。同轴电缆编织物及填充介质也会影响 PIM 电平。PIM 还和同轴电缆长度相关,同轴电缆的长度愈长,则 PIM 产物电平愈高。PIM 电平与工作频率也相关,基本信号频率愈高,则 PIM 产物电平愈高。

PIM 电平与传输功率电平相关,无源互调产物与传输功率电平相关,但常常表现出相对于功率电平的不可预知性。无源互调产物在时间上不能保持稳定,它们对物理运动或温度循环的过程或温度变化都极敏感。无源互调产物随时间变化,为了得到可靠的数据,必须坚持多种测试条件,并经过长时间观察取证。无源互调产物具有门限效应,因此设计时要留一定裕度。

由于 PIM 现象的不稳定性,常常表现出不可预知性,因此,PIM 电平靠预测分析难度太大。虽然它的频谱可以计算,计算方法与有源互调频谱计算相同,但随系统出现的载波数目增加,PIM 离散谱急剧增加,当载波数目较多时,PIM 干扰与宽带噪声没有什么区别。从某种意义上讲,检验 PIM 干扰主要靠测量手段,通常要投入长时间的、多种条件下多次测量才能发现。

金属－氧化物－金属连接面的电子隧道现象和通过薄绝缘涂层的电子隧道现象相似。在电子系统中,在 L 波段、S 波段、C 波段都曾发现过此种现象。由无源器件的非线性可能引入无源互调干扰,其预防措施如下:

(1) 高频连接器和天线、馈源及连接部件,不要选用铁磁性材料,因为铁磁性材料本身是非线性,容易引起无源互调干扰。

(2) 高频连接器和天线、馈源以及连接部件要注意防锈。因为锈蚀后形成的金属氧化物具有整流作用,等效于二极管,有潜在的混频作用,一旦产生新的无源互调产物,通过周围金属件形成再辐射,势必造成干扰。

(3) 同轴连接器要拧紧,一旦技术状态固化,特别是在发射前,要采取必要的固定状态措施(如胶粘等),因为工程实践证明任何连接件的松动都有可能带来产生无源互调干扰的潜在危险。

(4) 重视天线、馈源的加工工艺过程,不要留有产生无源互调干扰的隐患,因为任何微小裂缝、微小触须或金属结构中的砂眼,都有可能引发无源互调现象。

(5) 在连接处(如波导法兰)有脏物或因涂覆形成的金属—绝缘物—金属的存在会导致信号传输的非线性响应,工程操作中要加倍小心。

(6) 尽量不要用编织物作同轴电缆的填充物,专家们曾给出该种电缆容易产生无源互调现象的实验数据。

(7) 由于无源互调现象与温度相关,并且具有门限效应,对传输功率及物理运动表现出随机性。建议对多载波通信系统尽量少用收发共用方案,如果一定要用,则必须坚持对大功率发射、高灵敏度接收的收发共用系统做严格的无源互调试验,非共用系统方案也要尽力去做,以试验数据提供给总体,以确保航天器系统的兼容性。

7.4.5　UHF 大功率多工器设计

UHF 大功率输出多工器位于通信转发器的固态放大器和发射天线之间。它把分别经信号处理和放大了的 6 个端口通道通信信号进行汇合成一个端口,并滤去谐波和杂波后送到一个端口的发射天线。因此,大功率多工器起着信号的合成和滤波的作用。

要把 6 个不同微波频率的信号加以合成,必须借助于微波滤波器,利用它对某个频率信号通过,而对其他频率信号以高电抗的形式加以反射。在通道频率之间挨得很近的情况下,微波滤波器的带外有限电抗将会影响相邻的其他通道。为了消除它们之间的相互影响,在联接方式、各通道滤波器之间的相位距离、通道滤波器本身的有关参数等必须要有一个优化组合,该多工器起着"合成网络"的作用,使得其中一个微波频率信号通过多工器时,像通过单个带通滤波器一样。

UHF 多工器由 6 个中心频率符合要求的同轴带通滤波器和一个与这 6 个滤波器相连的分歧同轴线组成。各同轴带通滤波器的有关参数都依靠计算机的优化和精心实验调节获得。多工器的一个关键问题是微放电,微放电的最基本参数是频率 $f(\text{GHz})$ 和距离 $d(\text{mm})$ 的乘积 fd,该乘积在一定范围内越小越容易引起微放电。而 UHF 工作频率为 0.35GHz,是 C 频段的 1/10,是 Ku 频段的 1/30,因此在相同距离、相同表面状态等的情况下,UHF 频段的微放电阈值要比 C 频段低 20dB,比 Ku 频段低 30dB。同时,在 S、C 和 Ku 频段都可以用大间距的波导腔来研制滤波器和多工器,但在 UHF 频段,由于波导腔体积太大,而无法承受,因此,只能用小间距的同轴腔。这样,在较低的工作功率情况下,UHF 多工器就可能产生微放电。

另外,由于多工器中的带通滤波器处在驻波状态下工作,这与处在行波状态下工作的传输线大不一样,在相同工作功率的条件下,在带通滤波器内部的电场区域,将会把电压扩大了许多倍,增大的倍数与谐振腔的外 Q 值的均方根成正比,也就是说,带通滤波器相对带宽越小,增大的倍数越大。而 UHF 多工器工作带宽都很小,只有 500kHz 和 100kHz,相对带宽相当小,具有较高的外 Q 值。因此,在 UHF 多工器里极容易产生微放电现象。

为了防止大功率 UHF 多工器的微放电,围绕扩大距离、降低电压等方面开展了大量的研究和试验工作,最后达到了 3dB 的功率余量。关键技术有:

(1) 多通道合成技术。大功率 UHF 多工器由 6 个 4 阶同轴带通滤波器和一个分歧同轴传输线组成,共有 24 个耦合参数和 3 个相位参数。为了消除各通道之间的相互干扰,达到各通道带内良好的匹配状态,必须应用多通道合成技术,根据多工器的实际结构进行编程,设立目标函数,对这些耦合参数和相位参数进行优化设计,获得一组最佳参数,并把这些参数计算成相应结构的几何尺寸。在调试阶段还需要精细的调节,以便获得满足要求的性能。

(2) 同轴椭圆传递函数设计技术。在大功率情况下工作的同轴椭圆函数滤波器不同于一般的同轴滤波器,它的输入输出不能使用调节方便、结构简单的耦合探针,它的交叉耦合也不能使用探针耦合形式,给多工器的设计、加工和调试带来很大的困难。为了提高同轴滤波器的功率容量,采用了新的设计方法。在该多工器的各通道同轴滤波器中,腔间交叉耦合和主耦合分别采用了容性耦合孔和感性耦合孔,输入、输出采用了耦合环。环耦合是个磁场耦合,它安置在同轴腔内磁场最强而电场最弱的地方,即同轴腔内接近底部的地方,并且使导线和腔内壁形成的环截面与磁场相垂直,以便加强耦合效果。

(3) 全介质填充同轴分歧传输线设计技术。由于工作频率低,通常使用的外导体内径为 7mm、内导体外径为 3mm 的 50Ω 空气介质同轴线,在大功率 UHF 多工器中已经不能适用。为了提高微放电功率容量,多工器中的同轴分歧传输线必须进行全介质填充。由于该同轴分歧传输线有 3 个"+"型分歧结构和到滤波器的耦合机构,其结构比较复杂,必须灵活应用同轴传输线理论,结合机械结构设计,采用了实际可行的设计方法,解决了设计、成形、安装、调试和固定等难题,从而大大提高了多工器的微放电阈值。

(4) 大功率低电压设计技术。正如上面所述,在滤波器和振荡器等高外 Q 值部件里,谐振腔等效电容两端的电压比馈电传输线上的电压高得多,增高的倍数与外 Q 值的均方根值成正比。因此,在设计某卫星大功率 UHF 多工器时尽可能地扩大了 6 个通道的设计带宽,使 6 个通道的通带邻接了起来,成了邻接型 UHF 多工器。

其次,利用多工器在平台上的有限空间,在允许的条件下,尽可能地扩大同轴谐振腔的内外导体的直径:第一、第五、第六通道同轴滤波器外导体内径扩大到 Φ80,而第二、第三、第四通道同轴滤波器外导体内径扩大到 Φ90。这样有效地扩大了距离 d。

改进设计和调试方法,努力去掉全部调谐螺钉,使谐振腔内保持了均匀平坦的表面减少了电场过于集中的地方,从而减少了谐振腔中容易引起放电的区域。

在同轴谐振腔内导体的顶端是电场最强的地方因此在内导体的顶端采用了倒圆切削技术,尽可能减少电场强度。

(5) 整体清洗技术。在多工器调试好以后,拆开滤波器顶端盖板,采用酒精超声波整体清洗工艺进行清洗。这样可以有效地防止谐振腔内由于装配、调试等原因所带来的表面污染,提高了表面洁净质量从而提高了多工器的微放电阈值。

(6) 高频仿真技术和模态分析技术。由于多工器的结构比较复杂,为了明确谐振腔内电场的分布和大小,采用了先进的高频仿真技术,获得了相应的结果,从而采取了有的放矢的措施,为多工器研制的顺利进行提供了有力的支持。同时,由于多工器的结构的扩大,重心的提高,为了在自然频率、强度、刚度等方面满足要求,又进行了有限元建模,计算了前 10 阶自然频率,并对谐振腔内导体进行了模态分析和强度分析。

经多次试验证明,聚四氟乙烯介质内部含有引发剂和增塑剂,在射频电场的作用下,当温度升高时会释放出二氧化碳和氮气,造成局部气体放电。同时附着的杂质和渗出的杂质都会加速微放电现象的出现。所以,在同轴谐振腔中使用聚四氟乙烯介质来支撑内导体将会大大降低功率容量。为了去掉悬臂内导体上的支撑介质,采用了薄壁殷钢内导体的先进设计技术,在多方大力协作的基础上顺利解决了内导体轻、根部连接牢固的难题。因此很明显,无介质支撑同轴谐振腔区别于一般使用的同轴谐振腔,是大功率 UHF 多工器又一个技术特点。这些提高微放电阈值的宝贵经验,为防止其他频段、其他类型多工器的微放电提供了行之有效的技术支持,也为开展系统研究微放电现象提供了技术储备。

7.4.6　天线集合 EMC 设计

众所周知,一个大的电子系统一般都离不开天线,对于航天器这样复杂的系统工程来说,有时需要几副,十几副,甚至几十副天线一起工作。这些天线完成各自的任务,它们之间可能没有直接的电气上的联系。人们常称这些天线为"天线集合"。

航天器天线集合有它自身的特点。他们多密集于狭窄的有限空间,工作频率可能从几 MHz 到几十 GHz 的多个无线电频段,大功率发射常与高灵敏度接收共存。为了适应大容量和多功能服务要求,有时需采用多种复用技术,特别是考虑到每副天线由于安装平台及其相邻天线的加载效应会使得天线的电性能指标不同程度地变化。总之,航天工程中天线集合的电磁兼容问题已成为航天器系统设计的关键问题,成为直接关系到航天器质量保证的中心环节。

航天器天线电磁兼容问题的研究包括天线单元、天线馈电及其系统的电磁兼容设计、天线与载体及相关无线设备间的电磁兼容设计等等,这里最重要的是天线集合的合理布局问题。通过对天线电路部分电磁耦合研究和对空间波辐射干扰分析,利用数值分析和仿真技术,建立相应的数学模型,实现星体天线的布局设计。用较少的投入,较短的时间在航天器研制早期设计阶段解决工程上可能存在的一些电磁干扰问题。

航天器工程中每一项措施的采用,每一种干扰抑制技术的实施都要经过试验验证。显然天线集合的电磁兼容设计需要通过规范电磁兼容测试,确认航天器集合满足各项电性能指标要求,彼此兼容,互不干扰;确认航天器整个系统与其工作环境彼此兼容工作。

航天器天线集合安装在狭窄的有限空间,多数天线常常被安排在航天器上朝向地面。这样一来天线之间、天线与航天器壳体之间、天线与太阳翼之间的相互影响是不可避免的。

工程上的"天线集合"安装在有限的、常常是狭小的空间,要满足每副天线所需要的合理位置几乎是不可能的。如果天线位置布局不当,会引发以下干扰现象:

(1) 由于航天器壳体影响,或其他邻近天线的影响,使得某副天线在某些角度上增益明显下降,出现天线方向图严重畸变。

(2) "天线集合"中的收发天线间耦合度大到一定程度,会导致收发天线间的阻塞干扰。

(3) "天线集合"中的发/发天线间耦合度大到一定程度,会产生功率倒灌,使某些发射天线的驻波比恶化。

(4) "天线集合"中的大功率发射天线布置不当,使得射频辐射场过强,有可能导致敏感设备输入电路受损,或引起电爆装置误动作,甚至引爆。

(5) 与接收天线或发射天线相连的收/发无线设备的非线性有可能产生有源互调和交调现象,经天线作用会产生一些无意发射。

(6) 航天器天线高功率发射在轨道上由于电极表面的电子二次倍增效应可能产生微放电现象。

(7) 无源互调对高灵敏度接收机的危害。

天线集合的电性能设计主要关心指定工作频率下的天线主极化电平,而EMC设计更多地关心非工作频率和非主极化以及无意辐射区的天线增益和方向图特性。所谓无意辐射区也可以理解为主瓣以外的区域。天线集合的EMC设计关键在于采取频率隔离、极化隔离、空间隔离措施,提高天线集合的电磁兼容性能。

天线单元的EMC设计是天线集合EMC设计的基础。为了提高天线集合中发－发隔离和收－发隔离,必须抑制单元天线在无意辐射区和无用区的辐射电平。天线有用区是指对电磁发射源和敏感装置的每一组收发对而言。天线单元设计应力求低旁瓣,降低交叉极化电平。为了满足整个航天器的防静电要求,天线单元的选材、涂层等必须精心设计。

天线馈源的 EMC 设计通常考虑以下几个方面:① 对于大功率传输通道的发射天线馈源要防泄漏,加强屏蔽,减小耦合;② 天线馈线尽量短,有利于减小泄漏或受扰;③ 馈源系统加滤波器,可抑制所需频带以外的多余发射或乱真响应。

天线的布局与安装通常考虑以下几个方面:①天线接地要良好,以确保天线成为航天器等位体的一个组成部分,达到防雷电、防静电的目的;② 接收易受扰,一定安排合适的位置,特别是与关键接收设备相连的接收天线要远离发射天线;③ 由于天线与天线、天线与设备、天线与电缆间存在耦合,因此对大功率发射天线安装要做多方面分析。

第8章 星载设备 EMC 试验验证

航天器装有各种各样的电子设备,它们组成系统,完成特定功能。对这些设备、分系统的 EMC 性能进行测试,可以为系统级 EMC 测试奠定基础。

本章主要介绍设备级 EMC 测量要求和测量方法以及 EMC 加固建议,介绍无源互调和微放电测试方法,最后对测量结果评价进行说明。

8.1 星载设备 EMC 测量要求

目前航天领域选用 GJB151A-97《军用设备和分系统电磁发射和敏感度要求》、GJB 152A-97《军用设备和分系统电磁发射和敏感度测量》标准。这两个标准明确规定适用于单独的军用设备和分系统。对于具体的安装平台或不同的电磁环境,标准给出的限制线在有些使用频段允许进行剪裁,测试项目也可进行剪裁,详细技术要求需写入专业技术文件中。

8.1.1 星载设备 EMC 测量项目

一般情况下航天产品要求选 CE101、CE102、CE106、RE102、CS101、CS114、CS115、CS116、RS103 等测试项目。对于具体型号任务,应根据实际工程需要、设备安装位置、发生电磁干扰的概率和可能出现的故障造成影响程度以及空间轨道环境和运载火箭电磁特性等信息,由航天器研制总体编制测试验证矩阵表,产品设计师依照正式任务书中的矩阵表里规定的测试项目,选择合格的电磁兼容实验室进行相关测试。

对无源射频部件应作屏蔽效能评估。凡安装在发射通道的射频部件组合成组件后进行射频泄漏测试,凡安装在接收通道的射频部件组合成组件后进行射频敏感度测试。

如果航天器安装有磁性设备或有效载荷承担系统空间磁场环境探测任务,则对有些设备应进行 RE101 项目测试,以便研究可能产生的磁场发射对磁场敏感设备造成的影响。

如果航天器安装有容易产生瞬态干扰的设备,如磁带机等,则应对与其共电源的相关设备选择 CS106 测试项目,也称浪涌电压敏感度测试。

如果航天器安装有不可拆卸的带固定天线的发射机时,应选择 RE103 项目,以检测发射机从天线辐射的谐波和乱真发射。

如果星载设备有手动开关状态,则应检测供电电源线上因开关动作产生的瞬态传导发射,即 CE107 测试项目。

8.1.2　星载设备 EMC 测试注意事项

星载设备在送交指定 EMC 实验室测试前,应向实验室提供具体型号专用的 EMC 测试要求,包括测试项目、EUT 接地方式和电缆束的摆放等信息。为了使设备研制单位提交航天器总体验收时能提供完整的 EMC 测试数据,实验过程中应详细记录 EUT 的工作状态、EUT 与实验室连接状况、EUT 的取向等,有条件的用影像表述。

GJB152A-97 标准规定 EUT 应安装在模拟实际情况的接地板上。如果 EUT 的实际安装情况不清楚,或有可能需要多种形式安装,则应使用金属接地平板。金属板的详细要求见 6.2.1 节。

如果实际工程 EUT 是安装在导电性复合材料上,则也应满足上述要求。如果 EUT 实际安装时不存在接地平板时,测试时应放在非导电面上。

在做辐射发射测试时,应将 EUT 的最大辐射发射取向朝向测试天线。EUT 电缆敷设一定要模拟使用情况。并将测试实际状态记录在测试报告中。电缆长度一般选择与实际使用情况相符,若短于 2m,则选 2m,若长于 10m,至少取 10m。如果使用多根电缆时,则每根电缆外缘间距应为 20mm。所有电缆都应支撑在接地板上方 50mm 处。与 EUT 相连接的电气输入/出装置应用模拟负载代替。模拟负载的电特性应尽量接近实际输入/出装置。具有机械输出的 EUT 也应处于加载状态。带有天线端口的 EUT 应接屏蔽的匹配负载,要特别注意负载的功率承受能力,测量应在 EUT 典型的额定功率状态下进行。

按 GJB152A-97 标准对测试设备和天线应进行校准,使用自动化测量系统时,在每次测量开始之前,应对整个测量系统通过注入已知信号来进行检验,同时监测系统输出指示,以确保测量系统自身的准确性和稳定性。

对敏感度测量,EUT 应在其最敏感状态下工作。同时应注意以下几点:

(1) 研究标准规定的外加干扰的类型,测试设备要准确置于所要求状态。

(2) 研究标准所规定的外加干扰量级,严格做测试系统校准。

(3) 研究标准规定的干扰注入方式,操作时要细心,为了确保试验样机安全,干扰量可由小变大,逐次增加。

(4) 测试前要明确试验样机工作正常的判据,试验中要密切观察其变化,做到实时监测。

（5）若遇到试样工作异常，则应先停止注入干扰，待试样机恢复正常工作后，补测其敏感度阈值。

（6）星载设备 EMS 测试一般选择在鉴定件上进行，飞行件一般不再做 EMS 测试。

8.2 星载设备 EMC 测量方法

星载设备或分系统应在 EMC 标准实验室进行测试，所谓标准实验室是指室内电磁环境电平低于所选标准规定的限制线至少 6dB。测试用仪器设备必须保证测试精度，且在计量校准有效期内。星载设备或分系统在向总体交付产品时应同时交付配套的全部 EMC 测试数据，并按规定标准要求对试验结果进行评定。下面分别介绍这些测试项目的物理意义和其测试方法。

8.2.1 CE101 传导发射测量

CE101 频率范围是 25Hz～10kHz。工程实践证明，本要求适用于陀螺、动量轮等航天机电产品的直流电源线，包括正线和返回线，但不包括 EUT 电源的输出端导线。

CE101 测量项目的校准基本配置见图 8-1。该项目的校准要求如下：

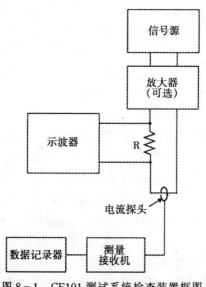

图 8-1　CE101 测试系统检查装置框图

（1）以 1kHz、3kHz 和 10kHz 频率施加标准信号到电流探头,该信号电平低于 GJB151A-97 规定的 CE101 限制值 6dB。

（2）用示波器和负载电阻检查电流电平,同时检测电流波形为正弦波。

（3）用标准规定的数据扫描方式使测量接收机对每个频率进行扫描,检查数据记录指示电平,要求在规定注入信号电平的 ±3dB 之内。

在系统校准完成的前提下,接入 EUT,如图 8-2 所示。当 EUT 工作稳定后将电流探头钳在电源线上,按标准规定的测量带宽和最小测量时间,让测量接收机在 25Hz~10kHz 范围内扫描。

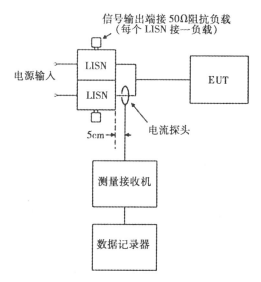

图 8-2　CE101 测试配置框图

8.2.2　CE102 传导发射测量

CE102 传导发射测量适用于不是由试验样机内部的电源获得能量的所有电源线,频率范围 10kHz~10MHz。测量设备包括测量接收机、信号发生器、电源阻抗网络(LISN)、T 型接头、示波器等。LISN 用来隔离电源干扰,并为试验样机提供规定的电源阻抗,图 8-3 给出了 LISN 阻抗特性曲线。测量干扰电压的统一阻抗为 50Ω。由于电源频率上的电流有可能造成测量接收机过载,所以在测量接收端口应加过载保护衰减器(一般使用 20dB 衰减器),保护测量接收机。

系统检测是测量前的必要准备工作,系统连接如图 8-4 所示。检测内容为测量系统 EUT 输入端 LISN 的的信号电平和电压波形,还包括测量系统的频率特性。具体操作如下：

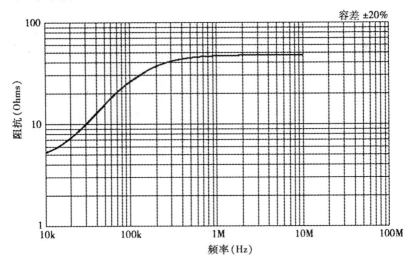

图 8-3 LISN 阻抗特性曲线

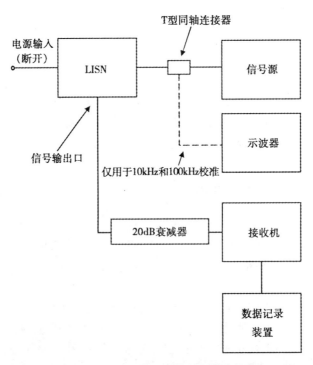

图 8-4 CE102 测试系统检测装置框图

(1)首先将一个标准信号加到 LISN 的电源输出端或说 EUT 输入端。其频率为 10kHz、100kHz、2MHz、10MHz,电平低于 GJB151A - 97 CE102 项目限值 6dB。检测电压是否为正弦电压波形。

(2)接着用标准规定的扫描方式让测量接收机对每个频率点进行扫描,观察数据并记录指示电平。检测线路中因衰减器和 LISN 电路中的 $0.25\mu F$ 耦合电容插入损耗影响,使得注入信号电平产生电压波动。该步骤的目的是要求电压偏差控制在 ± 3dB 之内,以确保测量准确度。LISN 电路中的 $0.25\mu F$ 耦合电容电压损耗修正系数见图 8 - 5。

(3)按图 8 - 6 接入 EUT,就可以进行 CE102 的规范测量。

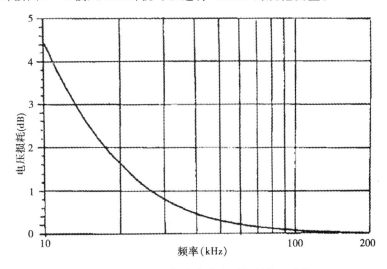

图 8 - 5 $0.25\mu F$ 耦合电容电压损耗修正系数

8.2.3   CE106 传导发射测量

CE106 测量项目适用于可拆卸的与天线相连的发射机和接收机。对于带工作天线的受试发射机应使用 RE103 代替。当 EUT 为发射机时,依发射机功率大小采用不同的测量连接方式。

EUT 为小功率发射时,CE106 测量项目的系统校准检测和测量配置如图 8-7 所示。当 EUT 为大功率发射机时,配置如图 8-8 所示。

把校准配置路径所使用的信号源分别置于所需测量范围的中心频率,并令其输出电平为已知值。用标准规定的扫描方式进行扫描,确认测得的信号电平是在预期值的 ± 3dB 之内,以保证测量数据的准确度。

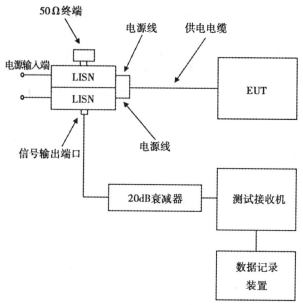

图 8 - 6　CE102 测量配置框图

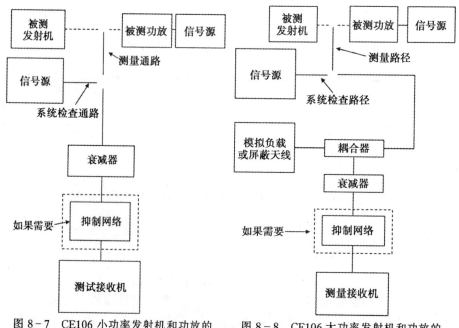

图 8 - 7　CE106 小功率发射机和功放的　　　图 8 - 8　CE106 大功率发射机和功放的
　　　　系统检测和测量配置框图　　　　　　　　系统检测和测量配置框图

校准完成后接入 EUT。测量过程中应注意以下几点：

（1）受试发射机为发射状态时，必要的带宽内或其基频的 ±5% 范围内不作此项测量。

（2）根据 EUT 工作频率范围，试验起始频率按表 8 - 1 选择，上限频率为 40GHz 或 EUT 最高工作频率的 20 倍，取其较小者。

表 8 - 1　试验起始频率范围

工作频率范围(EUT)	试验起始频率
10kHz～3MHz	10kHz
3～300MHz	100kHz
300MHz～3GHz	1MHz
3～18(40)GHz	10MHz

（3）根据 EUT 工作状态施加相应的调制。

（4）扫描所感兴趣的频率范围，并记录所有谐波和乱真发射电平。

（5）提供发射和待发两种工作模式的测试数据。

8.2.4　CE107 传导发射测量

CE107 描述的是电源线上的尖峰干扰信号(时域)传导发射，闭路配置采用电流探头，测得的是干扰电流；开路配置采用电压探头，测得的是干扰电压。

CE107 测量项目校准基本配置如图 8 - 9 和图 8 - 10。图 8 - 9 中的 $10\mu F$ 穿心电容可以用 LISN 替代，或用 $10\mu F$ 穿心电容和 $25\mu H$ 电感组合替代。同理图 8 - 10 中的 $10\mu F$ 穿心电容和 $25\mu H$ 电感组合，可用 LISN 替代。

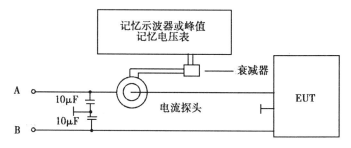

图 8 - 9　CE107 电源线尖峰信号(时域)测试配置框图(闭路)

闭路测试时是将电流探头置于 EUT 电源线 $10\mu F$ 穿心电容附近。开路测试时将电压探头靠近电源线 $10\mu F$ 穿心电容附近的电感上。校准时调节脉冲信号源产生已知适用的脉冲来检验测量路径的准确度，而测量时将 EUT 替代脉冲源。

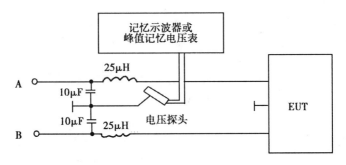

图 8-10　CE107 电源线尖峰信号(时域)测试配置框图(开路)

8.2.5　CS101 传导敏感度测量

CS101 测量项目一般适用于航天产品的直流电源线,包括供电线和返回线。频率范围 30Hz~150kHz。目的是检验 EUT 在规定的电源电压波动时,设备性能是否会降低。具体操作是将实验室的模拟干扰信号施加给 EUT 的输入电源线。

首先校准耦合到输入电源线上的干扰信号的波形和幅值。校准配置见图 8-11。校准的目的是寻找施加到 EUT 的干扰幅度与信号源输出指示间的对应关系。图中示波器和 0.5Ω 电阻能够实现对所施加干扰波形的监测。实施测试的配置如图 8-12 所示。注意事项如下:

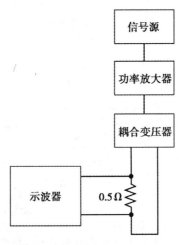

图 8-11　CS101 校准配置框图

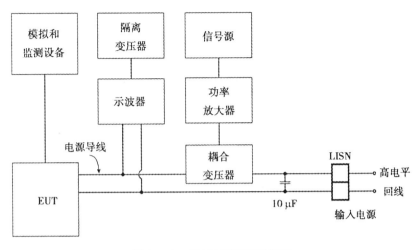

图 8-12　CS101 测试配置框图

（1）进行该项测试要特别小心，因为示波器的"安全接地线"断开可能存在电击危害。

（2）因为测试对 EUT 存有一定危险性，在实验室操作时建议最初注入的干扰最好比 GJB151A-97 CS101 项目所要求的限制值低 3dB。

8.2.6　CS106 传导敏感度测量

CS106 描述的是电源线上的尖峰干扰信号（时域）传导敏感度，主要考察 EUT 承受耦合到电源线上的外加尖峰干扰信号的能力。串联注入的是瞬态电流，并联注入的是瞬态电压。CS106 适用于所有的交流和直流输入电源线。

首先对实验室模拟的尖峰信号波形进行检测。看其是否符合 GJB151A-97 中 CS106 项目规定的尖峰信号幅度、上升时间、持续时间和波形，记录下尖峰信号发生器输出指示，见图 8-13。

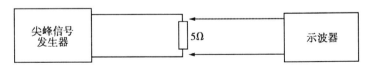

图 8-13　CS106 尖峰信号特性校准框图

按图 8-14，图 8-15 接入 EUT，前者注入的是干扰电流，后者注入的是干扰电压。

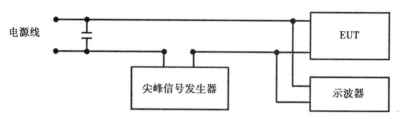

图 8-14　CS106 串联注入尖峰信号测试框图

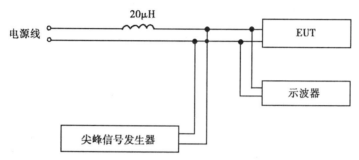

图 8-15　CS106 并联注入尖峰信号测试框图

因为此项实验是要将正的、负的、单个的及重复的尖峰信号加到 EUT 不接地的输入端,因此要谨慎缓慢地调整尖峰信号源的输出电平,仔细观察 EUT 的工作状态,如果发现 EUT 对干扰信号产生敏感,则应停止增加信号源输出,并记录下 EUT 敏感的门限电平。

8.2.7　CS114 传导敏感度测量

CS114 测量项目是通过电流探头实施对 EUT 电缆束的干扰注入。实验目的是检验试验样机承受耦合到试验样机相关电缆上的射频信号的能力。这种射频干扰通常是受天线正弦辐射场产生的感应电流影响。

CS114 适用于某些电源线和信号电缆,频率范围是 10kHz～400MHz。测量设备包括测量接收机、电流注入探头、电流探头、具有 50Ω 的校准装置等。为了使注入的干扰准确无误,必须进行校准,校准配置如图 8-16 所示。

校准装置是一个有 50Ω 特性阻抗,两端连有同轴连接器的等效同轴传输线,如图 8-17 所示。校准装置同轴连接器一端接 50Ω 负载,一端接 EMI 测量接收机,先将信号源置于低频 10kHz 不调制状态,调节信号源输出,直到接收机 A 上指示注入探头的馈入功率为 GJB151 A-97 规定的电流电平。接着在 CS114 要求的频率范围内进行扫描,记录下保持接收机 B 上指示时的注入探头输入功率。

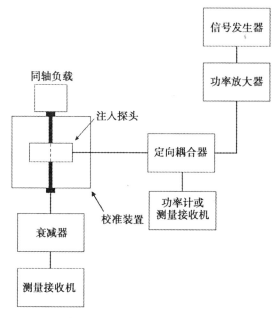

图 8-16　CS114 校准配置框图

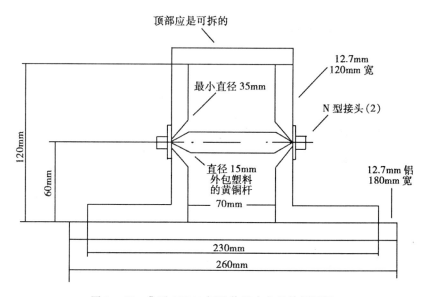

图 8-17　典型 CS114 标准装置中心导体剖面图

在实施测试前要测定 EUT 的环路阻抗,记录每个连接器接口的归一化安培每瓦(A/W)与频率的关系曲线。环路阻抗测定是在不加调制情况下进行,而敏感度评估是用 1kHz 占空比为 50% 脉冲调制。10kHz～400MHz 频率范围内逐步施加功率,观察 EUT 工作状态,发现异常立即停止并记录敏感度门限电平。如果功率达到校准时记录的测量接收机 B 为 GJB151A - 97 标准中 CS114 项目限值电平所需注入探头的指示值,EUT 保持正常工作,则说明 EUT 通过了标准要求。测试连接如图 8 - 18 所示。

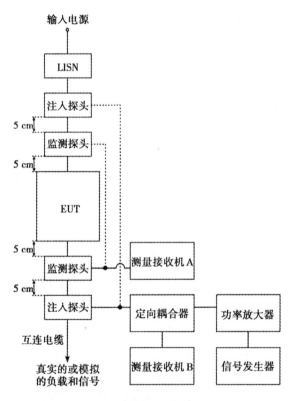

图 8 - 18　CS114 电缆束注入和阻抗监测配置框图

8.2.8　CS115 传导敏感度测量

CS115 注入脉冲信号激励传导敏感度,用来检验试验样机承受耦合到试验样机相关电缆上的快速上升和下降瞬变电流的影响。标定的试验信号波形重复频率为 30Hz,波形上升时间为 2ns,脉宽为 30ns。这种瞬变电流可能是由于平台开关操作、雷电、电磁脉冲等外部瞬态环境产生的。

CS115 测试项目所用校准装置与 CS114 同,配置如图 8 - 19 所示。校准装置一端接 50Ω 负载,另一端通过一个衰减器接到 50Ω 输入阻抗的示波器上。校准的目的是寻求当通过标准装置中心导体电流为 GJB151A - 97 标准中 CS115 项目规定的限值时脉冲信号发生器所处的状态,同时考察整个测试系统工作正常与否。得到的校准波形如图 8 - 20 所示。测试报告应提供所有测试数据包括波形图。

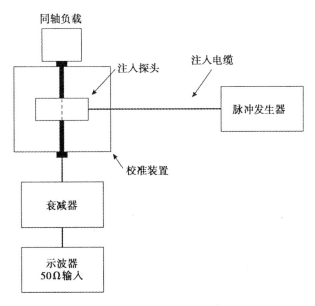

图 8 - 19 CS115 校准配置框图

对 EUT 的测试连接应如图 8 - 21 所示。依据 CS115 要求,逐步调整脉冲信号发生器,实时观察 EUT 工作状态。如发现异常,立即停止增加,并记录 EUT 敏感度门限值。若 EUT 工作状态正常,则增加脉冲信号发生器幅度直至标准时所处状态,说明 EUT 满足 GJB151A - 97 标准要求。

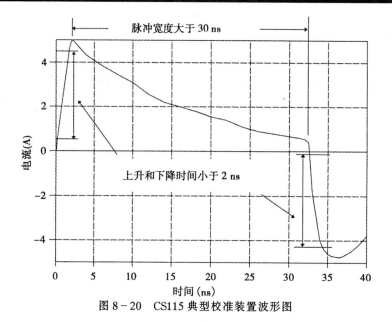

图 8-20 CS115 典型校准装置波形图

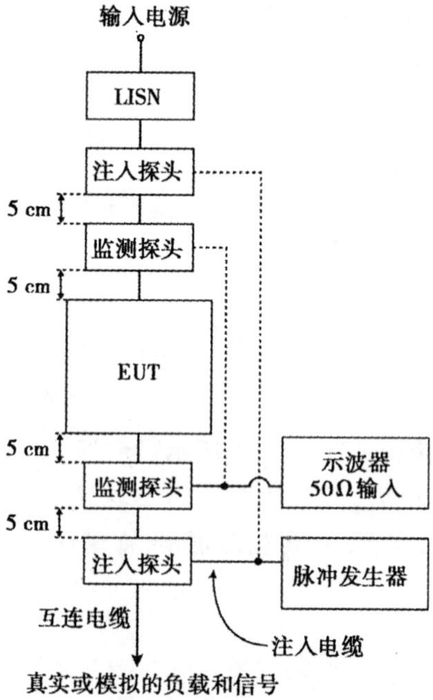

图 8-21 CS115 电缆束注入框图

8.2.9　CS116 传导敏感度测量

　　CS116 注入阻尼正弦瞬态传导敏感度,用来检验试验样机承受耦合到试验样机相关电缆(外部接口电缆)上的阻尼正弦瞬态干扰的能力。此干扰是模拟如雷电和核电磁脉冲以及平台电气开关切换而引发的电磁现象。

　　CS116 测试项目标准装置与 CS114 同,配置如图 8-22 所示。校准目的是检验在 GJB151A-97 标准 CS116 项目要求的频率点上,记录存储示波器采集的标准装置内导体的电流波形,在满足 GJB151A-97 标准 CS116 项目规定的限值时,阻尼正弦信号发生器应设置的工作状态。

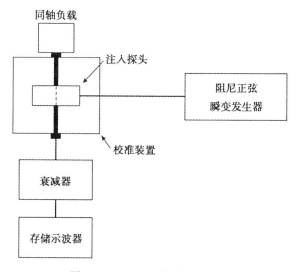

图 8-22　CS116 校准配置框图

　　在实施测试过程中应监测 EUT 环路阻抗。环路阻抗测试连接如图 8-23 所示。环路阻抗测试是在信号发生器不加调制情况下进行。测量结果为归一化安培每瓦(A/W),记下最大和最小阻抗出现时的谐振频率。注意注入探头和监测探头间相距 50mm。

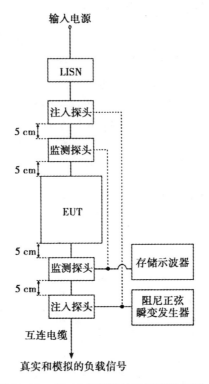

图 8-23　CS116 环路阻抗监测配置框图

接入 EUT 连接图如图 8-24 所示。CS116 电缆束注入阻尼正弦瞬变信号发生器的输出电平,记录下峰值电流。如果发现 EUT 工作异常,则确定敏感度门限电平,表明 EUT 没能通过 GJB151A-97 规定的 CS116 项目。如果 EUT 工作正常,则将信号发生器输出电平调整到标准时记录的位置,说明 EUT 通过了此项测试。

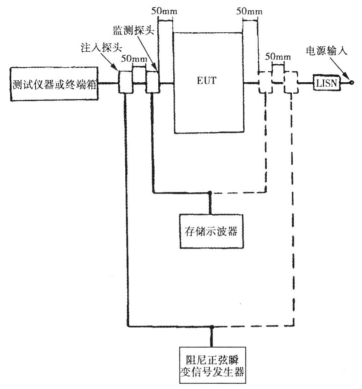

图 8 - 24 CS116 电缆束注入配置框图

8.2.10 RE101 辐射发射测量

RE101 测量频率范围是 20Hz～50kHz。适用于与低频磁场辐射发射相关的卫星设备的壳体和所有互连电缆。目的是控制设备安装区域的磁场,以保护工作在本试验频率范围内的敏感设备不受磁场的干扰。

测试设备包括测量接收机、天线、信号发生器、电容器、LISN 等,测量连接如图 8 - 25。试验样机要良好接地,试验样机在工作进入稳定工作状态后测试有效。电缆敷设状态尽量与真实使用状态接近。测量接收机的测量带宽等设置严格按标准规定。信号发生器是用来校准的,如图 8 - 26。

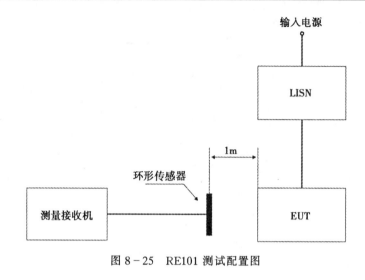

图 8 - 25　RE101 测试配置图

图 8 - 26　RE101 测量系统校准配置图

8.2.11　RE102 辐射发射测量

RE102 辐射发射测量是考核设备和分系统壳体和所有互连电缆的 RF 辐射发射,不包括发射机的基频和天线辐射。频率范围 10kHz～18GHz,有条件的做到 40GHz。

测试设备包括测量接收机、天线、信号发生器、电容器、LISN 等。测量连接如图 8 - 27。一般配有四副天线,覆盖整个频段,10kHz～30MHz 用有源拉杆天线,30～200MHz 用双锥天线,200～1000MHz 用对数周期天线,1～18GHz 用双脊喇叭天线。信号发生器、电容器用作测量系统校准。由于该项目主要检测射频场泄漏,所以试验样机测试时终端接匹配负载。

RE102 项目的校准是为了对测试系统本身工作稳定性进行评估,一般在最高使用频率点上进行。当施加校准信号到天线输入同轴连接点时,其电平应比 GJB151A - 97 标准 RE102 项目规定的限值低 6dB。当按照正常数据扫描方式进行扫描时,记录数据应在注入信号电平的 ±3dB 之内。

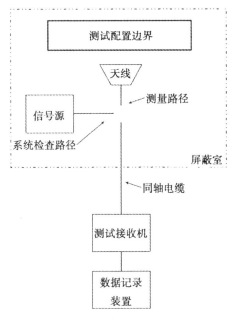

图 8-27　RE102 校准和测量配置框图

上述测量主要检测设备、分系统自身的无意发射,试验中应注意以下几点:

(1) 试验样机要良好接地。

(2) 试验样机要在工作进入稳定工作状态后测试有效。

(3) 应将试验样机的可能最大辐射方向对准测量接收天线。

(4) 30MHz 以上频率使用天线测量时应取垂直、水平两种极化方式。

(5) 电缆敷设状态尽量与真实使用状态接近。

(6) 测量接收机的测量带宽等设置严格按标准规定。

8.2.12　RS101 磁场辐射敏感度测量

RS101 一般适用于对 20Hz～50kHz 磁场比较敏感的航天设备和分系统壳体及所有互连电缆,不适用于 EUT 的天线。试验设备包括信号源、辐射环、环形传感器、测量接收机、电流探头、LISN。系统校准配置如图 8-28 所示,测试配置如图 8-29。

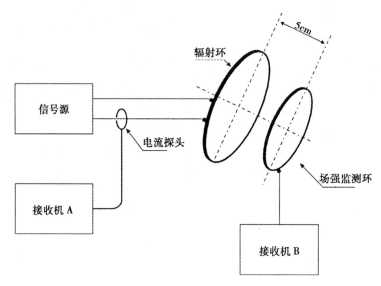

图 8 - 28 RS101 校准框图

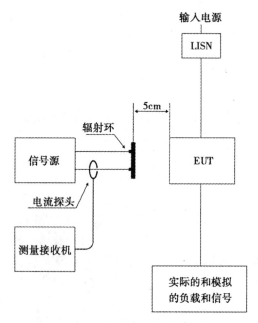

图 8 - 29 RS101 磁场辐射敏感度测试框图

试验中要注意以下几点：

（1）将辐射环置于离 EUT 一个面 50mm 处，环的平面平行于 EUT 表面。

（2）给辐射环施加足够的电流，以产生至少大于规范限值 10dB 的磁场强度，但不能超过 15A(183dBpT)。

（3）如果 EUT 出现敏感，则在那些存在最大敏感指示的频率点上每倍频程选择不少于三个测试频率。

（4）改变环的位置，使环依次对准 EUT 每个面上 300mm×300mm 的区域和每个接口连接器，在每个位置上重复测试，以确定敏感的位置和频率。

（5）对确定的每一频率点，施加一个能产生标准规定的限值的电流到辐射环上。在保持环面与 EUT 表面、电缆或电连接器间距的同时，移动辐射环，在对确定的位置给予特别关注的情况下探测可能的敏感位置，确定敏感情况是否出现。

8.2.13　RS103 辐射敏感度测试

RS103 辐射敏感度测试用来检验设备和分系统壳体及所有电缆抗辐射干扰能力。频率范围 10kHz～40GHz。测量设备包括信号发生器、功率放大器、发射天线、测量接收机、场强探头等等。测量目的是当由测量系统按 EMC 标准要求给试验样机施加定量的辐射干扰时，检验被测设备和分系统工作是否正常。

测试项目校准的目的是核实施加干扰场强的准确量值。校准有两种方法，一种称空场校准法，也就是在 EUT 不存在的情况下，对施加的干扰场强进行检测，这种方法的缺点是由 EUT 进入测试区引发的场强变化无法计入。第二种校准方法是将校准用场强探头置于 EUT 附近，来监测 EUT 在测试区内的场强量值，场强监测探头采集的是 EUT 所在处的干扰场强，由场强计显示。目前实验室多用第二种方法。为了更多地获取信息，常常还用功率计检测从定向耦合器耦合出来的干扰功率。天线输入端驻波特性的监测是根据输入/输出功率计算得到。这三项监测数据随频率的变化用曲线方式给出。基本测试框图如图 8-30 所示。

此项测试主要检验设备和分系统抗辐射干扰能力，有以下几点提请注意：

（1）测试时一定要缓慢调整信号源功率，若测试过程中发现 EUT 工作异常，一定要停止增加信号源功率，并确定 EUT 的敏感度门限。EUT 工作正常，继续增加信号源功率，直至场强探头数据显示达到 GJB151A-97 中的规定值。

（2）要研究标准规定的外加干扰的类型，测试设备要准确置于所要求状态。

（3）要研究标准所规定的外加干扰量级，严格做测试系统校准。

（4）研究标准规定的干扰注入方式，操作时要细心，为了确保试验样机安

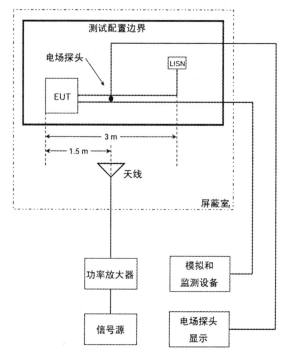

图 8-30 RS103 校准和测试框图

全,干扰量可由小变大,逐次增加。

（5）测试前要明确试验样机工作正常的判据,试验中要密切观察其变化,做到实时监测。

（6）若遇到试验样机工作异常,则应先停止注入干扰,待试验样机恢复正常工作后,补测其敏感度阈值。

8.2.14 微波无源组件电磁泄漏评估

航天器上安装的微波无源组件,一般由多个实现特定功能的微波无源部件构成,如多工器、滤波器、衰减器等等。微波无源部件是微波信号的传输通道,电磁泄漏主要来源于部件间连接,因此只有组合起来测试才有工程实际意义。

试验设备包括频谱仪、信号发生器、检测探头、功率放大器、功率计、辐射天线等。试验配置如图 8-31,试验原理描述见图 8-32。

注意事项表述如下:

（1）检测探头距离 EUT 10cm,整个测试边界应大于 1.5m。测试台面距地

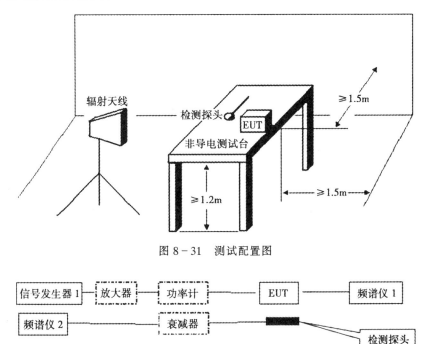

图 8-31　测试配置图

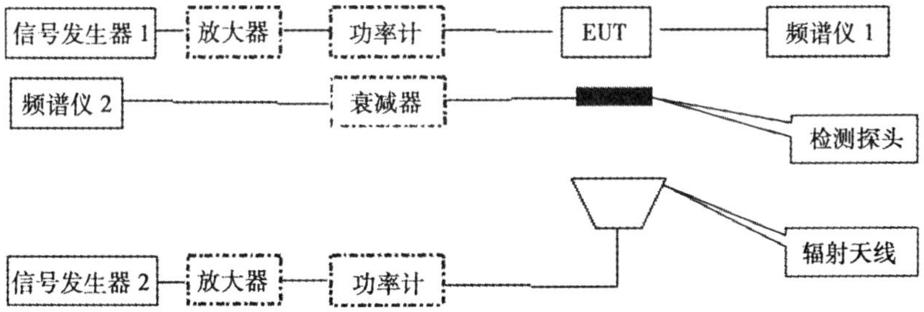

图 8-32　测试原理图

面高度的选择应考虑尽量削弱地面影响。

（2）测试系统所使用的电缆、连接器等附件的屏蔽度应大于 90dB。

（3）用检测探头查找 EUT 最大泄漏场的位置和极化方向,然后固定检测探头,则检测探头相对 EUT 的方向即为 EUT 的最大泄漏方向。

8.3　EMC 设计建议和改进措施

众所周知,在设计初期就考虑满足各种 EMC 指标要求,会有更多的技术选择余地,可以大大提高设计费效比,同时可以缩短研制周期。当然,一旦设备研制完成后,再拿到 EMC 实验室经过正规的 EMC 测试,而结果又没有通过,这时只好采取改进措施,这个过程也称 EMC 加固。

8.3.1 与 CE101/CE102 相关的传导发射抑制措施

一般来说,设计适当的 EMI 电源滤波器是抑制传导发射的最有效方法。传导发射可能由共模(CM) 噪声电流产生,也可能由差模(DM) 噪声电流产生,实际电路往往由共模(CM)和差模(DM)噪声电流产生。

DM 噪声通常在较低频率(约 2MHz 以下)是可控的。在该频率范围之上,器件的谐振使差分滤波器对 EMI 的衰减能力降低。差分发射主要来自电源的基本转换频率及其谐波噪声。实际上,最重要的差分 EMI 威胁,与信号的重复速率或具有快速上升和下降时间的波形有关。

CM 噪声是当电流流经接地板并且在电源和信号的高电平线和回线中流向相同时所产生的干扰。寄生电容是构成高频电流通路而产生 CM 噪声的原因。在直流和较低频率上不存在 CM 噪声。

EMI 滤波器能同时抑制 CM 和 DM 电流。为使滤波器的高频抑制性能有效发挥,滤波器必须采取屏蔽措施且良好搭接到机壳底板。另一种控制传导发射的方法是控制信号的上升时间和相关元件的参数。

首先,要考虑滤除电源或部件的基本转换频率信号。因为在 CE101/CE102 要求中,输入电源线的基本转换频率信号及其谐波必须被滤除。在较低频段(如 kHz 频段),噪声主要以 DM 耦合方式进入电源线。因此应采用"线到线"的滤波方法。在设计电源滤波器或相应部件时,还应兼顾滤波器对其他 EMI 测试的影响。

另外,滤波器中电容和电感的谐振可能会使设备在传导敏感度(CS)要求中的受扰频率范围增加,应采用在滤波器中增加小电阻的方法来减低这种谐振。考虑到增加直流电阻会影响电路的直流电压,因此应使阻尼电阻与滤波器前端的电感并联使用。如果采用这种设计技术,原来的电感就应拆分为两部分,一部分留在原来的电源线上,另一部分和阻尼电阻串联在滤波器的旁路上。这项设计技术有助于进一步减小电感体积。由于电感和阻尼电阻在同一电源线上,其上流过的直流电流最小。

另一个要考虑的方面是分布在电路的高电平线和返回线上的电感。尽管"线到线"滤波器主要用于控制 DM 电流,但在各线上合理分配电感同样有利于控制 CM 电流。图 8-33 所示是一个具有两级"线到线"LC 滤波器和高频电流阻尼电阻的完整电源调节器示例。

构成 CM 噪声的一个因素是由于散热器中的寄生电容提供了对地通路。因为散热器通常安装在设备机壳底面,隔热材料通常又是绝缘材料,当设备的器件

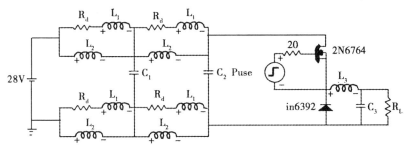

R_d是阻尼电阻;L_1和L_2是**滤波电感**;C_1和C_2是**滤波电容**;L_3和C_3是输出**滤波器件**;R_L是负载电阻

图 8-33　具有两级滤波器的完整电源调节器

和散热器形成电容时,就提供了对地的开关噪声电流通路。这种寄生或"杂散"电容对开关电流(尖峰)是一种交变通路,使其从机壳底面经电路进入输入电源线。

这种 CM 噪声问题可以通过在设备中的开关器件附近设置旁路电容的方法来解决。旁路电容是设置在噪声源(二级管、晶体管等)附近用于提供对源端较短回路的电容。设置旁路电容可降低电源线上的噪声,还能减小 CM 噪声的辐射环路面积。通常,需要阻尼电阻和旁路电容共同使用,以抑制电容和电路电感的谐振。

开关设备与散热器间的电容值取决于散热器的安装面积和所使用的材料。电容值会随设备安装面的增大而增大,旁路电容的大小和散热器电容、期望抑制信号的类型和信号电平有关。

例如,图 8-34 所示的电源调节器的杂散电容,主要分布在二极管散热器与结构间和 MOSFET 散热器与结构间。来自二极管和其他散热器件的高频开关噪声经分布电容路径到达输入电源线,在那里可通过 CE 测试被发现。设置旁路电容的目的是使噪声电流通路减小到设备的确定范围之内。注意图中用于 MOSFET 噪声源的旁路电容被布设得靠近源端,但针对二极管噪声源,旁路电容被布设在源的对面。因为二极管噪声源处的强烈变化会产生交流电压,靠近源端布设旁路电容会影响信号的正常工作。对 MOSFET 而言,源端的交流成分都是噪声,因此应把旁路电容布设在源附近。通常,对任何信号中有强烈交流电压成分的噪声源,其旁路电容都应布设在源的对面。

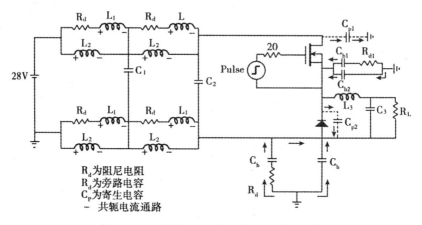

R_d为阻尼电阻
R_d为旁路电容
C_p为寄生电容
— 共轭电流通路

图 8 - 34　考虑寄生电容的完整电源调节器

图 8 - 35 所示的二极管电压波形是一个纯净的方波,但其输入电流中含有高频杂波成分。当添加一个散热器到设备机壳底板的 $10\mu F$ 电容时,输入电源线上的杂波降低,但二极管电压有所增加(图 8 - 36)。再将旁路电容改为 $100\mu F$ 后,输入电源线上的高频杂波几乎消失,但却转移到二极管电压波形上(图 8 - 37)。大多数二极管电压上的高频杂波会留在设备内部,而不会在 EMI 测试中显示出来。这种杂波实际上并没有减小,只是通过旁路电容回到了源端。杂波信号还可能通过环路产生辐射干扰,因此要注意减小和缩短电流环路。

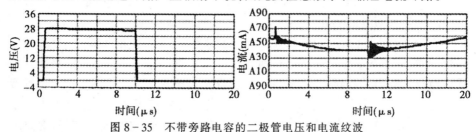

图 8 - 35　不带旁路电容的二极管电压和电流纹波

图 8 - 36　装设 $10\mu F$ 旁路电容时的电压和电流纹波

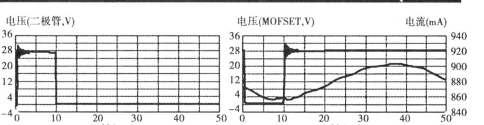

图 8 - 37　装设 100μF 旁路电容时的电压和电流波形

　　另一种扼制 CM 电流的方法是采用一种特殊的垫圈。它的安装面两端是隔离的,且有一个铜搭环,可以连接到功率开关部件的引线上。这种连接为电流提供了一个交变通路,可确保 CM 电流不影响输入电源线。

　　一种抑制 CM 噪声的可选方法是在前端电路使用 CM 滤波器,通常采用 CM 扼流圈。差模电流一般不受阻抗的影响,但 CM 脉冲遇到大电感时会妨碍其 CM 噪声返回电源线。一般认为,如果使用 CM 电感,不一定要用阻尼电阻,共模扼流圈在高频是阻性的。

　　差分滤波器和 CM 旁路电容都要求抑制元件的谐振频率。在谐振频率处,电路的发射被放大。

　　因为旁路和前端 CM 滤波器都有“线到地”的电容,因此必须考虑容许的最大电容值。限制“线到地”的电容量可有效控制机壳到结构的漏电流。虽然本要求主要适用于交流供电设备,因为交流泄漏具有安全隐患,但漏电流控制也可同样用于直流系统。

　　有效的滤波处理还应注意减少滤波器周围的辐射耦合。尽管这表面上是辐射现象,但它可能也会影响设备满足 CE 要求。一种降低滤波器周围辐射的方法是减少设备内的辐射。板和线的布局会影响设备内的辐射。另外,如果散热器上存在宽幅变化的电压,也会使设备内产生电场辐射。为控制上述辐射问题,散热器应电连接到一个固定的接地点。如有大电流回路,在线路布设时应注意远离输入滤波器。同时,可采取缩短导线长度,增加铁氧体磁珠作为附加的高频滤波装置,对滤波器采取屏蔽、隔离等措施以减小辐射耦合的影响。

　　如果电子设备在鉴定试验完成后才发现传导性能不满足要求,可供降低发射的手段相当有限。最理想的方法是通过测试来区分发射是来自 CM 干扰还是 DM 干扰以便确定相应的改进方法。对差模干扰,采用线 - 线滤波方式最有效。对共模干扰,采用线 - 地滤波方式最有效。

　　EMI 滤波器应能同时减少共模和差模干扰,但它要求设备内部有足够的空间来安装滤波器,还要确保滤波器壳体与设备机壳良好接地,以防干扰通过滤波器附近的引线产生耦合发射。

另一个控制 CE 的方法是使用铁氧体磁珠。磁珠对抑制共模发射很有效。这些磁珠对高频共模电流呈现高阻特性,但不会衰减直流电流。

8.3.2　与 CE107 相关的瞬态传导发射抑制措施

设备的瞬态传导发射(CE107)是要求在时域范围,限制由于设备的开/关循环以及试样各种工作模式的转换对线电压产生的影响,即"负载效应(load - induced)"对电源品质的影响。

为满足瞬态发射要求,首先要考虑的是前端滤波电容的大小。如果这个电容太大,将使输入电源线电压有一个与 RC 电路时间常数相关的瞬态发射。因为电容对满足 CE102 要求是必需的,这就会有些矛盾。

一种降低输入电源线上大容量前端电容影响的途径是采用软启动装置使设备较慢加电。慢加电的方法可以用电阻构成开关旁路。当采用该方法时,电能建立的时间被延迟到开关完全闭合之后。当 RC 电路的时间常数小于开关动作的时间时,可使开关闭合时产生的瞬态影响降低到最小。如果开关在大电容充电到电平接近输入电压之后才闭合,对更多的延迟型开关而言,就不需要相应的附加电路。此外,使开关靠近大电容而不是采用软启动电路可增加开关的延迟时间。附加的开关延迟电路当电容太大时也会有相应的 RC 时间常数。通常,电阻值的范围在 $0.5 \sim 5\Omega$ 之间。

也可采用晶体管软开启电路(图 8 - 38,图 8 - 39)。当采用这种方法时,关键是使电源电压在 Q_1 开启后才延迟建立。同样,RTCT 时间常数应进行调整,以适应开启特性。当采用电流驱动晶体管(不常用于航天)时,应在变换器的初级端设置一个电感,以使晶体管慢些开启,并依次使滤波器慢些启动。选择电感时,要考虑使其 LC 时间常数满足给定延迟时间的要求。

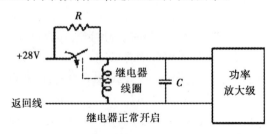

图 8 - 38　软启动开关用于继电器

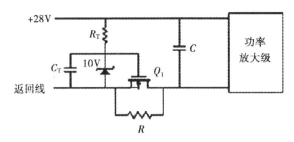

图 8 - 39　软启动开关用于 MOSFET

　　设计框架完成后,如果发现设备瞬态发射不满足要求,最常用也是唯一可行的设计改进就是添加软启动开关。它使设计工作不必返回实验电路板状态,也不用改变输入滤波器参数。为降低复杂性,常采用继电器电路。如果设备内部的空间不能再添加元件,继电器电路可以安装在设备外部的机架上。因为晶体管需要的接地板是电路的一部分,因此将晶体管软启动电路安装在设备外部机架上是不现实的。

8.3.3　与 RE102 相关的辐射发射措施

　　电流在导体上流动会产生电磁辐射。因此,RE 的许多设计考虑和 CE 中相似,特别是在共模(CM)噪声控制方面。如果发射不被耦合到电源线且被限制在设备机壳内,通常金属机壳能包容大多数噪声。有关设备机壳屏蔽的措施参见相关内容。同时,信号线也必须采取适当的屏蔽和扭绞措施。

　　为控制电场发射而进行的设计考虑,可参阅相关内容。在降低电场发射方面,应重点考虑在满足电路应用的同时,尽量采用延迟脉冲上升时间的方法。

　　在控制电场发射方面,另一个要考虑的是电路的屏蔽。屏蔽方法可以在设备级采取,也可在输入、输出电缆上采取。有关电缆屏蔽和机壳屏蔽的方法参见相关内容。

　　如果辐射干扰不能通过设计或布局变化控制在允许范围,就需要进行设计改进。设计改进中,在满足辐射干扰控制要求的同时,应尽量使产品在设计、包装和成本上的变化最小。

　　很多耦合辐射发生在末级滤波元件和机壳连接器的引线处。使用总体带100pF 小电容的连接器去耦,可大致在 10～220MHz 频段有效改善辐射性能。

　　铁氧体是做磁芯的常用材料,和其导磁性相关的频段是 40Hz～10kHz。由于相互间电容的影响,在较高频段一般不使用多匝磁珠。因此,常用的是单匝磁珠。磁珠对限制引线上的耦合能量很有效。铁氧体的阻抗在给定拐点频率以上呈现阻性，这意味着耦合能量被转化为热而不会产生反射。为获得要求的阻抗，磁珠的几何外形被做得较长，这比增加外径要有效得多。

大口径的铁氧体环(1~2英寸)常用于 EUT 外部，以限制共模电流所导致的辐射。这些磁芯一般有 3~10 匝，以增加低频段的阻抗。同样，由于相互间电容的影响，其在较高频段使用受限。在较高频段，常使用单匝磁芯。很多制造商开发了带塑料保护罩的磁芯夹具，可以直接装到电缆上。几何形状可适用于同轴、圆形和带状电缆等。

8.3.4　关于传导敏感度达标的考虑(CS101)

CS101 是为控制和判定试样对输入电源线上的音频干扰信号敏感程度而制定的。

电源电路中有个敏感区域，称为"敏感窗口"。它介于电源电压控制反馈环路的主动错误校验频率与输入电源滤波器的拐角频率(corner frequency)之间。反馈环路在增益转换为 1 时(Unity gain crossover)不很灵敏。但还应考虑到这种单一的增益转换在低频有利于降低反馈环路中偶然出现的不稳定性。这种方法比较实用，但却会在输入线上留下了一段没有滤波处理的频段，导致无法通过CS 测试。现在已有很多电路构型和多环路技术，可以在保持绝对稳定的同时减小敏感窗口的范围或降低其影响。有关"敏感窗口"的更多技术信息可参见相关文献。

为满足某一项 EMI 测试要求而增加的元器件，可能会使满足其他 EMI 要求的难度增加。如为满足 CE 要求(CE101/CE102)采用的滤波器，使得满足CS101 要求出现问题。设备前端滤波器中的电感和电容会有一系列谐振频率，当 CS101 测试中的纹波电压注入到输入电源线时，输入电源滤波器中的纹波电压在谐振点附近会被放大，可能会超出电容器的承受极限。器件导线或印制板线上的有效电阻能阻尼这种谐振(特别是对钽电容那样耗损高的器件)。然而，有效抑制谐振的电阻通常要另外添加。如果谐振不被抑制，当 CS101 信号作用到谐振频率时，可能会导致器件失效。

一种方法是在输入滤波器中增加抑制电阻，这样不会严重影响直流电流路径和热耗，一般是把电阻、电感在滤波器中串联组合，再与感性元件并联构成滤波电路，如图 8-40、图 8-41。因为电感和串联抑制电阻要符合直流电压和空间尺寸的要求，采用并联电感有助于在满足给定电感值的同时，减小其体积和重量。并联电感与串联电阻的方式，使得以较小的尺寸获得较高的电感，有助于抑制低电平噪声电流。为获得恰当的抑制电阻值，应考虑电路中电感和电容的串、并联组合。表 8-2(a)、(b)分别给出了并联电感滤波方案中最佳阻尼电阻值和不同 N 值所对应的最小电容电流峰值、最大增益间的关系。表 8-3(a)、(b)分别给出了并联电容滤波方案中同样的对应关系。

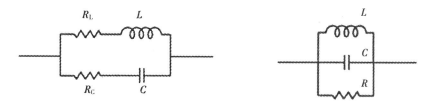

（a）用串联电阻方法进行抑制　　　　（b）用并联电阻方法进行抑制

图 8-40　谐振抑制方法一

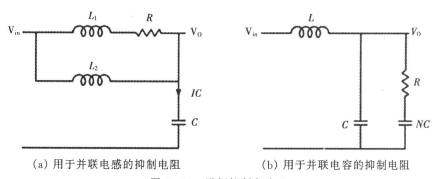

（a）用于并联电感的抑制电阻　　　　（b）用于并联电容的抑制电阻

图 8-41　谐振抑制方法二

对 CM 输入滤波，一般不必用抑制电阻，因为电感在高频有一定阻值。铁氧体和绕制电感有耗损，因此通常相当于有串联电阻。这些有效电阻在电路中起抑制电阻的作用。

表 8-2(a)　为获得最小峰值 I_c 所需的抑制电阻（并联电感）

N	最佳 R（最小峰值 I_c）	$\dfrac{V_{\text{out}}}{V_{\text{in}}}$@峰值 I_c(dB)	ω@ 峰值 I_c	$\dfrac{V_{\text{out}}}{V_{\text{in}}}$ 峰值(dB)
1	$\sqrt{\dfrac{7.2L}{C}}$	9.6	$\sqrt{\dfrac{1}{1.5LC}}$	9.7
2	$\sqrt{\dfrac{6L}{C}}$	6.0	$\sqrt{\dfrac{1}{2LC}}$	6.5
3	$\sqrt{\dfrac{6L}{C}}$	4.4	$\sqrt{\dfrac{1}{2.5LC}}$	5.2

表 8-2(b)　为获得最大增益所需的抑制电阻(并联电感)

N	最佳 R(最小峰值)	$\dfrac{V_{out}}{V_{in}}$ @最大增益 (dB)	ω@ 最大增益	$\dfrac{I_c 峰值}{I_c 最佳}$(dB)
1	$\sqrt{\dfrac{2.5L}{C}}$	9.5	$\sqrt{\dfrac{1}{1.4LC}}$	1.03
2	$\sqrt{\dfrac{3.1L}{C}}$	6.0	$\sqrt{\dfrac{1}{1.9LC}}$	1.09
3	$\sqrt{\dfrac{2.7L}{C}}$	4.4	$\sqrt{\dfrac{1}{2.4LC}}$	1.16

表 8-3(a)　为获得最小峰值 I_c 所需的抑制电阻(并联电容)

N	最佳 R(最小峰值 I_c)	$\dfrac{V_{out}}{V_{in}}$ @峰值 I_c(dB)	ω@ 峰值 I_c	$\dfrac{V_{out}}{V_{in}}$ 峰值(dB)
1	$\sqrt{\dfrac{7.2L}{C}}$	9.6	$\sqrt{\dfrac{1}{1.5LC}}$	9.7
2	$\sqrt{\dfrac{0.8L}{C}}$	6.0	$\sqrt{\dfrac{1}{2LC}}$	6.6
3	$\sqrt{\dfrac{0.5L}{C}}$	4.5	$\sqrt{\dfrac{1}{2.5LC}}$	5.3

表 8-3(b)　为获得最大增益所需的抑制电阻(并联电容)

N	最佳 R(最小峰值 $\dfrac{V_{out}}{V_{in}}$)	$\dfrac{V_{out}}{V_{in}}$ @最大增益 (dB)	ω@ 最大增益	$\dfrac{I_c 峰值}{I_c 最佳}$(dB)
1	$\sqrt{\dfrac{3L}{C}}$	9.5	$\sqrt{\dfrac{1}{1.5LC}}$	1.02
2	$\sqrt{\dfrac{1.5L}{C}}$	6.0	$\sqrt{\dfrac{1}{1LC}}$	1.07
3	$\sqrt{\dfrac{1.1L}{C}}$	4.4	$\sqrt{\dfrac{1}{2.7LC}}$	1.13

如果电子设备初期设计不能满足 CS101 要求,可考虑选用更高等级额定电压和电流的元件;如果允许更改电路板布局,可考虑增加抑制电阻。

8.3.5　关于瞬态传导敏感度达标的考虑(CS106)

CS106 项要求的目的,是控制试样对注入到其未接地输入电源线上的尖峰脉冲的敏感程度。

要满足 CS106 设计要求,应主要考虑试样前端滤波器的元件能承受 CS106 所要求的电压。通常 CS106 要求的电压是额定电压的两倍。

另一项需重点考虑的是信号源的源阻抗。大多数军用和航天测试中,源阻抗一般定义为 0.5Ω。具有这样低的源阻抗,且试样前端元件或滤波器要有一定的等效电阻,以降低脉冲电压保护敏感电路,对单机设计师而言是额外负担。这项要求对高电压系统更为困难,因为电压要求是额定电压的两倍。

类似 CS101 要求,本项设计改进包括采用更高额定电压的元件或改变输入滤波器设计,设计完成后再进行更改可能有较大难度。

8.3.6　关于辐射敏感度(RS103)达标的考虑

RS103($10kHz\sim 40GHz$)是控制和确定电子设备对辐射电场敏感程度的要求。

外部电场可以通过耦合或直接方式影响机壳内的电路,并能在导线中产生 DM 电流,或在电缆上产生 CM 电流。最容易受外部辐射发射(RE)影响的部位是电缆进入机壳的连接器。不完全的滤波和(或)输入/输出线上的屏蔽能承受至少 10V/m 的电场干扰。其直接的结果是 PCB 的印制线本身要比输入/输出电缆短。另外,通过机壳的直接耦合方式对铝结构机箱而言是不可能的。电缆连接器的屏蔽方式对满足 RS 要求有重要影响。有关电缆和接头屏蔽和有关电路板设计中控制环路的内容参见相关章节。

未满足 RS103 要求的星船电子设备,在设计改进中通常要增加有限的屏蔽或采用带屏蔽终端的接插件。因为 RS 要求一般是星船设备通用的,不考虑各设备的具体位置。在设计改进中,应参考设备具体环境,以确定是否要进行设计修改。例如,在实际布局中,发射机和所涉及的设备间可能有结构架或其他金属障碍物,这些因素都应在进行设备设计改进时予以考虑。

8.4　无源互调产物测试

PIM 测试难度很大,因为它本身属微弱信号,一般比信号电平低 100dB,这就需要一个高灵敏度的测试系统。另外,PIM 产物随时间变化又与测试条件关系密切。一般来讲,要通过大量试验建立起 PIM 产物与测试条件的固定关系才能得到可靠的测试数据。

测试系统一般来说应包含以下设备:

(1) 两个大功率信号源,信号源自身的频谱比较纯净;

(2) 两个调谐带通滤波器,它将两个大功率信号源产生的基本信号无衰减地传输,对功率源谐波及另一个信号源来的反向功率抑制至少 50dB;

(3) 两个定向耦合器,作两路基本信号的监测;

(4) 一个窄带调谐滤波器,只允许指定被检测的互调信号通过。改善功率源与探测器间的隔离作用;

(5) 高灵敏度的频谱分析仪,作为所有无源互调信号的敏感探测器;

(6) 精心选择三个等效负载,它们自身对于最大输入功率并不产生任何可探测出的无源互调电平;

(7) 一个功率合成单元,将两个大功率信号源合成。它自身不产生任何可比拟的无源互调信号。它是一个频率敏感部件,只在环路的设计频带内,各支路才能达到完全平衡。它能使经过试验样品产生的 PIM 进入探测器。从而提高测试灵敏度。

为使试验系统准确可靠,必须精心将所有接头拧紧,必要时将接头的内、外导体与对应的电缆接头焊接起来。力求将测试系统的自身的剩余噪声电平压至最低。一般应低于输入信号电平约 130dB,其值可看成用频谱分析仪探测到的最低 PIM 电平。

有关无源互调产生机理及测量技术原理性研究一直在进行,这里介绍一个初步建立的原理性测试系统,可在 S 波段进行部件级的测试工作,图 8 - 42 为测量配置方框图。对所有测量,信号源的电平保持不变。两个定向耦合器用于对功率电平和基本信号频率进行连续监测。两个基本信号在双工器的输出端合成,然后被送到测试样品。双工器由两个级联(接到公共输出端)的通带滤波器组成。它们有着通带分散的带宽和中心频率,以至于其中一个滤波器的中心频率落在另一个的通带之外。因而,双工器提供至少 50dB 的一个信号源到另一个信号源的隔离。使用一台频谱分析仪作为无源互调信号的敏感探测器。可用频谱分析仪把在测试样品中产生的无源互调信号的特定部分探测出来,只要把输出带通滤波器和频谱分析仪调节到所要观测的频带。两个信号源注入系统的总的射频功率被一个本身不产生明显的 PIM 的仿真负载吸收。

实验根据器件的实际情况(主要是滤波器的指标)选择了两个输入载波频率为 $f_1 = 2463\text{MHz}$,$f_2 = 2487\text{MHz}$。经过计算,产生的无源互调产物频率分别为 $f_{IM3} = 2439\text{MHz}$ 与 2511MHz;由于器件的限制,选择了 2511MHz 为三阶互调产物的测量点。

实验结果首先确认了测量所得的确是 PIM 产物,由于测量设备的限制,在所预测出现互调产物的频率点上,存在着一定的噪声,经确认为频率源或功率放

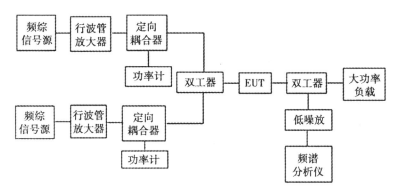

图 8 – 42　PIM 测试原理框图

大器所产生的噪声谱线,但当两路载波同时输入时,在此频点上的谱功率明显增大,而当一路载波停止输入时,功率则迅速地减小,因此可以确认所测量得到的确实是 PIM 产物。

　　其次测量系统的 PIM 噪声指标,发现其 PIM 的噪声功率电平当两载波输入都为 50dBm 时可达 – 40dBm 左右。由于测量系统的限制必须找到一个能够产生较高 PIM 功率电平的被测件,根据文献上的一些记载,铁磁性材料的 PIM 电平相对其他的器件来说比较高,因此最后选择了铁氧体材料的大功率隔离器作为被测件。通过实际测量,发现了这种材料的 PIM 功率电平确实非常高,两载波输入都为 50dBm 时可达 – 20dBm 左右。

　　目前在某航天研究单位已具备几个在用频段的 PIM 测试能力。

8.5　空间微放电现象测试

　　微放电现象测试有多种微放电检测方法,分整体和局部的检测方法。采用局部法可以接近实际放电点,即检测点可选择靠近测试中的滤波器或环形器,但在测量完整组件时此法不宜采用,因不可能在被测件上增加一些孔,特别是测量飞行件。对于完整组件测试,采用全局性测试方法可以知道微放电出现在组件系统的某个部位。通常微放电的检测方法有如下几种:

　　· 光学检测(局部)

　　· 电子探针检测(局部)

　　· 二次谐波检测(全局)

　　· 残余物质检测(全局)

· 偏置 T 检测(全局)

· 前向/后向功率检测(全局)

· 前向/后向功率调零检测(全局)

· 近载波底噪声检测（全局）

· 近载波相位噪声检测（全局）

　　下面以前向/后向功率调零检测法为例介绍微放电测试系统组成和检测原理。前向/后向功率调零微放电测试系统工作在被测件的额定工作电平下,通过加脉冲调制信号测部件的微放电阈值,这种测试方法对检测微放电非常灵敏,通常这种检测法的调零深度可达 −60dBc。

　　如图 8−43,输入到被测件的信号功率值可在均值功率计(1)、峰值功率计上检测,被测试件反射的信号可在均值功率计(2)上检测。微放电检测原理是:大功率正向传输信号的一部分经定向耦合器、功率分配器到 3dB 桥(2),作为调零比较的参考信号;由被测件反射的信号经定向耦合器、3dB 桥(1)至 3dB 桥(2);调整可变衰减器和移相器使这两路信号等幅反相,同时在频谱分析仪上观察这一调零过程。若被测件发生微放电现象,反射功率增大,调零状态破坏,可从频谱分析仪上检测到。

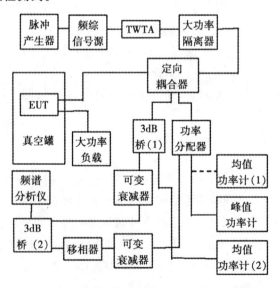

图 8−43　前向/后向功率调零检测微放电系统框图

空间微放电的检测已广泛用于发射成功的和在研的型号任务。

8.6　EMC 试验结果评价

衡量电子、电气产品的好坏,首先是看功能性指标,也称电性能指标,这是基本指标,如放大器的增益、接收机灵敏度等。随着电子技术迅猛发展,电子、电器产品的性能不断发生变化,产品的功率要求增加,工作频率向更高频段发展,数传速度在增加,接收机灵敏度在提高等。为改善大型电子系统工程的性能价格比,为保护环境,对组成电子系统的产品的非功能性指标(这里主要指电磁兼容性)要求显得越来越重要。非功能性指标通过测试来检验。测试数据给出许多信息,我们要学会依据标准判断 EUT 是否通过指定的 EMC 标准。要学会判断两台同样通过标准的产品哪个 EMC 裕量更大。学会判断两台同样未通过标准的产品反映的问题轻重是否一样,问题的本质是否有差异。EMC 测试结果能够给出 EUT 是否通过某 EMC 标准,对于那些没有达标的 EUT 给出了具体的超标频点及超标量值。通过研究分析 EMC 测试结果,有助于查明 EMC 受到破坏的原因,查明不希望有的电磁发射对各种敏感器作用的途径,评价敏感器在各种工作状态下受影响的程度,评价研制过程中所采用的组织措施、技术措施的有效性。具体说明如下:

(1) 对于具有发射性能的产品(包括各种发射机和接收机的本振发射),必须检验它的多余发射(有用信号之外的发射),即由产品自身产生的、与信息传输有害的电磁噪声和无用信号,在国家标准 GB/T - 4365 中称为电磁骚扰,在国军标 GJB - 72 中称电磁干扰。产品不产生任何电磁骚扰是不现实的,科学的方法是对骚扰进行约束,这就是 EMC 标准中规定的极限值。极限值用限制线将规定的或允许的电磁骚扰在频域中表述。严格讲骚扰发射极限值是指对应于规定标准测量方法的最大电磁骚扰允许电平。在测试结果中用曲线描述,如图 8 - 44所示。

如果用规定方法测得产品所有规定频率上发射电磁骚扰电平低于限制线,则我们称此产品通过电磁兼容的某个项目。不同频率点上产品的发射电平低于发射限值不一样,它们是频率的函数,称此差值为电磁干扰发射裕量。

如果测得某些频率点上的发射电平高于限制线,则我们称该产品未通过 EMC 标准某些项目。这种发射可能是单个或多个频点上的杂散发射,也可能有调制过程引起的带外发射。具体情况具体分析,并且必须对症下药,实施 EMC 加固。根据超标的频谱进行分析,对 EUT 的工作机理有所了解,就能判断这种

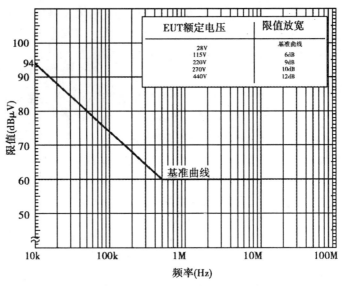

图 8-44　标准限值示意图

多余发射来自何处。例如某产品传导干扰测试曲线,见图 8-45。该产品含有开关电源 DC/DC 模块,这种模块的工作频率约 580kHz,从图中明显看出 580kHz 的基波和各次谐波。

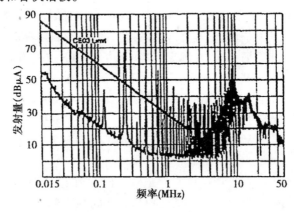

图 8-45　传导干扰测试曲线

(2) 对于具有敏感电路的产品必须检测它的抗电磁干扰能力,即产品面临电磁骚扰不降低运行性能的能力,在国家标准 GB/T-4365 中用抗扰性来描述,在国军标 GJB-72 中用敏感度来描述,即设备、分系统或系统暴露在电磁辐射下所呈现的不希望有的响应程度。敏感性越高,抗干扰能力越低。电磁骚扰的种类很多,从波形分有瞬态、脉冲、尖峰、冲激脉冲、喀呖声等。总之,不同骚扰要用相应的模拟干扰源来生成,通过标准规定的方法施加给 EUT。这些电磁骚扰的量值可用骚扰电压、骚扰场强、骚扰功率来量度。试验中量值的掌握是至关重要的。

EMC 测试报告中注明敏感度限值或抗干扰限值,它是指对产品抗干扰能力的基本要求,在标准或专业技术条件中可以查到。

综上所述,EMC 测试可以给出 EUT 是否通过标准规定的结论,可以给出定量的测试结果,比如哪个频率上有超标的干扰存在、干扰性质、超标多少等。同时也可以给出 EUT 在按标准施加敏感度限值的干扰时,EUT 工作是否正常,还能给出 EUT 敏感度阈值与敏感度限值的差距。

第9章 航天器系统级 EMC 设计

航天器系统级设计需要用到力学、光学、热学、自动控制、无线电电子学、能源等多种学科的专门和综合知识,同时必须集构形设计、结构设计、热控设计、姿态和轨道控制设计、电源分系统设计、测控与通信分系统设计、数据管理分系统设计等综合考虑。航天器系统级 EMC 设计与上述诸设计均相关。

航天器系统级 EMC 设计不仅直接影响系统的精度,还与系统安全性和可靠性密切相关。航天器系统级 EMC 设计在航天器研制和使用中占有极其重要的地位。系统级 EMC 设计不但和星上电子设备、分系统相关,而且与其结构外形、总装工艺、热控等等也有直接关系。如为防止静电放电发生,飞行器外形要避免尖突,卫星舱体与主结构搭接要良好,热控部件的接地要良好,设备与卫星壳体搭接要良好等。系统电接口、机械接口、界面、各类信息传输、布局、工作状态控制、系统配置也必须认真考虑,权衡整个系统的兼容性。一般来说,一个系统只有当它所包括的所有设备/分系统自身以及与外部环境都实现电磁兼容时,才能认为此系统电磁兼容。

本章介绍系统级 EMC 设计任务分析,系统级 EMC 设计思想、设计原则与设计程序,系统级 EMC 设计内容。

9.1 系统级 EMC 设计任务分析

一般的航天器都包括十几个分系统和上百台设备,特别是由于受各种条件制约,空间狭小设备密布,是一个复杂的电子系统。系统内既有不同频率、不同电平、不同波形的信号传输,又有由于设备间、电缆间、设备与电缆间等多种耦合而产生的无用能量存在。当前科学技术向高频、高速、高灵敏度、高集成度发展,特别是小卫星、微小卫星出现,有时一台设备中安装有几个单位研制的电路板,因为大部分测试设备都是标准的 50Ω 同轴接头,目前板级产品的试验验收在工程上存在一些实际问题。除了测试验收难于操作外,更重要的是集成度提高的同时也使得航天器内部电磁环境异常恶劣。

航天器系统包括有效载荷和平台两大部分,有效载荷直接承担着规定的应该完成的特定任务,平台是为有效载荷正常工作提供支持和保证的保障系统,显然有效载荷和平台必须是兼容的。航天器要完成发射、入轨及在轨正常工作,还有一系列由于航天飞行任务的性质所导致的特殊问题,如可能会经受外层空间的辐射、电荷积聚和地球发射的射频环境以及温度、压力、冲击、振动等恶劣环境影响。因此航天器要完成既定任务,必须解决自身兼容性问题,还要解决航天器与其所处环境的兼容性问题。

　　航天器系统设计的任务首先是把用户需求转变成系统的性能和功能要求,确定初步研制计划。接着把比较笼统的初步研制要求逐步划分到若干个分系统,直至成千上万个具体研制任务,通过设备级研制、生产、测试验收以及总体电路设计、总装设计等复杂过程,才能把这些任务研究所得成果最终完成一个技术上合理、经济上合算、研制周期短、能协调运转的航天器系统工程设计,并要求航天器系统能有机地隶属于更大系统(包括运载火箭、发射场、测控中心、应用系统等)的有效组成部分。无疑航天器系统设计在航天器整个工程中起到主导和决策作用。

　　按 ISO14302－2002 标准解释,完整的航天器系统应该包括设施、设备、分系统、原材料、维修及其操作或环境所需的相关人员等。按完整性设计观念,上述过程从时间、空间上都离不开电磁兼容技术。在了解用户需求的同时,必须了解航天器的研制环境、发射环境、使用环境的电磁兼容特性。在把用户需求转换成技术指标时一定遵守折衷原则,而且不宜追求单项指标,以适度为好。在最后确认技术要求时,应既能达到电性能指标,又考虑到系统的抗干扰及抑制无意辐射发射的能力。这是航天器 EMC 设计的目的所在。

　　航天器 EMC 设计的目的是保证系统规定的技术性能充分发挥。对航天器来说寿命周期是研制过程中的一项重要指标。系统精度、安全性、可靠性是我们关注的重点。根据系统的功能性要求、兼容性要求、工程进度、经费状况综合平衡来把握系统 EMC 设计。

　　系统 EMC 设计的另一个重要问题是必须把设计、生产、测试整个过程看作一个整体统一考虑,把系统 EMC 要求分解到各个分系统和设备中去。在下达设备/分系统研制任务书时,一定要将 EMC 要求作具体表述。给出详细的 EMC 设计余量和分配表,类似于航天器能源分系统功率分配和姿轨控分系统指向精度分配一样。在对设备/分系统验收时,一定要在验收设备/分系统的电性能指标的同时,验收电磁兼容指标。这里必须强调要具备电磁兼容测试数据,这些数据对于系统内部电磁兼容性分析至关重要。

　　在做航天器系统试验时要安排系统 EMC 试验,在系统间大型试验时要取得星、箭、地 EMC 试验数据和环境数据。

综上所述,航天器系统 EMC 设计任务都应以技术文件形式具体表述出来,这份文件就是我们所熟悉的航天器 EMC 设计规范。

撰写 EMC 设计规范的目的是进一步明确航天器设计 EMC 的具体要求,由于 EMC 要求与航天器大小、运行轨道、工作寿命及投资额度有关,是写给具体型号任务的,因此找不到一个通用标准,依笔者体会,航天器 EMC 设计规范主要应包括航天器系统级 EMC 设计要求以及分解成分系统、设备级 EMC 要求,并对航天器系统级 EMC 试验验证以及各分系统、设备级 EMC 测试要求给出指示。具体撰写时应考虑以下内容:

(1) 首先对具体型号的主要任务以及与 EMC 相关的重要问题作以介绍。

(2) 明确该航天器研制工程中选用和剪裁应遵守和执行的 EMC 标准和相关技术文件。

(3) 有关航天器研制区、发射场及在轨运行的空间电磁环境要求。

(4) 规定系统级 EMC 设计准则和主要技术要求:包括建立整星接地网络图,给出星载关键设备列表和无线电设备的性能参数表,给出星箭界面的电磁环境要求,给出卫星对发射场的电磁环境要求,给出卫星与空间环境间的电磁环境要求,总体机构、结构 EMC 设计要求,星内布局,电缆网设计要求等。

(5) 规定设备和分系统级 EMC 设计准则和主要技术要求。重点是电源分系统、测控分系统 EMC 设计,而有效载荷分系统 EMC 要求依具体型号任务而定。

(6) 规定设备和分系统级 EMC 试验要求和验收标准。主要内容应包括测试项目、极限值要求、测试方法及合格判据。超差产品进行 EMC 加固要求,改进后的产品需再次进行 EMC 试验。

(7) 系统级 EMC 试验要求包括系统内自兼容试验,星箭间联试,星、箭、地综合 EMC 试验。系统级 EMC 试验要验证系统内关键设备是否具有所要求的安全裕度,检验星箭间的传导电磁兼容性和辐射电磁兼容性,检验卫星与其环境的电磁兼容性。

9.2　系统级 EMC 设计原则和设计程序

9.2.1　系统级 EMC 设计原则

正确的设计思想是航天器 EMC 设计的灵魂,系统级完整性设计是科学的、合理的、实用的,也符合降低成本、减小投入产出比的总体要求。

海湾战争、科索沃战争使中国人明白,现代战争已完全摆脱了刺刀见红的接触模式。电子战、信息战威力之强,速度之快,摧毁力之大都是历史性的突破。多星组网,侦察、预警、导航、气象、精确制导等多项技术综合应用。海上、空中、地面多种武器多功能系统实现了彼此兼容。中国的航天事业面临着挑战,部分航天器已纳入武器研制行列。批量生产,进入国际市场也成为当前面临的现实问题。这些事实说明航天器 EMC 设计不仅要考虑航天器系统内兼容,航天器系统与发射场电磁环境兼容,还要研究航天器与其他协同战斗的系统实现彼此兼容。

系统级 EMC 设计就是要把系统 EMC 要求综合到系统的功能性设计中去,系统 EMC 设计与系统功能性设计同时进行。对于一个具体航天器系统工程来说,进行系统 EMC 设计应从以下几个方面来考虑,会收到较好的效果:

(1) 航天器系统级 EMC 设计考虑的出发点应强调确保整个寿命期的整体兼容性,因此系统级 EMC 设计的基点是航天器整个寿命期全部运行阶段可能遇到的最坏电磁环境,所以要立足于全寿命期获得兼容状态来选择材料、元器件、结构和工艺,选用设备、确定布局和规范技术控制状态。

(2) 航天器系统级 EMC 指标同功能性指标统一考虑,以系统性能和兼容性为设计目标,按完整性设计观念,在把用户需求转换成技术指标时一定遵守折衷原则。如接收机灵敏度指标,从大系统链路考虑希望高些,从电磁兼容性考虑应留有余量,不是越高越好。在满足电性能指标的前提下,适当降低灵敏度,有利于提高系统的抗干扰能力。

(3) 系统级 EMC 设计应从系统精度允许降低的程度来考虑,同时把安全性、可靠性作为系统 EMC 设计的基本出发点。例如:系统内外产生的电磁发射能量耦合到系统内关键设备或关键电路以后,有可能使系统对有用信号接收精度降低,甚者有可能对系统的安全性、可靠性构成危害。

(4) 由于航天器含有电爆装置,与火箭对接后会遇到燃料存储等特殊问题,所以系统安全性是 EMC 设计必须考虑的。电磁干扰有可能使系统内电子、电气设备性能下降,甚至产生故障,带来系统功能失效率增加,影响系统平均故障间隔时间,从而直接影响系统完成规定功能的概率下降。所以在进行 EMC 设计时要考虑系统的可靠性,仔细研究系统在受到电磁干扰时可能引发的故障模式。

(5) 对于具有多个分系统、几十个甚至上百台设备的航天器来讲,一定要把 EMC 设计融合到系统功能设计的各个阶段进行。一般从方案论证阶段开始,贯穿到方案开发阶段、初样研制阶段、正样生产阶段,各个阶段的设计内容应作为功能性设计评审内容的一部分。

（6）重视把系统 EMC 要求分解到分系统和设备中去,设备和分系统的 EMC 设计与该功能性设计同步进行。考虑设备和分系统 EMC 要求时,要对 EMC 标准剪裁处理,以防止过设计和欠设计。

（7）由于系统内外电气、机械、环境的界面参数,以及各种信息传输的界面特性都与电磁兼容性相关,因此对关键的电路监控界面、系统间的接口界面、系统与环境的接口界面等参数进行电磁兼容设计,通过对各分系统、设备的合理布局或采取环境改善措施来实现电磁兼容。

（8）对于航天器系统 EMC 设计来说,建立良好的接地、搭接系统,并加强电缆网布局的合理性设计,可能解决系统中相当一部分干扰问题,既经济实惠又安全可靠。适当采用屏蔽和滤波措施是完全必要的,但屏蔽措施常常带来重量增加,滤波措施成本昂贵,会使不可靠因素增加。后两项措施使用时要慎重从事。

（9）从工程实际出发,在进行系统级 EMC 设计时还要考虑经费的使用效果。从 EMC 经典理论给出的典型曲线清楚看到(见图 9－1),EMC 设计考虑的越早,可采取的措施越多,也越易见效,显然 EMC 经费使用也越少。

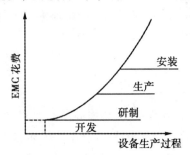

图 9－1　产品研制过程与 EMC 花费的关系

（10）因为兼容性越好,所需研制周期越长,经费消耗越多,所以说电磁兼容性与经济性、时间相关。综合系统的功能性、兼容性、研制周期和使用状况,选择合理的兼容裕度,并不是裕度越大越好。考虑经费的限制,力求最佳效费比,是我们设计者追求的目标。

（11）EMC 设计技术是航天器可靠性的支撑技术,则 EMC 设计必须首先确保自身的可靠性。工程上曾有过这样的案例,某些内部电源供电的星载设备上装有 EMI 电源滤波器,测试结果证明抑制 EMI 发射效果明显。可是人们没有预料到的问题发生了,由于某批次的 EMI 滤波器老化试验不够充分,引发所有相关设备性能降低,甚至失效,最终导致整星发射延误。

9.2.2 系统级 EMC 设计程序

系统级电磁兼容性涉及综合应用管理和 EMC 控制技术的各个领域以及从研制开始到使用寿命后期的各个阶段。EMC 设计从分析任务的电磁环境和功能要求开始,首先在方案设计的基础上对系统频谱特性进行分析预测。

电磁兼容性预测是一种通过理论计算对电子设备或系统的电磁兼容性进行分析评估的方法。这项技术通常用于系统或设备研制的方案设计阶段和工程研制阶段。因为电磁兼容性预测的目的是为了分析不兼容的薄弱环节,评价系统或设备兼容的安全裕度,并为方案修改、防护设计提供依据。

由于航天器系统复杂,耦合模型不好建立,非预期响应也很难估算。早期的 EMC 预测是相当困难的,一般只能在预计或对现有设备/分系统 EMI 性能预测的基础上,给出最简单的系统内 EMI/EMC 的预报(主要是频率分析),为预知的或可能存在的干扰情形考虑解决方案。这种考虑基于设备级 EMC 测试数据。阻抗耦合(传导发射)、线与线之间和场与线之间的耦合,也就是在指定的界面控制文档数据或现有设备/分系统 EMI 性能数据。解决方案多用到接地、搭接,布局、布线,滤波和屏蔽等基本设计技术。

航天器 EMC 设计工程实施分三级,电路组件级、设备和分系统级、系统内和系统间级。前两级是 EMC 总体设计的基础和保证,同时还要重视系统级 EMC 设计,研究总装成系统后的电磁兼容性问题。

系统 EMC 设计一般按如下程序进行:首先将用户需求转换成技术指标要求,再将技术指标进行初始量化,确定设计方案。然后是编制系统研制任务书和技术流程,编制设备/分系统研制任务书,按任务书进行单机验收、总装、调试后进行系统联机试验,组织系统间的大型试验。具体步骤如下:

(1)在方案论证阶段,根据任务具体情况分析并确定任务的电磁环境,根据实际电磁环境编写系统电磁环境要求。过去总体设计师对系统功能、性能要求比较重视,对运行要求和所处环境要求重视不够。工程经验证明,系统运行环境与设计关系极大。

(2)在任务立项阶段,将用户需求转换成技术指标要求,再将技术指标进行初始量化,确定设计方案。航天器总体 EMC 设计对设备和分系统设计起着指导和进一步完善的作用。众所周知,好的技术方案是系统高可靠性的基本前提,也是未来研制工作的基础。好的技术方案要用整星建造规范的技术文件形式确认下来。同时要撰写出相应的电磁兼容规范,该规范包括应用范围、应用文件、参考文件、系统要求、系统试验等所有共同关心的技术内容。

在编制系统研制任务书和技术流程中含有 EMC 要求和实施方案。对系统、分系统和设备的工作频率、频谱特性进行的分析和对设备/分系统提出的 EMC 要求要编制在设备/分系统研制任务书中。

(3) 设备/分系统承制方应严格按照总体规定的任务书要求,全面进行可靠性设计,制定 EMC 设计规范。从元器件选购和材料选择抓起,首选固有噪声小和敏感度阈值高的元器件,强调降额使用。必要时采用特殊抑制干扰电路,包括瞬态抑制电路、去耦电路、平衡电路、特殊噪声抑制电路等等。在高频电路设计中还要注意无源互调和空间微放电的预防措施等等。

(4) 在 EMC 设计规范的指导下开展电路设计、结构设计、工艺设计以及布线、布局、接地、搭接、屏蔽、滤波等工程设计,这是实现航天器系统电磁兼容性的关键。

(5) 设备/分系统承制方按有关 EMC 技术文件对设备/分系统进行 EMC 试验,检验设备/分系统是否满足有关规定,并在有条件的情况下对系统内各专业分系统及其设备进行 EMC 分析,为航天器系统联试作技术准备。

(6) 设备和分系统 EMC 设计完成和验收试验通过,是航天器实现系统内和系统间电磁兼容的必要条件。在设备/分系统完成测试验收之后,按有关技术文件进行总装、调试。在系统联机试验证明电性能工作正常的前提下,组织系统内和系统间的大型 EMC 试验。

9.3　系统级 EMC 设计要求

为确保航天器系统可靠工作,必须考虑选择合适的电磁干扰安全系数。所谓电磁干扰安全系数在 GJB72 – 85《电磁干扰和电磁兼容性名词术语》中是指敏感度门限与出现在关键点或信号线上的干扰之比。在 GB/T4365 – 1995《电磁兼容术语》中,用发射裕量设计值和抗扰性裕量设计值来表征电磁兼容性指标(理论值)。也就是说,理论上把敏感度限值与发射限值之差称为安全系数。发射裕量是指装置、设备或系统的电磁兼容电平与发射限值之间的差值。电磁兼容电平是指预期加在工作于指定条件的装置、设备或系统的规定的最大电磁骚扰电平。发射限值是指规定的电磁骚扰源的最大发射电平。抗扰性裕量(也可用敏感度裕量表示)是指装置、设备或系统的抗扰性限值(也可用敏感度限值表示)与电磁兼容电平之间的差值。抗扰性限值是指规定的最小抗扰性电平。我们称某产品通过某电磁兼容标准的辐射发射项目要求,是指不同频率点上产品的辐射发射测试值低于辐射发射限值,称此差值为发射裕量测试值,它们是频率的函数。同样,也可以说某产品通过某电磁兼容标准的辐射敏感度项目要求是指不同频率点上产品的辐射敏感度阈值高于辐射敏感度限值,称此差值为敏感度裕量测试值,它们是频率的函数。在工程上习惯于把电磁发射干扰测试值和实测的敏感度阈值之差理解为系统的实测安全系数,它是用来描述一个完整系统的电磁兼容程度的。

因为电磁干扰带有随机性,系统工作一般较为复杂。在系统联机试验过程中的时间、地点、环境条件下系统工作正常,不足以表达系统的电磁兼容性。为了保障系统的可靠性,往往可以施加苛刻的条件验收。具体操作上,可以加大系统发射设备的功率(增加一个发射裕量),或使被测系统的接收设备更加敏感地工作(增加一个敏感度裕量)。但是操作起来是比较困难的,实际工程中常用系统中通过频率分析得出最易受扰的收发对,针对它们的干扰发射值和接收灵敏度进行测试,从而估算出安全系数。系统安全系数与关键接收设备灵敏度、固有的电磁敏感度、任务目标的重要性及所处的电磁环境等因素有关。可用公式 (9-1)表示:

$$m_{dB} = S_{dB} - I_{dB} \tag{9-1}$$

式中,m_{dB} 为实测安全系数;S_{dB} 为实测系统敏感度阈值;I_{dB} 为实测系统辐射发射值。

我们把 m_{dB} 称为系统实测安全系数。当 m_{dB} 为零时,称系统处于临界状态。当 $m_{dB}>0$ 时称系统自兼容,工作安全可靠。在实际系统中还常将系统安全系数划分为接收机安全系数、发射机安全系数、寄生干扰安全系数,用图 9-2 说明。TIM 表示发射机基波与接收机寄生带间的干扰余量,也称发射机安全系数。RIM 表示接收机基本响应与发射机的寄生发射间的余量,称接收机安全系数。寄生干扰安全系数是指接收机寄生响应与发射机的寄生发射处于相同频段时的余量,用 SIM 表示。

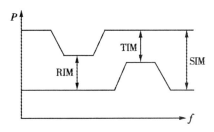

图 9-2 系统安全系数示意图

对于一个复杂的电子系统,我们常把分系统中对干扰最敏感的点选作关键点,它与灵敏度、固有敏感性、对任务目标的重要性以及所处的电磁环境等因数有关,它实际上是一个电气点。例如在接收机内选择其射频输入、中频输入、中频输出、检波器输入或输出作为确定性能阈值的基准。

在系统 EMC 试验中用来监测系统响应的一个或几个实际物理位置称作监测点,它可设在系统内部,也可选在输出端,但重要的是必须确保监测点上安装的监测仪器不致对试验结果造成影响。

系统内电磁兼容性是指在给定系统内部的分系统、设备及部件相互之间的兼容性。影响系统内兼容性的主要因素是耦合,耦合的方式有导线间电感、电容、电场及磁场耦合,还有系统内公共阻抗耦合及天线耦合。

系统间电磁兼容性是指给定系统与它运行所处的电磁环境或与其他系统之间的兼容性。影响系统间兼容性的主要因素是信号及功率传输系统与天线间耦合。

系统 EMC 设计的全部任务归结为通过各种技术手段达到减少干扰源和降低干扰强度,切断传播路径和增加路径衰减,提高接收器的抗干扰能力。上述任务是通过 EMC 管理工作把 EMC 设计技术、EMC 预测技术、EMC 试验技术运用到航天器整个研制的全过程来实现。

系统 EMC 设计要求除卫星系统内实现兼容外,还应包括以下几个方面:

(1) 对来自运载火箭的有用发射和附加发射提出限制要求,与火箭研制方协调;

(2) 了解发射塔架的电磁环境,对卫星与塔架相关设备兼容性进行预估。

(3) 限制卫星的有用发射和附加发射,与火箭研制方协调。

(4) 预估卫星与空间环境的电磁兼容性。

(5) 预估卫星与地面电子系统设备的电磁兼容性。

9.4　系统级 EMC 设计内容

航天器接地设计是系统级 EMC 设计的重点,换句话说,它直接关系到工作人员的安全、空间放电和 EMC 综合要求。航天器接地设计必须在系统总体设计初期进行考虑。

电源分系统的 EMC 设计应提到系统级重点考虑,因为它是产生、存储、变换电能的分系统,是航天器工作能量的来源。同时因为公用电源母线易产生耦合干扰,大量工程案例说明影响航天器系统正常工作的主要因素经常是电源线的传导干扰。

电缆网设计也是系统级 EMC 设计的重点,确定导线类别,以便把传送信号电平相差不大的导线归成一组。具有相同类型并在同一区域的导线可编入一个线束里。电源线与信号线分别走向,敏感性电路导线一定要采用屏蔽层保护措施,与连接器要做到周向接地连接。

系统级 EMC 设计应重视频率配置,通过合理选择和指配,能保证外界干扰不会落在航天器各分系统的工作频率范围内。由于对系统内发射设备的谐波、杂波和接收设备的本振泄漏以及接收设备各种寄生频带进行分析研究,会使系统间的电磁兼容问题减到最少。

指令和控制分系统用于接受地面遥控指令,实现地面对空间的联系与控制,对航天器来说是至关重要的。遥测分系统用于采集航天器上各种仪器设备的工作参数,并实时或延时地发送给地面测控站,是获取信息的唯一渠道,也是应当确保的,载人航天器人命关天,更不能大意。

9.4.1　频率配置

众所周知,正因为电磁频谱对于人类就像空气、阳光和水一样重要,所以频谱管理一直是世界各国普遍关注的政策性和技术性很强的系统工程。这里强调的是频谱工程是以电磁兼容性为中心,从频谱特性、电波传播、频段选择、频率指配、干扰分析、系统的技术体制和设备性能以及频谱管理方法等方面,研究以节省频谱、实现电磁兼容性为原则的若干技术问题。

航天器系统频率配置一般需要考虑国内外有关规定,考虑避开常用的广播、电视频率及其谐波等问题。但由于目前电磁信号高度密集、频率范围不断扩展和设备体制功能追求多样化,为了实现系统内电磁兼容,必须研究所有发射机的各次谐波、分谐波、带外发射、杂散发射、占有带宽、定向天线方向图等数据。同时还要注意避免同频干扰、邻道干扰、中频干扰、镜像干扰及互调干扰等现象发生。这就要求系统级 EMC 设计重新审视频率配置,侧重于发射设备的谐波、杂波和接收设备的本振泄漏以及接收设备各种寄生频带的分析研究。

为了使所研制的航天器系统能与航天发射场、地面测控网和各种相关的地面应用系统和谐有序地工作,必须研究航天器各使用频率、谐波、带宽、频道、中频、镜频、能量、波束、工作方式等问题,这些问题的研究依赖于兼容性频谱分析,可参考第 4 章 EMC/EMI 分析预测软件完成。这部分工作应在方案阶段完成。

9.4.2　建立航天器接地网络图

航天器作为一个电子系统,必须提供一个等位面,即 EGRN。EGRN 包括所有铝蜂窝夹层、铝表板、铝箔带、连接导线以及运载火箭的接口环等。这个电位基准面可以作为零信号的参考面,它不能用来作为大电流返回路径。具体操作上是在星载结构上选择一个易于外部操作的基准点作为电位参考点,将一次电源负端与该点搭接。工程上必须实现以下低阻通路要求:

· 舱段对接面低阻搭接小于 $10m\Omega$;

· 两相邻金属部分电阻小于 $10m\Omega$;

· 船箭搭接电阻小于 $5m\Omega$;

· 设备对船体搭接电阻小于 $10m\Omega$;

· 星体的结构件和所有导电部件间实现良好搭接,阻值小于 $10m\Omega$。

· 星体表面使用绝缘材料或涂层时,其电阻率不大于每平方 $10^9\Omega$,以限制星体静电荷积累。

注意:上述阻值均应考虑使用环境遇到振动或温度变化产生胀缩,影响搭接阻值增大。

航天器接地的目的是:①航天器作为一个大的电子系统接地可以防雷电放电,防空间环境中电磁脉冲效应引起电击,保护设备和人身安全;②航天器提供一个等位面,作为统一的零电位的参考基准防静电放电和静电积累,达到抑制电磁干扰的目的。

航天器所有接地系统必须满足为各分系统提供一个参考地导体。在进行各种电路接地时,必须防止不希望有的地电流在电路间流动和相互作用。

工程上要求卫星的各个部分,包括电气/电子设备、机构、结构、热控等都应实现有效的电气搭接,组成结构接地系统,要求包括多层隔热材料在内的各种热控材料均应通过直接连接或经本地接地板搭接等方式接到结构接地系统上,使其具有尽可能大的容量,成为完整的电子系统。让它成为一个能预防雷电或电磁脉冲的等位体,同时为整星电子设备提供良好的基准电位面。航天工程整个系统各类地线汇集于一点,定义这个点(一般靠近一次电源负端)为基准电位参考点,通常称"星地"。地面测试时把这个基准面与地面辅助测试设备相连后接大地,在发射场星箭对接时把这个基准面与火箭单点连接。卫星和运载火箭之间单点搭接电阻应小于 $5m\Omega$。

航天器因体积、重量不同,复杂程度也不一样,对于接地方式选取有所差异,可以采用单一单点接地方式或分布式单点接地方式。一般来说前者适合小卫星,后者适合大卫星。整星接地点一般选在靠近一次电源负端的星体结构上,便于固定各类接地线及星外操作,区域单点接地点应位于每块独立的仪器安装板上。星载设备机壳与安装平台的搭接电阻应小于 10mΩ。RF 分系统采用多点接地方式,其中有模数电路的 RF 分系统要注意将模数电路与 RF 部分进行物理的和电的隔离。

为了确保卫星不受故障电流冲击和静电放电的影响,应通过实施可靠的电气搭接提供故障电流泄流通路。同时,搭接也有助于抑制星体静电积累和电磁干扰。在卫星总装时应通过测试,确定能搭接电阻小于规定值,并制定相应的操作规程,确保电搭接性能。

航天器接地网络设计步骤:

(1) 分析系统内各类部件的骚扰特性和敏感特性;

(2) 分析系统内各电路的工作电平、信号种类和电源电压;

(3) 将地线分类、划组;

(4) 画出系统布局;

(5) 画出系统地线网。

9.4.3　航天器电源分系统的 EMC 设计

根据空间系统研制需要,定义用户所希望的电源品质要求包括传导电压、噪声(来自负载调整、尖峰、跌落等)和阻抗。两类开关瞬态包括长期的瞬态(以毫秒计)和快速瞬态(亚毫秒计),其效果均要可控。

在工程实施中严格控制长期负荷感应开关瞬态电压和快速负荷感应开关瞬态,让开启、关闭和模式开关瞬态的等级和持续时间都在受控的范围内,以维持在电源品质规定的容差内的电压水平。

电源分系统的接地是 EMC 设计考虑的重点。有些航天器可以选择为负载提供一路直流电压的电源分配形式,即单电压供电系统,采用一次电源线的回线与机架隔离的一次电源线的接地隔离,有些航天器可以选择为负载提供多路直流电压的电源分配形式,即多电压供电系统。

一次电源负端应就近单点低阻接到 EGRP 点(系统接地点或舱板接地点),结构体不能充当一次电源的回流线,当一次电源为多个分系统供电时,应各自使用独立的回流线。一次电源母线应在单点接地点搭接到结构接地系统上,搭接电阻应小于 10mΩ。一次电源母线单点接地点与结构接地系统断开时至少应有 1MΩ 的直流隔离。一次电源母线不应使用机架或结构接地系统作为电源返回线。当其为多个分系统供电时,应各自使用独立的回线。

一次电源母线回线接地,有利于减小用户接口处的共模噪声,也可以减小电源分系统电缆的 EMI 发射幅度,这对于安装有测量电磁场和带电粒子的高灵敏度设备来说是至关重要的。但是让回线接地有可能引起电源正线到机架发生单点失效,从而导致整个任务失败。如果让回线接机架,则必须确保电源与机架间发生短路不会引发严重后果。

有一点必须注意,为了让实施回线接地引发的电源正线到机架发生单点失效的可能性减至最小,工程上一般推荐在电源回线和机架之间插入一个合适的阻抗。选得太大,会影响参考电位的稳定性;选得太小,对故障电流的限制达不到要求指标。实际操作是必须折衷考虑,首先它必须足够大,以限制由故障引起的电流,同时又必须足够小,以便提供稳定的参考电位。

如果电源分系统和机架隔离,那么与电源相连的其他所有设备也必须与机架隔离。这种情况带来的新问题是有可能在电源总线上产生较大的共模噪声。当然这可以通过对所有供电设备用户提高抗共模干扰能力来解决。还有一个折衷的办法,那就是在这个阻抗两端并联一个电容。再一个复杂的办法,就是通过一个保险丝或断路器与限流电阻并接的结构单点接到机架上,这样既可以减小共模噪声,又可以防止电源分系统高电位和机架短路时发生完全失效,同时在发生失效时仍能提供一个相对于机架的参考点。选择这种接地方式,要注意将所有一次电源母线的负载都与机架直流隔离,二次电源与一次电源也必须隔离。

太阳帆板、电池和其他形式的电源都是在生产时实现与机架隔离的,这可以防止太空中等离子体导电效应引起功率泄露。

负载与电源分配器的隔离阻抗采用 $1M\Omega$ 和 $0.1\mu F$。指令、信号、数据接口电路一般只需一端与机架隔离,隔离阻抗采用 $1M\Omega$ 和 400pF。外部单元、姿态控制电路等也要进行接口隔离设计。

如果用户接口处电源回线没有进行隔离,有可能在机架上产生接地电流。电源线的直流隔离通常使用 $1M\Omega$ 的电阻来实现,有时需要对交流隔离进行限制,例如使用 $0.1\mu F$ 的电容,可用来控制高频电流回路。$1M\Omega$ 的隔离电阻意味着经过每个分系统机架上的电流不会超过 $28\mu A$(当一次电源母线电压为 28V 时)。因为目前大部分分系统设计时内部使用了 DC/DC 模块,所以一般采用负载与主电源母线隔离方式就行了。

DC/DC 模块把母线上直流电压变换成其他分系统负载所需要的电源。其工作原理是首先把直流输入变成开关型矩形交流信号,交流信号通过变压器产生几组不同的交流电压,再变成所需要的直流电压。这就注定了 DC/DC 模块成为航天器内部的主要干扰来源之一。在电源分系统设计中,重视抑制开关电源的各次谐波,减少开关转换中固有的高速电流和电压瞬变。

正确使用电源 EMI 滤波器,是将传导干扰电平抑制到 EMC 标准允许的极限值以下的行之有效措施,同时还可能降低设备产生的电场辐射干扰。具体操作中还要注意将每个二次电源的返回线(除需要隔离的二次电源之外)用专线拉回到配电器,就近接地到本地接地板。

所有二次电源输出与输入隔离,其负端应与机壳接地桩连接后,就近低阻接到机壳接地点上。几台设备共用一个 DC/DC 变换器时,各台设备的二次电源负载可在变换器连接后统一低阻接到系统接地点或舱板接地板上,结构体不能充当二次电源的回流线。二次电源与机壳及一次电源隔离,隔离电阻不小于 $1M\Omega$。频率高于 100kHz 供电的二次电源不要求与机壳隔离。

9.4.4　航天器内布局、布线

星载设备的布局和电缆网设计也是整星 EMC 设计的重点。星载设备应按其功率大小、工作频率高低分类放置,充分利用安装实现隔离目的。电源线、信号线分开敷设,星内电缆应尽量按其所载信号幅度大小、信号类型(数字、模拟等)、频率高低分开敷设。

指令、信号和数据等常用接口电路设计是系统 EMC 设计应该重点考虑的问题。

一般信号隔离的推荐要求是采用 $1M\Omega$ 和 400pF 形式,对于共用回线的信号可适当放宽。如两个电路的共用回线与机架间的电阻可以要求大于 $0.5M\Omega$,电容可以小于 800pF。标准差分端口驱动接收对通常容许微弱的电流存在,但必须强调这些电路要有较高的共模噪声抗扰度。如果对于已经设计或建造好的设备要求较高的隔离度时,工程上可采用附加的外部隔离接口单元。

射频信号电路应采用同轴电路连接,在设计中应尽量使外导体上低频电流的影响最小化。高速数字信号电路设计中,应注意使差分驱动和接收机信号回线与机架的隔离最大化。

所有星上设备之间的差分接口信号应使用专用的返回线(双绞线),以确保返回信号与机架隔离,差分接口接收机电路应提供与机架地良好的隔离。

确定导线类别,以便把传送信号电平相差不大的导线归成一组。具有相同类型并在同一区域的导线可编入一个线束里。电源线与信号线分别走向,敏感性电路导线一定要采用屏蔽层保护措施,与连接器要做到周向接地连接。

9.4.5 航天器的剩磁要求

航天器的剩磁要求应从轨道磁场环境分析来考虑。地球磁场存在于大地表面,并伸向空间,轨道离地球越近,磁场越强,航天器受到的磁力矩就越大。地球的磁场和航天器的静磁场相互作用,产生扭力矩,必须通过在轨推进系统才能保持平衡。为了把推进剂消耗降至最低,同时还能保持平衡,航天器在常规配置状态下磁偶动量有一定要求。航天器上的强直流电流形成回路,在磁场中也会产生磁力矩。由于这种磁力矩很可能对航天器的姿态控制造成一定程度的影响。因此中低轨道航天器在设计和研制过程中应通过减少磁性物质和合理配置磁性物质来减少总磁矩,必要时对航天器进行剩磁处理。

控制静磁干扰的措施有:

· 采用双绞线,减少直流流过导体所产生的磁场结构禁用磁性材料;

· 合理摆放组件,使磁场抵消;

· 使用最小面积的电流环;

· 使用补偿线圈,减少涡流;

· 采用最小接地环的设计;

· 必要时采用磁屏蔽;

· 减少制造过程中的磁污染;

· 必要时对零件、材料和工具进行消磁处理。

对不同轨道、不同姿态稳定航天器考虑具体姿态控制需要,要求航天器的磁偶动量各异。例如,一般同步轨道航天器可控制在 $30Am^2$ 以下,其他中低轨道航天器依具体情况而定。同时还要考虑装有磁测试设备有效载荷的航天器,其对静磁环境有特殊要求,依具体情况而定。

卫星在空间运行过程中,受到周围等离子体、高能粒子的轰击以及太阳电磁辐射引起的光电子发射的影响,使星体表面不同部位沉积有不等量电荷。磁层亚爆时产生高能等离子,引起星体表面带电等现象均在系统 EMC 设计考虑范围之内。

9.4.6 计算机软件抗干扰设计

软件抗干扰的特点,一是用软件的功能去取代硬件效能高,二是软件有时可以解决硬件不能解决的问题。星载计算机的高可靠性成为航天器系统 EMC 设计的重要内容。保证措施有两个方面:一方面是采用高可靠性的元件进行完善设计,另一方面是对错误采取容错技术。

所谓容错技术是采用一些特定的编码,对经过存放的数据进行检查,判别是否是因存放受干扰,然后从逻辑上对错误进行纠正。

运行中的计算机受到干扰会使系统出现一些功能性故障。如程序运行出格形成死机、控制开关不起作用、产生误动作或不按程序设定的逻辑顺序动作、显示器上数据无规格跳动导致测试结果不能正常输出、数据存储区内个别数据发生错误等。由于故障的特点是暂时、间歇、随机的,用硬件解决比较困难,而软件可借助一些技术予以解决。

软件抗干扰一般采用如下技术:

- 利用陷阱技术防止干扰造成的乱序扩展下去;
- 利用 CTC 作监视器,实现死机重投;
- 利用时间冗余技术,屏蔽干扰信号;
- 采用指令冗余,即对重要的指令重复写上多个,即使某一个被干扰,程序仍可执行;
- 采用空间冗余,即整机、电源、接口、数据区均可设置备份,软件用于判别干扰和转换设备;
- 设定特征标志、识别标志、常在内部数据区的保护中应用;
- 采用数字滤波技术,即对温度、压力等模拟量,可采取算术平均值滤波,从而滤掉高斯型的噪声。对尖刺脉冲干扰、阶跃干扰等模拟量可采用中值滤波等等;
- 还可以通过多次采样输入、判断,以提高输入的可靠性,利用多次重复输出来判断,提高输出信息的可靠性;
- 必要时还可以重新初始化,强行恢复正常工作,以免 PIO 不正常影响输入和输出。还可查询中断源状态,防止干扰造成误中断。

采用软件数字滤波法,应用计算技术,按数学模型对输入数据进行处理,不仅可省去硬件,而且软件数字滤波可滤除频率很低的干扰,这是硬件难以做到的。

9.4.7　电爆装置的 EMC 设计

电爆装置是航天器系统的重要组成部分,在系统总体对设备进行分类时一定会把电爆装置归为关键设备。由于它对静电、雷电、电磁辐射、电磁感应都敏感,所以在对电爆装置进行 EMC 设计时,一般要求 20dB 的设计余量,在工程实际操作时至少保证有 12dB 余量。电爆装置的所有组合的屏蔽效能一般应在60dB 左右,即使在低频 100kHz 时也应达到 40dB。

电爆装置的 EMC 设计应注意以下几个方面：

(1) 电爆装置和其他安全性关键性电路一定要采用独立的电源供电，该电源必须与其他所有电源隔离。电源的返回线应与机架隔离，当泄流电阻断开时，返回线与机架的隔离电阻不小于 2 MΩ。

(2) 电爆装置的所有点火线路一定要单独布线，一定要与其他线路隔离。电爆装置的所有电路必须使用双绞屏蔽电缆，并应仅在电源端接地。

(3) 电爆装置和其他安全性关键性电路的电连接器一定要与其他连接器隔离。电缆屏蔽层与插头座应 360°搭接，屏蔽层绝不容许作载流载体。

(4) 电爆分系统必须与机架隔离，一种方式是使用电源变换器将电爆装置与直流电源总线和机架进行隔离，另外一种是使用两套电池实现电爆装置与一次电源母线的高电位和地线都隔离的电容放电的分系统，或使用一个隔离继电器。

(5) 所有电缆的敷设应尽可能靠近金属结构。

(6) 所有点火线路必须屏蔽，不准有电气不连续处，特别提醒包括插头座尾部也应屏蔽，不容许有间隙和电气不连续处，以确保电爆装置的屏蔽连续性。

9.4.8　机构、结构 EMC 设计

星体构形不容许有孤立部件，星体的所有部件都应采取接地措施，以避免静电放电发生。星体外表面应避免使用接近理想的绝缘材料。选用金属材料必须通过相容性分析。

卫星的机构、结构部件均应有搭接措施与星体相接，搭接电阻一般小于 1Ω，使用符合材料时，要限制其与"星地"的最大直流电阻。

9.4.9　测通分系统 EMC 设计

无线发射机待发状态带外传导发射应低于 34dBμV，发射状态的高次谐波和乱真发射应抑制在规定值以下。无线接收机寄生发射应低于 34dBμV，工作状态的动态范围要适当考虑，确保信号不工作在非线性区域。控制收发设备带宽，发射带宽及能容纳有用信号所需的最小带宽，接收带宽限制到获取信息的最小值。同时还要加强屏蔽和去耦，减少泄漏。

9.4.10　天线集合兼容性设计

天线集合的兼容性设计应考虑到下列问题：

(1) 可能受损的接收分系统(接收机、传输线路、天线)的灵敏度，包括频带

外的响应;

(2) 传输频率和信息传送调制带宽(用于传送器、收发器)的排斥;

(3) 航天系统接收机采用频率的最高值和最低值;

(4) 发射天线布置在发射区域,接收天线布置在弱场强区域,发 - 发、发 - 收之间要满足一定隔离度要求;

(5) 减小天线之间以及天线与其他大金属件的耦合,以防接收机频段阻塞;

(6) 天线座及其部件不宜采用铁磁材料,尽量减少接头,消除活动接点等等措施以减少非线性效应,避免产生无源互调产物;

(7) 采用低旁瓣等优化天线设计方案,有利于系统的电磁兼容;

(8) 天线结构依赖于一个地网连接(或补充)到航天器外壳,将一个射频搭接到结构,从而使射频电源流向外壳,由低阻抗路径到达并通过地网。

(9) 安装在整流罩内的发射段工作的天线要开启透波口,透波材料的选择和窗口大小在考虑信号传输要求的同时,还要考虑整流罩内电磁场强度控制在 1V/m 以下。

9.4.11　其他问题

系统级 EMC 设计要注意进行与 EMI 相关的潜电路分析,所谓潜电路是指在已设计的复杂系统中几个设备间或几个分系统间构成某种不应存在的电气通路。因为这种复杂系统设计工作是由多数人员完成的,每一个设计者不可能完全明了其他人的设计细节。只有总体技术人员把关,特别是要善于抓住系统联机时出现的时隐时现的故障现象,及时进行 EMI 诊断,寻找干扰源和分析干扰耦合传播路径,注意干扰三要素之间的许多相互有机联系,揭示其中的因果关系,预防和消除潜在的 EMC 故障。

系统级 EMC 设计时要特别重视组合干扰问题。所谓组合干扰是指两个发射源发出的信号同时进入接收设备,在其混频非线性元件的作用下,组合出新的频率干扰信号来。对于航天器这样复杂的大系统,出现新的干扰频率(或称无名谱)是正常的。关键在于通过分析判断明确干扰频率的来源,应指出产生干扰的两个信号可能有一个是干扰或两个都是干扰。

航天器热设计中涉及 EMC 要求,例如要求包括多层隔热材料在内的各种热控材料均应通过直接连接或经本地接地板搭接等方式接地到结构接地系统上;每片金属箔都应连接到多层隔热组件的接地点上,金属箔上任意一点到此接地点的直流电阻应小于 80Ω;对表面长度大于 500mm 的多层隔热材料,应每隔 500mm 提供一个接地点,并且将多层金属膜也应连接到多层隔热材料的接地点上,其中任意一个到结构参考点的直流电阻应不大于 $100\text{m}\Omega$;用于导体表面的涂层深度应小于 $100\mu m$;用于绝缘表面的覆盖物应采取边缘接地,以保证每平方电阻小于 $10^9\Omega$;面积小于 0.05m^2 的多层隔热组件至少通过一点接地,面积大于 0.05m^2 的多层隔热组件至少通过两点接地。

近些年在空间领域又提出所谓空间设备内表面带电问题。如果轨道参数中附带电子的流量足够高,引起内在充电,硬件技术应做到在这些表面的充电降到最小,防止他们通过静电放电达到极限。

ISO14302-2002 标准指出空间高能量电子穿透航天器结构和/或部件壁,因而这些粒子附在没有接地的金属或绝缘体的内表面,形成设备内表面带电现象,对某些电子部件造成损害。在系统级 EMC 设计时也要给予特别关注。

9.5 系统间 EMC 设计

系统间 EMC 设计涉及航天器与所处环境彼此兼容的问题。一般来说包括以下两个方面的内容:航天器对环境条件提出要求,比如在研制阶段,特别是整星联试阶段对地面供电有严格要求,避免由于地面电源质量问题(包括瞬态和纹波)影响整星测试,甚者使星载设备受损。整星级无线联试要求在无反射的吸波室或开阔地进行,以提供模拟空间的电磁匹配环境。参与整星联试的地检设备也应满足卫星的电磁环境要求。

星箭间兼容性约定在星箭电磁环境界面上,卫星允许运载火箭的有意发射不超过规定值,具体数值与卫星接收机带外抑制相关,由运载火箭给出的发射机功率预估。卫星允许运载火箭的无意发射不超过规定值,具体数值由运载火箭和发射场发射机的谐波、杂波指标推算,由卫星接收灵敏度指标预估。

航天器在发射场联试、待发和发射阶段,发射场的地检设备、供电设备、地面测控设备、通信设备等电磁环境数据都应及早提供给卫星研制单位,以便在航天器系统 EMC 设计中参考。

卫星系统设计过程中,应充分考虑其与测控系统、应用系统的电磁兼容。在设计过程中应加强协调,并进行足够充分的试验、分析或仿真验证。

卫星与空间轨道环境应兼容。在卫星总体设计中要充分考虑到空间轨道电磁环境的特殊要求,以保证卫星在轨的正常工作。

航天器自身的电磁发射应受到制约,以确保其对环境不构成有害影响。

在星箭电磁环境界面上,卫星的有意发射电平应低于规定的要求。卫星的无意发射电平应低于规定的要求,具体数值与运载火箭接收机带内敏感度相关,由卫星发射机的杂波抑制特性进行预估。

如果星箭间有线缆传递信号,则必须对双向(火箭向卫星、卫星向火箭)传输信号的质量提出要求,防止瞬态干扰伴随信号,进入对方的敏感电路。

航天器研制工程中应遵守和执行的 EMC 标准要规定系统和分系统级 EMC 设计准则和主要技术要求,并规定系统和分系统级 EMC 试验要求和验收标准,同时还要给出星载关键设备列表和无线电设备的性能参数表,给出星箭界面的电磁环境要求。

第10章 航天器系统级 EMC 试验验证

本章介绍系统级 EMC 试验的必要性,系统级电磁兼容试验要求,系统级电磁兼容试验内容和系统级电磁兼容试验举例。

10.1 系统级 EMC 试验的必要性

前面介绍了设备和分系统 EMC 测量标准、测量条件以及必须遵从的测量方法。因为这种测量是在规范的 EMC 实验室模拟自由空间环境中完成的,只要通过了相应的 EMC 标准,就能满足通用电磁环境要求。这些设备根据需要可直接作为商品上市流通。还有些设备需要先组成分系统,然后由若干分系统组成系统,再成为产品服务于社会。这些设备和分系统已作过 EMC 测量,还要不要参加系统级 EMC 试验呢? 换句话说,对于一个特定的系统而言,既然组成系统的设备和分系统已经作过 EMC 测量,还有没有必要进行系统级 EMC 试验呢? 这个问题可以从以下两个方面考虑:

(1) 大量实践证明,设备和分系统通过了规定标准的 EMC 测量,一般情况下能够保证它们组成系统后实现系统的自兼容。但也有例外,因为随着电子技术迅猛发展,电子系统性能指标要求越来越高,功能也越来越复杂,系统集成度越来越高,潜在的电磁干扰大大增加,系统内电磁环境也越来越恶劣。另外这种复杂的电子系统往往采用多种工作模式,在设备和分系统试验时很难考虑周全。因此为了保证这些复杂的电子系统正常有效地工作,避免设备在 EMC 设计中的欠设计,系统级 EMC 试验是有必要的。系统级试验的目的是验证系统运行在各种典型的工作方式下系统自身兼容,以及与其运行的各种环境兼容。系统级 EMC 试验可以模拟真实的工作模式,它可以真实反映航天设备和分系统在特有电磁环境下的工作状况。系统级 EMC 试验数据对所研究的系统(包括同类系统)给出了选用和裁剪 EMC 标准的技术依据,这种做法是科学的。

(2) 各个系统有差异,工作的电磁环境也不一样。我们的目的是寻求专用电子系统自身兼容以及专用电子系统与特定的工作环境实现兼容。研究系统的特定电磁环境的 EMC 试验数据,可以成为系统对设备和分系统 EMC 指标验收的依据。例如,可以根据系统内电磁环境实际情况适当放宽对设备和分系统的

EMC 要求,这样有利于防止设备在 EMC 设计中的过设计。

总之,对航天器进行有效的系统级 EMC 试验已成为非常重要的要求,特别是由于复杂的电子设备使潜在的敏感和干扰状况大大增加;简单地定量检测和功能试验已不能验证这种复杂的情况,因为对这种复杂的系统有一个规定得十分明确的技术要求,即对于设备失效有一定量的安全系数。

通过系统级 EMC 试验,可以掌握系统内及系统与其环境的 EMC 试验数据。对于所研制的系统,包括同类系统在选择 EMC 标准上有了参考数据。必要时可以对所选用的 EMC 标准进行剪裁,但在工程研制中要以专业技术文件形式表述清楚。这种做法是实事求是的,是科学的。

10.2　系统级 EMC 试验要求

10.2.1　系统级 EMC 试验的目的和标准

系统级 EMC 试验目的是验证系统内各分系统间的电磁兼容性,验证系统内关键设备是否具有所要求的安全裕度,检验星箭间的传导电磁兼容性和辐射电磁兼容性,检验航天器与其环境的电磁兼容性。

由于系统性能各异,运行环境也不相同。一般没有通用的标准测试方法,GJB1389《系统电磁兼容性要求》和 QJ2266 - 92《航天系统电磁兼容性要求》只作为参考。

与设备和分系统 EMC 测量相比,系统级 EMC 试验比较复杂,难度较大。可以从以下几个方面理解:

(1) 由于每个系统都有各自的特点,目前还没有针对一个具体系统的系统级 EMC 试验标准。美军标 MIL - E - 6051D《系统电磁兼容性要求》,已等效成国军标 GJB1389《系统电磁兼容性要求》,还有美军标 MIL - STD - 1541A《对航天系统的电磁兼容性要求》等。在这些标准中给出了一些应该遵从的原则,但如何将这些原则用于工程,还需要一个实践的过程。

(2) 一般复杂的电子系统含有少则几、十几台,多则几十台、几百台发射机。有时接收设备也会有相当数量,因此可能构成的收发干扰对也非常之多。它们之间是否会构成干扰,要靠试验验证。如何合理地安排这些试验是个复杂的问题。

(3) 由众多电子设备和分系统组成的大型电子系统,往往有多种工作模式要运行。要求整个系统在 EMC 实验室进行试验,要有特殊的试验保证条件。无论从系统 EMC 试验对测试设备的需求,还是从被测系统的复杂性来看,要完成系统级 EMC 测试任务,存在一定难度。

(4) 凡属大型电子系统,其中所包含的无线设备占有很宽的频谱,可能同时具有 HF、VHF、L、S、C、K 等多种频段功能。一般 EMC 测试系统配备的功率放大器都属于宽带部件,它们具有丰富的谐波分量,笔者曾对某公司生产的 1~2GHz,2~4GHz,4~8GHz,8~18GHz 的宽带放大器的 2 次、3 次谐波进行过专门测试,其谐波分量在 −8dB 左右。应该说明的是中国空间技术研究院 504 所 EMC 实验室在引进测试设备时,为了抑制宽带放大器的谐波发射,在 1~18GHz 频率范围的 4 个频段内增加相应宽带谐波滤波器。将其谐波抑制到 −18dB 以下。仪器制造公司为了降低生产成本,目前提供的 EMS 测试系统配套的放大器一般是 1~4.2GHz,4~18 GHz,也就是说只要 2 个放大器就布满 1~18GHz。要在这样宽的频段上实现很纯的频谱是有相当难度的,测试系统的现状对设备级 EMC 测试是满足要求的,而在进行系统级 EMS 测试时一定要格外注意。

历史上,大型电子工程中的电磁兼容问题一般通过现场无线收发设备间的干扰试验来验证。实践证明这种测试是行之有效的。应该说系统级 EMC 试验借用专用 EMC 测试设备能够得到较多的定量数据,比起现场无线收发设备间的干扰试验,测试结果的准确性会有所提高。

系统级 EMC 试验的重点,一是检测被测系统自身的电磁辐射发射,看其对被测系统内敏感设备以及与之相关的周围环境的影响;二是检测被测系统在按任务书要求施加某种干扰的情况下,被测系统自身工作是否正常,性能有否下降。

考虑到电磁干扰的随机性及大型电子系统的复杂性,依据被测系统任务书中规定的 EMC 指标,进行系统级 EMC 测试本身就是一项非常重要的工程任务。系统级 EMC 测试属大型试验,有一定风险,试验前一定要做好各种准备。

10.2.2   EMC 测试大纲和测试细则

10.2.2.1   EMC 测试大纲

试验前必须编写 EMC 测试大纲和测试细则,EMC 测试大纲是根据 EMC 大纲的原则编写的。EMC 大纲是系统工程研制期间 EMC 技术文件中最高级的管理文件,目的是确定系统工程研制中 EMC 工作方针和原则,建立 EMC 管理和协调网络以及工作程序,达到任务明确、责任落实、计划合理、评审严格、可操作性强的效果。EMC 测试大纲应包括以下几个内容:

（1）指定选用的 EMC 标准和应执行的相关技术文件，系统工程中对选用标准进行适当剪裁的具体内容在专业技术文件注明。

（2）设备和分系统级 EMC 测试验收要求。

（3）关键设备列表和无线收发设备列表。

（4）系统级 EMC 测试保证条件。

（5）系统级 EMC 试验目的、要求及具体内容。

（6）测试设备的配置要求，被测系统的布局和参试工作模式确定。

（7）系统级 EMC 测试过程中发生不正常响应的判别准则。

（8）系统级 EMC 试验内容和方法。

（9）测试数据分析和测试报告要求。

10.2.2.2　EMC 测试细则

EMC 测试细则是在 EMC 大纲的指导下完成的。它是更具体的测试技术文件。一般要求具有可操作性。在编写时应包括以下内容：

（1）试验前准备，包括 EMC 实验室、测试设备和一些与系统 EMC 测试有关辅助设备的硬件到位，与 EMC 测试有关的技术文件准备齐全，被测系统与其环境界面事先约定等。

（2）测试系统自校准，包括实验室背景噪声测试，辐射干扰场强校准。

（3）测试项目，主要包括设备与安装平台搭接电阻测试、电源线上传导干扰测试、系统内和系统间兼容性测试等。

（4）测试步骤，先进行接地电阻、搭接电阻测试，组装完毕后进行电源线上的传导发射测试，综合电测后进行被测试系统内自兼容性测试和被测系统周围辐射发射电磁场分布测试，被测试系统敏感度测试，必要时测试感兴趣频率点上的敏感度阈值。

（5）数据采集和测试数据处理。

（6）根据标准要求出具测试报告。

（7）参试单位及分工。

（8）技术安全措施及有关问题说明。

以上技术文件均应经过正式的专家评审，它们是系统级 EMC 试验的指导性文件，是实施 EMC 规范化管理的关键之一。

10.2.3　EMC 试验队伍及工作模式

由于电子系统种类繁多，功能各异，不可能形成通用标准，或者说已经存在的系统级 EMC 标准可操作性差，因此，特别要求组织好测试技术队伍，按编写好的技术文件实施测试内容。

技术队伍一般由系统设计工程师和测试工程师组成,试验人员由具有严格的科学态度和严谨的工作作风的技术人员担任。系统设计工程师负责被测系统的工作状态,确保各种工作模式下的正常工作。测试工程师要对参试的仪器设备、设施的自校及正常运行负责。所有参试人员定岗定责。这支技术队伍由系统工程总师和具有 EMC 技术水平和实践经验的高级技术人员统一指挥。

一般来说,一个复杂的电子系统有几种工作模式。举"神舟一号"飞船为例,它处于发射段、运行段、返回段、着陆后等不同阶段,飞船的工作模式是不一样的。究竟被测系统以何种模式参试,依具体情况而定,或各种工作模式均考虑周到,或事先选择有代表意义的典型工作模式,确定后记录在测试技术文件中。

由于被测系统一般比较大,系统级的电磁辐射试验不可能在一个固定位置上进行,所以要首先确定好测试位置。通过旋转被测系统的转台或通过移动测试接收天线的办法,达到采集被测系统各个方位上电磁辐射数据的目的。如果被测系统比较高大,则应通过升降测试天线的办法得到不同高度上的电磁辐射场相关数据。

在考察被测系统的抗干扰能力时,必须事先确定好系统性能下降的判据。有时要配备专用的监测设备,并选好监测点和监测方式。对于施加的模拟干扰量必须经过严格的场强校准。

综上所述,完成系统级 EMC 试验,要从所研究的被测系统情况出发,一般除基本的 EMC 测试设备之外,还需根据具体情况配备一些系统级 EMC 试验所必需的专用设备、设施。

10.3 系统内 EMC 试验内容

由于系统所担负的使命或任务不同,所包含的设备、分系统的范围也不一样,系统性能各异,运行环境也不相同。因此,系统级 EMC 实验的内容随系统的不同差异很大。对于航天器而言,一般应包括以下项目:

· 系统总装过程中的电搭接电阻测量;
· 系统电源特性测量;
· 系统内各分系统间相互作用试验;
· 系统天线间干扰耦合测量;
· 航天器周围电磁场分布;
· 航天器接收系统抗干扰试验。

系统的电磁环境测试包括组成更大系统的不同电子系统之间的辐射发射试验和辐射敏感度试验,以及该系统与它所处的外界电磁环境兼容性试验。这种试验涉及的问题更复杂。比如说卫星是一特定的电子系统,它要完成发射、在轨运行等全寿命期的可靠、正常工作。为此我们必须研究卫星与火箭,卫星、火箭与地面发射场及各测控站,卫星与运行轨道的各种空间环境的兼容性。

10.3.1　系统总装过程中的接地电阻和搭接电阻测试

航天器由多台设备组成,这些设备有时还要先组成分系统,多个分系统安装在仪器舱体上,组成一个工程上完成预先指定任务的典型航天器系统。这些仪器设备和舱体机构、结构件要构成一个导电性能良好的导体。系统总装时,电子设备的外壳与整个导体必须实现低阻搭接。总装是一个过程,整个过程在严格的工艺规程控制下完成,这些操作对于系统电磁兼容性能好坏关系极大,一定要在总装过程中实时地进行搭接电阻测量。

在系统设计中,考虑到操作人员的人身安全,考虑到电子设备需要保护,同时也为降低电气噪声对系统的不良影响,一般对接地电阻提出具体要求做了详细规定。如安全地、电源地、信号地等分别设置,要求把系统的机械框架与其他结构零部件等连成整个导体,称等位体。对于航天器系统,要求定义一个易于外部操作的点作为系统的基准电位参考点(单点接地方式),这个电位参考点在进行地面测试时要与接大地网实现良好连接。这里介绍系统组装过程中的搭接电阻测试。

搭接电阻测量配置如图 10-1 所示。数字式微欧表配有电压和电流端子,连接时,微欧表中的电流源应是恒流源,根据待测搭接电阻值的大小,可选用不同的输出电流,如 DM-100 型数字式微欧表,其输出电流有 1A、100mA、10mA 和 1mA,对应的最小满量程电阻为 2mΩ,最大满量程电阻为 2kΩ。

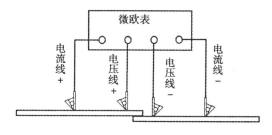

图 10-1　搭接电阻测量配置示意图

采用这种具有恒流源输出的四端测量技术,可以消除电表引线及引线夹与被测件表面间接触电阻对测量精度的影响,其原理如图 10-2 所示。精密恒流源产生的恒定电流,通过被测电阻 R_X(搭接电阻),产生电压降 Δu,用直流毫伏表测出 Δu 即可得出被测电阻的值。测量时引线电阻 R_L 和接触电阻 R_C 是与直流毫伏表串联的。直流毫伏表内阻高达 $1M\Omega$,而 R_L 和 R_C 均是毫欧级的,所以它们引入的测量误差极小。

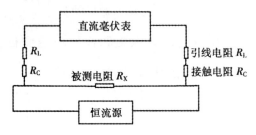

图 10-2 搭接电阻测量原理图

10.3.2 系统电源特性测量

电源分系统对复杂电子系统而言是能量来源,占有举足轻重的地位,是系统正常工作的保证。特别是航天系统一般采用集中统一供电方式,公用母线上的传导干扰常常是系统内设备间相互干扰的重要形式。

在系统工作状态下,电源所连接的全是真实负载,同时可以模拟正常的工作切换。这种情况下,检测供电电源的起伏、瞬态峰峰值以及其他传导发射干扰,分析干扰频谱,判断此干扰来自负载还是来自电源或配电器等等是有工程价值的。传导干扰测试可以采用第 6 章叙述的频域测试或时域测试方法,这里从略。

在系统级 EMC 试验过程中进行电源线上传导干扰检测,并将测得的电源线上的传导干扰数据,与设备和分系统在规范实验室进行标准的 EMC 测试时得到的传导敏感度门限值进行比较。比较的结果可以用作系统电磁兼容分析,确定系统的电磁兼容程度。值得注意的是在系统 EMC 测量中关于传导发射测得的结果有的是以电流为单位,而传导敏感度测试得到的一般是电压量,比较时注意单位转换关系。这些测试数据还可以用于研究电缆间耦合和分析敏感设备的抗干扰能力。

重视汇流条电源线上电压与时间关系测量,目的是确定由于切换大负载改变汇流条和辅助电源设备的操作时引发的电流随时间的变化。重视电源负载端电压测量,以确定施加设备电源线上的瞬态、稳态干扰。

10.3.3 系统自兼容试验

理论上用安全系数描述系统兼容性,它用来确定整个系统的兼容等级或兼容程度。安全系数定义为系统 EMC 阈值和不希望的干扰值分贝之差。EMC 阈值代表的是不希望有的但也不会影响系统性能的辐射或传导干扰信号电平。

系统 EMC 阈值的方法有两个,一是在系统所有发射设备开启情况下,测试安装在系统中的关键接收设备的输入端的干扰值;二是参照设备级 EMS 实验时测得的敏感度信号电平。

系统自兼容试验主要目的是验证系统内各分系统与相关的设备和分系统间兼容情况。这里给出以下几项测试内容,工程上可以依具体情况考虑选择其中几项:

(1)系统内关键设备互连线上传导发射测试。

(2)系统内射频泄漏测试(在系统天线处接模拟匹配负载情况下,检验电缆、机箱射频泄漏)。

(3)系统内射频敏感度测试(在系统天线处接模拟匹配负载情况下,在关键接收设备周围施加系统内可能存在的干扰,考察工作状态下电缆、机箱的屏蔽性能)。

(4)系统周围电磁场分布(辐射干扰试验)。

(5)系统的敏感度试验(辐射敏感度试验)。

(6)系统安全系数测试。

(7)天线间干扰耦合测试。

(8)静电放电试验(与系统工作环境相关)。

10.3.4 天线耦合度测量

天线耦合度是电磁兼容性的重要参数,它用来衡量天线间相互作用的程度。因为天线方向图都有一定宽度(指主瓣),大部分天线会有旁瓣和后瓣;同时除了辐射主极化外,还会有交叉极化辐射等。由于上述提到的种种原因,安装在同一平台上的两副天线间,由于互相耦合产生各自不希望的功率信号,因而产生干扰现象。

天线耦合度测量包括以下三个内容:①天线耦合度测量,参试者仅为天线单元,信号源用单载波形式输出;②天线系统耦合度测量,参试者包括天线和馈电系统,信号源仍为单载波形式输出;③与天线相关的系统耦合度测量,参试者是实际天线和馈源系统及真实的发射机(或接收机)。

天线耦合度是天线参数、频率和空间位置的函数,用下式描述:

$$C = 10 \lg \left(\frac{P_r}{P_t} \right) \tag{10-1}$$

式中,C 为天线耦合度,单位 dB;P_r 为接收天线纯净输出功率,单位 W;P_t 为发射天线纯净输入功率,单位 W。

当进行第①项测试时,测量界面在接收天线或发射天线端口(或称天线体根部);当进行第②项测试时,测量界面选在天线馈源的输入或输出端口;当进行第③项测试时,测量界面选在实际发射机或接收机的输入或输出端口(此时考虑了发射机或接收机的频谱影响和阻抗影响)。

在天线耦合度测量中,P_t 用下式表示:

$$P_t = P_{it} - P_{rt} \tag{10-2}$$

式中,P_{it} 为发射天线输入功率,单位 W;P_{rt} 为发射天线反射功率,单位 W。

同理,P_r 用下式表示:

$$P_r = P_{ir} - P_{rr} \tag{10-3}$$

式中,P_{ir} 为接收天线输出功率,单位 W;P_{rr} 为接收天线反射功率,单位 W。P_{it}、P_{rt}、P_{ir}、P_{rr} 均可通过测量得到。

一般电子系统工程均离不开天线,常常还不只涉及一副天线,而通常是几副天线的集合。称"集合"是因为天线之间没有直接电气上的联系,它们只是集合在一个工程上允许的有限空间。

天线的电性能不仅与天线自身的结构、电气参数有关,还常常与周边结构相关,这称作天线的加载效应。

对于大型工程来讲,天线布局极为重要,布局不合理,可能带来天线方向图畸变,天线间耦合度变大,因而形成接收机阻塞干扰,使接收机工作在非线性,带来互调、交调及减敏效应。还可能产生发射天线与发射天线间的功率倒灌,使发射天线驻波比恶化,造成不必要的辐射危害等。天线耦合度测量可以为天线"集合"的合理布局提供试验数据。

现场的天线耦合度测量最有工程价值,因为被测天线是真实的,被测天线所处的空间环境接近真实,发射天线的输入功率有配套的发射机提供,并能保证在额定工作状态。为了查找是否会出现干扰,与接收天线相连接的接收机应工作在最灵敏状态,所测得的数据可直接为工程所用。某型号星上安装两对应答机天线(共四个天线),图 10-3 为安装示意图。

图 10-3 中:

右侧天线 S_1:发射频率 f_{T1},接收频率 f_{R1},为右旋圆极化;

右侧天线 S_2:发射频率 f_{T2},接收频率 f_{R2},为左旋圆极化;

左侧天线 S_1':发射频率 f_{T1},接收频率 f_{R1},为左旋圆极化;

左侧天线 S_2':发射频率 f_{T2},接收频率 f_{R2},为右旋圆极化。

当 S_2 为发射状态,S_1、S_1'、S_2' 为接收状态时,可测试 S_2 对 S_1'、S_1 和 S_2' 的耦合度。当 S_1 为发射状态,S_2、S_1'、S_2' 为接收状态时,可测试 S_1 对 S_1'、S_2' 和 S_2

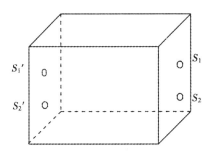

图 10-3　S 波段应答机天线位置示意图

的耦合度。当 S_2' 为发射状态，S_1、S_2、S_1' 为接收状态时，可测试 S_2' 对 S_1、S_2 和 S_1' 的耦合度。当 S_1' 为发射状态，S_1、S_2'、S_2 为接收状态时，可测试 S_1' 对 S_1、S_2 和 S_2' 的耦合度。

　　主要测试设备采用单载波信号源和 EMI 测试接收机。测试接收机扫描带宽 Span 置 200kHz，分辨率带宽 RBW 置 200Hz，视频带宽 VBW 置 3kHz。用手动方式操作，测试框图如 10-4 所示，测试步骤和测试记录如下：

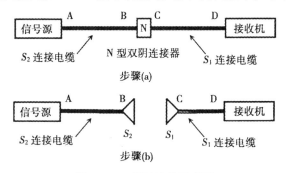

图 10-4　测试连接示意图

　　(1) 将 S_2 电缆的 A 端接信号源，B 端通过 N 型连接器与 S_1 连接电缆 C 端连接，信号源频率为 f_{T2}，S_1 电缆的 D 端接接收机。调整信号源的功率输出，使测试接收机工作在线性区，记录此时数据 -32.6dBm。

　　(2) 去掉 N 型连接器，S_2 电缆 B 端接 S_2 天线输入端，S_1 电缆 C 端接 S_1 天线输出端，此时测试接收机读数为 -94.28dBm。两次读数差 -61.7dB，此值表示 S_2 天线对 S_1 天线的耦合度，也可称为 S_1 天线对 S_2 天线的隔离度(61.7dB)。此数据记录了两副天线不同极化和不同位置的隔离(含壳体影响)。

　　(3) 采用类似操作，测得 S_1' 天线对 S_2 天线的隔离度 83dB，这里包含了天线安装位置、方位及壳体遮挡影响。

（4）同理，测得 S'_2 天线对 S_2 天线的隔离度 81dB，这里包含了天线安装位置、方位、不同极化及壳体遮挡等因素影响。

（5）类似操作，测得 S'_1 对 S'_2 的隔离度 63.5dB，S_1 对 S'_2 的隔离度 87dB，S2 对 S'_2 的隔离度 83dB。

（6）同理测得 S'_2 对 S'_1 的隔离度 61.8dB，S_2 对 S'_1 的隔离度 87dB，S_1 对 S'_1 的隔离度 81dB。

（7）与步骤（1）操作相同，S_2 电缆 B 端接 S_2 天线馈源输入端，S_1 电缆 C 端接 S_1 天线馈源输出端，此时测试接收机读数为 -98.7dBm。两次读数之差表示 S_2 天线系统对 S_1 天线系统的耦合度。其余依次类推。

因为工程上的天线端口阻抗是匹配的，按上述操作所得到的测试结果是可信的。

本节重点研究辐射干扰和辐射敏感度试验。它们是被测试系统的基本电磁干扰发射和电磁敏感度测试数据来源，常成为系统级 EMC 分析的主要依据。

基本的电磁干扰发射测试使用规范的 EMI 测试设备，也即 EMI 测量接收机或频谱分析仪，测试方法如第 6 章所述。各频段测试天线逐次位于系统测试文件中事先选定的位置，用来接收被测系统各种工作模式下的辐射发射电磁场。注意将发射机置于最大发射状态，记录数据。测试数据一般是覆盖整个频段，重点是系统内的关键接收频率相关频段及主要发射频段。要记录被测系统的不同高度、不同方位的位置数据。一般选 1m 或 3m 距离。如果有用的辐射发射功率比较大时，注意在接收机前端加衰减器，以防止测量接收机工作在非线性状态。当不希望有的辐射发射功率比较小时，可通过设置预选器来提高测试系统的灵敏度。对 EMI 测试数据进行具体分析是有益的，特别是有可能落在接收机通带内或寄生带内的有害频谱。必要时对其作点频定量复测。预估是否会对系统接收机构成危害。由于系统 EMI 测试是在实际被测系统的工程模式下进行的，在作频谱分析时，要重视互调干扰、交调干扰等组合干扰和由于系统载体自身产生的无源互调干扰。

基本 EMS 测试使用的设备和分系统 EMS 测试设备相同。一般只能对接收机带外做这种模拟干扰试验。为安全起见，一般在测试文件中注明系统的几个接收频带，并留有少许余量，余量大小依具体接收机性质选定。施加干扰位置应该选在与系统接收机相关的高度和方位上，距离一般为 3m。施加干扰量可参照系统辐射 EMI 测试时得到的数据，一般增加 3dB 余量。也可根据系统 EMC

测试大纲要求,考虑系统的电磁环境给出参考数据来确定。如果 EMS 试验中发现有异常现象发生,则一定要做仔细测试。先在原频带上逐步降低干扰,使被测系统恢复正常工作,接着选定与异常现象相关的较窄频带,继续做干扰幅度调整,在干扰幅度不断变化中寻找被测系统的敏感度阈值。

系统天线间的干扰耦合测试,也称无线干扰试验。它是用来检验天线间是否会由于相互作用而产生干扰的重要手段。具体操作与天线隔离度测试有所区别,后者是在模拟信号源单载波条件下做规范测试,也就是说发射机是通用的。系统天线间的干扰耦合测试则要求系统发射机、接收机进入正常工作模式,被测系统正常运行的状态下,研究系统内收发天线间的耦合情况。

系统内的 EMC 测试,在条件允许时应在 EMC 实验室进行。因为这样的实验室可以模拟自由空间,不受外界影响,反映的是系统内的真实情况。如果没有大的实验室容纳整个被测系统,则只能在外场或普通实验室里完成测试任务,此时注意跟踪监测环境的背景噪声,在有条件时对背景噪声进行剔除。

10.4　系统间 EMC 试验

10.4.1　星箭间 EMC 试验

星箭间电磁兼容试验主要包括星箭间的传导接口兼容性和空间辐射场兼容性检测。

航天器周围辐射包括 EMI 测量和辐射 EMS 测量,前者主要目的是检验星上发射设备的附加发射,用 EMI 测试接收机和测试天线测试卫星周围不同方位、不同高度的电磁场分布,注意记录卫星所处的各种工作模式。后者目的是检验卫星上接收设备的抗干扰能力及敏感度阈值。对每一个接收频带外,一般从 $\dfrac{f_0}{10}$~$10\,f_0$ 频段,重点考察其敏感点,如接收机镜频及第一中频等。

星箭间传导 EMI 测量条件允许情况下进行星箭间传导 EMI 测量,重点检测星箭间连接电缆上的 EMI 发射。

火箭对卫星的电磁环境界面测量可以用火箭的未装箭的发射机在整星级 EMC 试验室测试,重点采集与卫星接收设备相关方位,测试频率选在与卫星接收机工作频段相关的频段。

卫星对火箭的电磁环境界面测量在整星 EMC 试验室内进行,重点采集火箭接收设备所在方位,测试频率选在与火箭接收机工作频率相关频段。

　　星箭对接试验是航天器研制过程中不可缺少的大型试验。首先要定义卫星与火箭电磁环境界面。为测试方便,对卫星 EMC 指标的测试验收通常在对接面下方 0.5m 处进行。对火箭的 EMC 指标测试验收一般在火箭仪器舱上方 0.9m 处进行。如果此处测试不方便则可由被测系统周围测得的电磁场测试数据经过数据处理得到。作为承担卫星研制的有关部门有义务向承担火箭研制的有关部门提供卫星在星箭界面上的辐射发射频谱及电磁场分布,包括有用发射和不希望有的发射。同样,承担火箭研制的有关部门有义务向承担卫星研制的有关部门提供火箭在星箭界面上的辐射发射频谱及电磁场分布,包括有用发射和不希望有的发射。一般在火箭接收通带和寄生带给出更详细的数据,以便火箭系统研制方认真分析星箭间的电磁兼容性问题。同理根据卫星系统的接收敏感度限值要求,折算到星箭界面,对火箭系统的辐射发射提出限制,以确保星箭间的电磁兼容性。

10.4.2　航天器与发射场间 EMC 试验

　　对于卫星发射场及地面测控站的电磁发射频谱及电磁场分布,我们可约定在发射塔架的某些位置上检测,这些数据都将作为卫星系统研究与其环境兼容性的原始数据。卫星在轨运行的空间环境是个极其复杂的问题,需要查询大量空间环境资料,弄清卫星所经历的电磁环境条件。目前有许多大型专业实验室来确保此项工程的安全可靠性。在这方面,属于 EMC 领域能够涉及的是空间静电放电试验。

　　大型系统的系统间 EMC 试验一般无法在实验室直接测试。多数情况是靠基本测试数据分析给出合理预估结论。系统级 EMC 试验费时费力,工程操作上应注意以下几点:

　　(1) 系统级 EMC 试验要求被测系统工作在实际工程模式下,所以一定要与被测系统的实地联机试验和综合电测一起考虑,密切配合。在电性能测试的同时,完成系统内设备和分系统相互之间的兼容性验证。

　　(2) 系统级 EMC 试验一定要做好充分准备,特别要对设备和分系统测试数据以及系统内 EMI、EMS 测试数据进行详细分析。对于有可能发生干扰的收发对安排重点试验验证,这样才能有的放矢,达到试验目的。

　　(3) 重视系统联机、电测中出现的各种异常现象。通过分析认为有可能是由于电磁干扰原因引起的,应在系统级 EMC 试验期间通过测试手段进行试验验证。

　　(4) 系统级 EMC 试验应在最大限度接近实际的使用条件下进行,包括无线、电缆、电源等完全配套齐全。

在发射场的塔架上可进行星箭对接后 EMC 试验。通常包括以下几项：

（1）星、地设备均不开机，火箭无线设备满功率发射。记录火箭有意辐射电平和无意辐射电平；记录整流罩内电磁环境电平。

（2）箭、地设备均不开机，卫星无线设备满功率发射。记录卫星有意辐射电平和无意辐射电平。记录整流罩内电磁环境电平。

（3）火箭、卫星均不开机，地面参试设备满功率发射。记录地面设备的有意发射，记录地面设备的无意发射。

（4）所有星、箭、地电子、电气设备开机，进入正常执行任务状况，观察星、箭、地接收设备工作是否正常。

系统级 EMC 试验注意事项：

（1）系统级 EMC 试验与系统电性能试验密切配合，统一考虑。

（2）试验技术队伍应由 EMC 测试人员和系统设计师及测试人员组成，统一指挥，各负其责。

（3）一般情况下不用实验室测试设备中的模拟干扰源对航天器系统施加干扰的方法进行系统电磁敏感度试验。

（4）系统级 EMC 试验属大型试验，且带有一定风险，试验前一定要做好各种准备。

（5）试验前编写好 EMC 测试大纲和测试细则。

（6）准备好系统 EMC 试验用的所有测试设备和设施，提前对测试系统进行自检和自校。

（7）试验前确定好被测系统的参试模式，可以选有代表性的典型工作模式。

（8）对于有传导连接的星箭，必要时进行传导 EMI 测量，重点检测连接电缆上的 EMI 发射。

（9）整星级 EMS 试验建议火箭的未装箭的发射机参与，在火箭仪器舱仪器安装板上方 0.9m 处采集数据。重点采集与卫星接收设备相关方位，测试频率选在与卫星接收机工作频段相关的频段。

（10）整星 EMI 试验测试位置在星箭分离面下方 0.5m 处，重点采集火箭接收设备所在方位，测试频率选在与火箭接收机工作频率相关频段。

（11）有条件时可在发射场的塔架上进行星箭对接后 EMC 试验，或通过发射场无线联试试验数据进行分析。

10.4.3　EMC 试验数据分析

根据设备、分系统的 EMC 测试数据，判断该设备是否通过 EMC 标准所有规定测试项目的要求。

对于未达到标准要求的有关发射的测试项目,要分析其干扰源及其传播路径。对于未达到标准要求的有关敏感度的测试项目,要测试敏感度阈值。

将敏感设备、分系统的传导或辐射敏感度数据与其环境的传导或辐射干扰强度进行比较,对系统的 EMC 裕度进行分析预测。

10.4.4 航天器与环境场间电磁兼容试验举例

某型号卫星的测试数据表明通信发射机的二次谐波(工作频率×MHz,带宽×MHz)的高端进入火箭安全指令接收机的保护频带内。经与研制方协商,同意对原指标要求放宽为×～×MHz,航天器发射场强在星箭对接面上低于 $3dB\mu V/m$ 。

经测试发现 2.17GHz 杂波,经分析证实属数传发射机晶振的 31 次谐波($70 \times 31 = 2170MHz$),C 波段应答机本振泄漏以及各发射机高次谐波均对火箭不构成影响。

在 GPS 接收机频带附近发现频率×MHz,场强为 $54.7dB\mu V/m$ 的干扰,经研究证实是火箭引导信标机的晶振 8 次谐波,火箭设计方同意做进一步改进。

红外地球敏感器俯仰方向在水平极化某个频范围内 2V/m 干扰场强下出现不正确波形,影响工作。在垂直极化某个频范围内 2V/m 干扰场强下出现不正确波形,但不影响工作。

某型号航天器在发射基地参与了星箭地大型 EMC 试验,获得了航天器背景的电磁辐场强射场强数据,例如在某脐带塔测试地面 S 波段应答机频谱时,发现场强偏高,为 - 30dBm(频谱分析仪指示)星载 S 波段应答机工作于近饱和状态,与地面协商,将地面天线上翘大约 6°,问题得以合理解决。

某航天器高 8m,最大直径 2.5m,有推进舱、轨道舱、回收舱和一个附加段。面对庞大的被测件,我们是在 5 个高度、6 个关键方位测得 8 个工作状态下的 EMI 测试数据。同时对其关键设备选择关键的工作模式完成了 EMS 测试。在航天城 EMC 试验室还完成了星箭间的兼容性测试。EMC 测试报告中记录了航天器周围的有用信号电磁场分布和无用信号频谱及相对场强。通过数据处理得到了星箭界面上航天器和火箭发射的有用信号电磁场强值及无用信号谱。对航天器和火箭发射的谐波、杂波和组合干扰进行分析,从频率和幅度上判断上述干扰不会对航天器接收系统构成危害。

第 11 章　电磁兼容管理

电磁兼容技术包括 EMC 设计技术、EMC 试验技术,还包括 EMC 预测技术和 EMC 管理技术。EMC 管理所以作为一项技术,是因为 EMC 技术涉及参与工程的全体人员和研制程序全过程的各个环节。

本章主要包括以下内容:EMC 管理的必要性,EMC 管理内容和方法,EMC 实验室管理,EMC 技术组和 EMC 培训,航天器 EMC 管理状况和相关标准介绍。

11.1　实施 EMC 管理的必要性

航天器研制是一项复杂的系统工程,航天器研制过程有众多单位和数以万计的人员参加,需要研究的内容涉及航天器各组成部分之间的相互影响,还要涉及航天器与其使用环境之间的相互影响。大到人为的和自然界造成的复杂电磁环境、频谱应用、航天器总体设计,小到天线和设备安装乃至电路布局、材料选用等等,都可能对航天器电磁兼容性能产生重要影响。分析和处理好各方面的关系,这本身就是一项复杂和繁重的工作,需要有关部门协调。电磁兼容管理的职能是计划、组织、监督、控制和指导航天器研制过程中与电磁兼容相关的全部活动。加强 EMC 组织管理和技术管理,提高全体人员的 EMC 意识,牢固树立系统完整性和单机一体化设计观念,采取一整套组织措施和技术措施,实施综合治理方案,将 EMC 理论认真应用实际工程中,才能取得更大实效。

经验证明,只有首先明确航天器使用的电磁环境,然后确定和遵循正确的设计、研制、试验、生产、安装要求和步骤,才能实现航天器在整个寿命期的安全可靠工作。而上述活动需要通过行政与技术手段进行组织和管理。换句话说,EMC 管理能从系统的观点出发,通过制定和实施科学的计划、组织、控制和监督 EMC 相关活动。

电磁兼容管理需要有全面的计划,强调从工程研制一开始,就能从工程管理的较高层次抓起,建立起有关电磁兼容的工程管理协调网络和工作程序,确立各个研制阶段的相关电磁兼容工作目标,突出重点,加强评审,提高电磁兼容工作的有效性。

11.2　EMC 管理的内容和方法

　　由于电磁兼容管理涉及的是参与工程的全体人员和研制工程各个阶段的全部技术内容,这就要求建立一个完善的系统管理体系,这个体系有效运用计划、组织、监督和控制等基本手段,确保电磁兼容要求的全部落实。

　　具体来讲,当接受一个型号任务后,首先要确定工程目标,通过计划手段制定达到工程的电磁兼容要求的工作要求和实施办法,分析完成这些工作所需的保证条件。通过组织手段确定该项工程电磁兼容技术负责人,并建立相关的管理网络,明确专职和兼职的电磁兼容工作人员的职责、权限,形成电磁兼容工作的组织体系,以完成电磁兼容工作计划规定的任务。必要时对他们进行培训和考核。利用技术报告、检查评审、鉴定认证等活动对承担研制工作的单位和个人的有关电磁兼容工作进行监督。通过制定规范和相关技术文件,指导和控制各项电磁兼容工作,使工程研制永远处于受控状态。

　　综上所述,航天器电磁兼容管理包括组织管理和技术管理。在整个寿命期中航天器电磁兼容管理的内容主要包括以下方面:

　　(1) 制定和实施电磁兼容计划,明确各个阶段有关电磁兼容工作和进度。

　　(2) 建立电磁兼容管理和协调网络及工作程序,落实职责和权限。

　　(3) 选用和剪裁相关的标准,制定合理的电磁兼容要求。

　　(4) 正确运用电磁兼容预测与分析技术,降低工程决策风险。

　　(5) 制定电磁兼容设计规范,将电磁兼容设计融入到航天器总体设计和星载设备的设计中。

　　(6) 加强各个研制阶段的电磁兼容评审,将电磁兼容评审纳入航天产品的技术评审中去。

　　(7) 航天产品的定型工作正在起步,批量生产问题提到议事日程,对于定型产品的 EMC 测试一定要实施规范化管理,产品定型文件中一定要出具经过认证的实验室提供的所有 EMC 测试数据。

　　(8) 保证电磁兼容工作的合理经费,跟踪和保持正确的技术状态控制。

　　(9) 对有关人员进行电磁兼容管理培训。

　　电磁兼容计划包括项目成功运行所需的设备和人员,实现 EMC 设计审查和协调的方法及程序,特殊提案。如果需要的话,还应有 EMC 顾问委员会运做的详细资料。项目进度包括 EMC 项目的总体进度以及项目的阶段进度。

　　EMC 项目的详细资料用文档形式提供,包括 EMC 控制计划或其他的 EMC

文档。原始版本包括基础设计方针以及随后的常规更新改进。

制定整个 EMC 大纲主要依据选定的标准要求、工作报告、空间系统性能以及其他应用规定文件。EMC 大纲目的是得到确保系统级 EMC 使用最小的成本投入的计划清单和运作能力。一个 EMC 大纲的规模和复杂性与 EMC 工作应负责任相适应。应该说历史上成功的航天器工程都有到位的 EMC 控制和 EMC 管理大纲,同时有设备备份方法以及系统级接口要求。

EMC 顾问委员会的责任是在一般规划管理下,及时有效地执行 EMC 大纲。其成员可以邀请用户和与空间工程有关的专家参加。EMC 顾问委员会履行它的义务,通过系统级 EMC 文件来施展它的能力,同时还有责任解决相关的 EMC 问题。

11.3　EMC 实验室管理

EMC 实验室是专业实验室,它需要实施完善的技术管理和组织管理。这里所涉及的实验室管理已定义为实验室工程建设验收、测试设备安装完毕、实验室具备正常运营之后的管理工作。

（1）测试室谐振频率应记录在案。测试室是一个矩形波导谐振腔,已知波导激励模和测试室尺寸,它的固有谐振频率可以计算如下:

$$f_0 = \frac{1}{2\sqrt{\mu\varepsilon}} \sqrt{\left(\frac{p}{l}\right)^2 + \left(\frac{m}{w}\right)^2 + \left(\frac{n}{h}\right)^2} \qquad (11-1)$$

式中,μ 为室内空气介质磁导率,一般按 $\mu_0 = 4\pi \times 10^{-7} \mathrm{H/m}$;$\varepsilon$ 为介电常数,一般按 $8.85 \times 10^{-12} \mathrm{F/m}$ 考虑;l、w、h 为测试室的长、宽、高,m;p、m、n 与波导激励模的阶数相关,一般取 $0\sim9$,波导激励模存在的条件是 p、m、n 最多只能一个为零。

例如,以 TE 模为例,测试室的最低谐振频率是 TE_{110},则

$$f_0 = \frac{1}{2\sqrt{\mu\varepsilon}} \sqrt{\left(\frac{1}{l}\right)^2 + \left(\frac{1}{w}\right)^2} \qquad (11-2)$$

假设某测试室的尺寸是 $11.8\mathrm{m} \times 8.4\mathrm{m} \times 7.5\mathrm{m}$,则

$$f_{\mathrm{TE}_{110}} = \frac{3\times10^8}{2} \sqrt{\left(\frac{1}{11.8}\right)^2 + \left(\frac{1}{8.4}\right)^2} = 21.92 \quad \mathrm{MHz} \qquad (11-3)$$

测试室除了 TE_{110} 模以外,还可能存在 TE_{210}、TE_{310}、TE_{120}、TE_{111} 等高阶模。

测试室的谐振现象是有害的。当 EUT 发射频率和激励方式造成测试室谐

振,则会给 EMI 测试数据带来较大误差。对于一个已经建设好的实验室,应主动测试实验室的谐振频点,将计算数据与测试数据一并记录。在以后工作中要么提醒使用时避开,要么对该点测试结果加注解,便于分析。

(2) 应定期检测实验室背景噪声。在实验室投入运营后,定期检测实验室的背景噪声(包括传导和辐射)。将测试数据与验收测试数据进行比对,可以及时掌握实验室的当前工作性能。

实验室运营后,测试技术人员要承担各式各样的测试任务。提供准确、可靠的测试数据是实验室的目标,也是求得广大客户信任的基本条件。建立技术档案是实现上述目标的得力措施之一。技术档案应包括以下内容:

·实验室工程建设的技术资料;

·实验室相应设施的技术资料;

·测试系统的技术说明书、操作手册等有关技术资料;

·测试任务基本技术数据;

·测试任务中有价值的重要案例;

·实验室性能跟踪检测结果;

·实验室使用过程中重要技术说明,注意事项。

(3) 实验室比对是目前协调各实验室测量结果一致性的可操作方法。它的工作原理是要求参试的实验室对某同一 EUT,这里称传递标准,进行规定项目的测量,如军标 GJB151A‐97 的 CE101、CE102、CS101、RE102、RS103 等。传递标准可选定宽带干扰源、标准负载,梳状辐射源、标准场强探头、标准电压表等。测试条件的准备、测试方法的规定,均由计量单位统一考虑,并写成正式专用技术文件下发。各参试实验室依据专用文件规定的办法对测试结果进行分析。实践证明这种比对是有意义的。

(4) 近年来国际电磁兼容标准强制执行和电磁兼容认证工作向更加规范化与法制化方向发展,推进了电磁兼容实验的国际化进程。为了适应对外贸易的需要,为了防止不符合 EMC 标准的电子产品进入我国市场,为了改善我国并用设施的电磁环境,我国必须建立自己的 EMC 认证体系,加快电磁兼容认证工作。认证是指第三方对产品/服务、过程或质量管理体系符合规定的要求给予书面保证的程序。认可是指权威机构对某一组织或个人有能力完成特定任务做出正式承认的程序。

国家规定 EMC 实验室检测标准是《检测和校准实验室认可准则》(CNAL/AC01:2002)。参考文件是"CNAL/AC12:2002 实验室认可准则在电磁兼容检测实验室的应用说明"。CNAL 是 China National Accreditation Board for Laboratories 的英文缩写,CNAL 经中国国家认证认可监督管理委员会批准设立并授权。

一个合格的 EMC 实验室不仅需要满足相应标准规定的实验场地和实验设备,还有一点必须强调的是实验室应有具备相应电磁兼容基础理论和专业知识、技能的技术人员,具体规定从事该领域的高中级技术人员的比例不低于技术人员总数的 60%。

11.4　EMC 技术组和 EMC 培训

对于像航天器这样重要和复杂的大型工程项目,组织一个专门的电磁兼容技术组是加强电磁兼容工程管理的有效措施之一。它应该是由各方代表组成的专家咨询小组,为工程管理的决策、评审提供技术咨询。

从工程实际需要出发,这个技术组应在工程初期组建,它应由具备电磁兼容基本知识或经过培训的技术人员参加。技术组可根据具体工程需要承担以下工作:

(1) 协助拟定技术合同中有关电磁兼容方面的内容。

(2) 协助制定航天器工程中的相关电磁兼容技术文件。

(3) 收集、整理和研究工程研制过程中有关电磁兼容方面的各种问题,协助设计人员发现问题,分析原因,并尽可能提出改进措施。

(4) 协助审查设计、工艺文件中有关电磁兼容方面的内容。

(5) 参与设计评审和验收。

鉴于电磁兼容技术涉及技术内容非常广泛,电磁兼容领域的标准很多,电磁兼容属于新型学科,本专业的技术人员很少。目前多数大学本科没有设立电磁兼容课程,现有的硕士研究生和博士研究生不多。在这种特殊时期和特殊条件下,尽快提高工程管理人员对电磁兼容重要性的认识和管理水平,提高工程技术人员电磁兼容技术水平是当务之急,电磁兼容培训应该说是最实际的选择,而且最好是面向与工程相关的全体人员。

培训内容依具体情况来定,一般来说,对工程项目各级管理人员应该进行电磁兼容工作重要性的教育,有条件的单位还应该让管理人员了解电磁兼容原理和电磁兼容特性。这样才能便于电磁兼容管理人员在航天器研制整个周期内合理地计划、安排和管理有关电磁兼容的各项工作。

对于生产和质量监测人员来说,了解与工程相关的电磁兼容设计要求,是确保这些要求在工程实践得以实施的必要条件。对于操作人员来说,只有了解电磁敏感度的机理,才能发现系统性能降低,并能及时请求暂停,及时寻找出现问题的原因。

对于工程技术人员来说，更应该全面、细致地了解电磁兼容原理、抑制电磁干扰方法和电磁兼容标准。通过培训，使他们加深对 EMC 系统知识的了解，了解 EMC 技术与航天器研制的关系，了解 EMC 技术涵盖的内容，提高对 EMC 测量结果的判断能力，同时还要使总师们进一步增强 EMC 意识，明确在该领域应承担的职责，学习 EMC 基础知识和相关标准，学会用技术语言描述航天工程中遇到的 EMI 问题，初步掌握用 EMC 方法分析工程问题，逐步培养解决工程问题的悟性，鼓励创新思想。

11.5　航天器 EMC 管理状况和相关标准介绍

早期发射的返回式卫星系列、通信卫星系列、实践卫星系列、遥感卫星系列在产品研制及总装调试阶段，技术人员利用 EMI 诊断技术使用通用仪器如频谱分析仪、示波器及配套的辅助测试件，在普通试验室或在联机现场进行检测，解决产品研制过程中和系统联机过程中遇到的各种问题。这些仪器设备曾经作为得力助手，给出试验数据，为设计师们判断 EMI 性质和寻找解决办法提供了宝贵的科学依据。这是问题解决法阶段。

1981 年 9 月 20 日某实验卫星进入太空。9 月 24 日至 30 日发现乙机译码器在进入国境时已跳成低电平，但经地面站发出磁芯存储器启读命令，乙机跳回到高电平。10 月 1 日第 165 圈时甲机也发生类似现象。10 月 23 日异常现象加剧，特别是多次误起旋，卫星转速由每分钟 36.7 转增加到 166.7 转，出国境后遥测信号消失，十三天内飞行 180 圈。此次在轨运行故障引起专家和领导们的特别关注，事后组织多次技术讨论，形成了一些技术文件，如×主配电、电缆网研制工作总结，×遥测数据分析等等。这些文件说明大家统一了认识，认为提高航天器 EMC 设计和试验能力是当务之急。

到 1995 年中国空间技术研究院已有两个符合国军标要求的 EMC 试验室。1998 年 7 月航天城 EMC 实验室投入运营，完全具备了现代化的 EMC 测试能力。至此我国航天器工程 EMC 管理进入标准规范法阶段。这对于航天事业参与国际竞争，对于航天产品推向国际市场，无疑具备了极好的物质条件。航天城 EMC 实验室同时具备 10 米法测试能力。常有大型民用设备在此测试，对军转民、军民结合起到推动作用。

技术人员坚持进行 EMC 预测分析工作，跟踪国际 EMC 领域的技术进步，调研、积累有关技术资料，吸收有用信息，并在工程中有选择地实践。目前各型号任务具备对系统、分系统和设备的工作频率、频段、频谱特性进行分析的能力。

经过十几年的努力,各型号任务的 EMC 管理网络已基本形成。在型号总师系统及指挥调度系统中均有人过问 EMC 问题,特别是体现 EMC 规范管理的技术文件已在各个型号任务中实施。方案论证阶段、工程研制阶段、正样生产阶段和发射及在轨运行使用的安全寿命期间都应实施 EMC 规范化管理。

建立 EMC 技术组,包括制定相应的工作内容和程序,制定和实施 EMC 规范和其他相关技术文件,在各研制阶段进行功能设计评审的同时坚持进行 EMC 评审。

方案论证阶段重点分析预期的电磁环境,提出适应该环境的一般兼容性要求,分析可供选择的几种方案的电磁环境效应,分析选定的方案有关 EMC 费用、风险和对任务能力的影响。

方案论证阶段主要任务是提出和分析航天器的预期电磁环境,研究频谱利用和制定 EMC 规范,成立 EMC 技术组,选用和剪裁适用的 EMC 标准,确定系统、分系统和设备的 EMC 要求,拟定各分系统、设备和天线集合的最佳布置方案,制定 EMC 控制计划,对与该任务相关的管理人员、设计人员、生产人员及总装工艺人员进行 EMC 培训等。

工程研制初样阶段要重点实施 EMC 控制计划,实施 EMC 规范,进行 EMC 设计,对设备、分系统进行模拟试验,进行各种模拟、试验后进一步完善设计,进行设备、分系统和系统级产品 EMC 试验验证,评审 EMC 试验超差申请,组织实施 EMC 系统级试验,以及星箭对接直至发射场的试验验证。

正样阶段重点是要确定设备、分系统和系统正样状态的结构设计、生产工艺和安装布局等工作中保证兼容性的具体要求,根据 EMC 规范对鉴定试验、验证试验,提供的试验报告进行全面技术评审。形成 EMC 有关技术文件和 EMC 综合评价报告。

对于验收时不能满足 EMC 要求的设备和分系统,要求对数据进行分析,写出分析报告,由设备、分系统技术负责人以文件形式请求放宽要求和上星使用申请。

在卫星系统电性能评审时,应同时进行 EMC 评审,并坚持对评审过的 EMC 技术文件归档管理。相关 EMC 技术文件包括:

·卫星产品 EMC 试验验收要求

·卫星产品 EMC 试验验收总结

·卫星系统级 EMC 试验大纲

·卫星系统级 EMC 试验细则

·卫星系统级 EMC 试验报告

·卫星系统级辐射 EMC 试验分析预测报告

·星箭间传导 EMC 分析报告(依情况定)

·星、箭、地 EMC 试验报告(依情况定)

卫星发射及在轨运行阶段主要任务是完成星、箭、地联合试验,积累 EMC 数据,建立 EMC 信息反馈系统,建立 EMC 数据库。

目前在用的电磁兼容管理标准有 GJB/Z 17-91《军用装备电磁兼容性管理指南》和 Q/W 671-96《卫星电磁兼容性管理指南》。

参考文献

1　陈穷.电磁兼容性工程设计手册.北京:国防工业出版社,1993
2　[苏] B.H. 彼特罗夫斯基.无线电电子设备电磁兼容性.北京:航空工业出版社,1992
3　曲长云.电磁发射和敏感度测量.南京:东南大学出版社,1988
4　[美]凯瑟.电磁兼容原理.北京:电子工业出版社,1985
5　姚世全.电磁兼容标准实施指南.北京:中国标准出版社,1999
6　张松春.电子控制设备抗干扰技术及其应用.北京:机械工业出版社,1998
7　王庆斌.电磁干扰与电磁兼容技术.北京:机械工业出版社,1999
8　陈伟华.电磁兼容实用手册.北京:机械工业出版社,2000
9　[美]凯瑟.航空航天系统的电磁干扰控制.北京:宇航出版社,1989
10　Donald R.J. White ,MSEE/PE. Electrical Noise and Electromagnetic Interference Specifications,USA,1971
11　白同云.电磁兼容性设计要点.安全与电磁兼容,2000
12　王定华,赵家升.电磁兼容原理与设计.成都:电子科技大学出版社,1995
13　蔡仁钢.电磁兼容原理、设计和预测技术.北京:北京航空航天大学出版社,1997
14　林国荣.电磁干扰及控制.全华科技图书股份公司,1990
15　沙斐.机电一体化系统的电磁兼容技术.北京:中国电力出版社,1993
16　陈淑凤.电磁兼容试验技术.北京:北京邮电大学出版社,2001
17　国家标准 GB/4365－1995,电磁兼容术语
18　国家军用标准 GJB151A－97,军用设备和分系统电磁发射和敏感度要求
19　国家军用标准 GJB152A－97,军用设备和分系统电磁发射和敏感度测量
20　国家军用标准 GJB/Z－17－92,军用设备电磁兼容性管理指南

后 记

——EMC 与人生和社会

在我完成《航天器电磁兼容技术》一书初稿时,正值 2005 年深秋之际。我带着全部手稿来到故乡北戴河。金秋时节的海滩略带一丝凉意,我独自坐在海边的岩石上,脚踏进刚刚退过潮的湿漉漉的细沙中,体味着大自然的壮美。北戴河的天,湛蓝;北戴河的云,洁白;北戴河的海,深远。我顿时涌起为本书写后记的念头。

有人写书像盖高楼大厦,架好钢筋,铺好模板,灌注水泥;而我却类似几十年前一砖一瓦盖楼房的模式,一字一句艰难堆砌,付出的是青光眼病情不断加重的代价,实现的是自己的承诺。书稿能成功完成,这里特别要感谢我先生陈世平的鼓励、支持和帮助。

感叹之余,再对本书读者叙上几句,并非舞文弄墨,仅想将心里话一吐为快,并与朋友们分享我对人生和社会的点滴感悟。

孔子曰:三十而立,四十而不惑,五十而知天命,六十而耳顺。如今我虽已六十有余,但尚未达到这种境界,只能是努力、努力、再努力。

我小学入队,初中入团,大学二年级入党,一直担任学生干部,被称作是又红又专的典型,而在文革期间却一下子成了修正主义苗子,想不通这突如其来的变故,只好忍受着心理上莫名的委屈。从那时起,我下决心不想再关注社会问题,觉得这类问题深奥莫测。但在生活现实中,主观上想摆脱,客观上却难以做到,我曾经有过诸多困惑和费解。多年来,我在人生的道路上艰难跋涉,不断探索。随着年龄的增长,特别是涉足电磁兼容领域后,惊喜地发现人生和社会的许多问题在解决电磁兼容领域的问题中似乎找到了答案。有幸的是我在享受技术领域工作的无穷乐趣之余,对人生和社会问题也有了特殊的感悟。这里试举几个例子说明:

其一:通俗地讲,电磁兼容研究的是电子设备或系统对其安装、使用环境的适应问题。而人生呢,常常面对多种选择,主动、正确选择固然重要,但还有比选择更重要的是对环境的适应。

就我而言,当年是在老师的授意下考取了中国科技大学,学习微波天线专业是系里安排的,毕业后到航天战线工作是服从组织分配。在从事了二十年卫星天线设计并取得多项科研成果后被调到测试中心负责编制卫星转发器测试软件工作,我理解为这是工作需要。正是工作需要,我又步入电磁兼容领域,研究航天产品电磁兼容标准,参加电磁兼容测试,建设电磁兼容实验室以及参与系统级电磁兼容设计相关的多项工作等等。

面对工作变化,我只有积极应对,不断学习,勇于探索。其结果不仅增长了专业知识,拓宽了技术领域,对电磁兼容专业也产生了浓厚兴趣,命运注定我与电磁兼容有不解之缘。

我常想,人生就是如此,有许多事无法选择,你无法选择父母,无法选择家庭,无法选择出生在繁华的城市还是偏远的山村。当然成长的道路上也会面临许多选择,你有选择专业的机会,有选择配偶的自由。暂且不说找到满意的工作和爱人多么困难,关键是环境条件在变,对方情况在不断变化,自己也在改变。单靠一次选择决定命运的说法是文学语言。生活实践告诉人们人生最重要的是要有勇气面对现实追究迎难而上,不断挑战自我,适应外界环境的变化,这才是积极有效的态度。

其二:电磁兼容研究的根本问题是如何建立一个兼容的电子系统。通过设计、测试、预测分析实现电子设备的内部兼容,解决好设备之间可能产生的互扰问题,实现系统内部的兼容,这个系统还必须与它相关的电磁环境兼容。人与社会的问题也很相似。

以人为本,全面协调、可持续发展是当前最崇尚的观点,协调发展是什么含义? 协调发展对社会来说就是要统筹城市发展、区域发展、经济发展、社会发展、人与自然界和谐发展等等,这样才能推进生产力的发展,推进经济、政治、文化以及生产关系、经济基础和上层建筑的各个环节和各个方面相协调。"和谐"对于一个社会,对于一个单位,对于一个家庭多么重要。

社会中最小的细胞是个人,一方面每个人要学会约束自己,不说或少说刺激他人的话语,不做伤害他人做事情,多做善事,保护好精神世界的良好环境。另一个方面就是要求每个人必须学会宽容和理解,只有这样才能在社会现实中生存。这不就像电磁兼容性要求一台设备既不要发射无用多余的能量以免污染电磁环境,也要提高自身的抗干扰能力么!

其三:电磁兼容领域默认一条定理,电磁兼容问题关键在设计。在对设备或系统进行电性能设计的同时要进行电磁兼容设计,电磁兼容问题考虑得越早收效越好。如果一味待设备研制出来,电性能指标达到任务书要求,等到进行规范的电磁兼容测试才发现问题,再采取措施就会事倍功半,若等到整个系统组装好进行联试才发现问题,那就更为时已晚。

早些年社会上流传一句名言"黑猫白猫能拿耗子就是好猫"。这在不重视经济发展的年代,客观地说曾起过积极作用,例如五小企业如雨后春笋般出现,刺激了当时中国经济的发展。事隔多年环境污染,安全隐患不断出现,当企业和国家用几倍、几十倍甚至上百倍、上千倍的资金来专门治理环境时,人们不能不反思。一个企业建立之时、一项产品开发之日就应考虑环境保护和安全生产问题,否则,环境破坏、安全问题给人类社会带来的灾难,有些是永远无法挽回的。

对于个人的修养也是如此,重视素质教育应从孩子抓起。在自己的少年、青年时期重视自我思想改造,会终生受益。

其四:大家知道,从十九世纪中期电磁场基本理论建立到人们开始关注无线电干扰问题用了近二十年,电磁兼容成为电子学一门独立的学科,用了近百年。可见人们对电磁波的研究,利用它造福人类在先,认识到它给环境带来危害是事隔几十年之后。这个大家共认的事实,究其原因是人们对电磁干扰问题的认识有难度,对电磁干扰问题的解决更有难度。

很相似,早年的康泰克治感冒曾得到社会认可,几乎每个人都享受过它快速治愈感冒的益处,十余年后人们才发现由于它含PPA对身体有害而被禁用。又过几年后市场上重新出现康泰克,包装上特别醒目地注明不含PPA。

对于一个人来说增长知识提高专业水平确实不易,但比起认识到自己的不足,并能改掉某些毛病来说还不算难吧,要怎么会有"江山易改本性难移"的老话代代流传至今呢。

其五:电磁兼容技术发展到一定阶段,出现了电磁兼容标准。电磁兼容标准规范了整个电磁兼容领域的所有活动,保证了电子设备和系统正常有效工作,保护了人类生存的电磁环境。

人类社会有道德规范,有各种各样的法律条文,保证世界和平,国家安定团结,保护人类与自然界的和谐相处。

对于我们每个人来说,在家庭中我们是家庭成员,我们要学会与父母双亲、与兄弟姐妹相处,"家和万事兴"不正是中华民族认同的文化精髓嘛!在社会生活中我们有亲戚朋友,有同事……,要使自己被大家接受,融入集体之中,我们就该遵纪守法,规范自己的行为,做到可能伤害别人的话不说,可能会给他人带来不便的事不做,同时对于来自外界不和谐的言语和行为,要提高抵御能力,我们就会活得愉快,健康。

总而言之,我们每个人面临的既是经济空前繁荣,科技飞跃发展、物质生活更加富裕的新时代;但是也要承认客观存在着人口剧增、环境恶化,资源匮乏,生态失衡等各种社会问题。当今这个时代生产方式、消费结构、价值观念和思维方式都正在发生着一系列变革。社会上先进与落后、文明与愚昧,美与丑交织在一起,可以说令人眼花缭乱。特别是青年面对严峻的考验,承受着来自各方的压力,容易出现焦灼浮躁、茫然彷徨、玩世不恭以及被扭曲了的物质欲望与拜金主义倾向。学会理解与合作是现代社会和国际社会发展所需要的一种社会品质和行为规范。学学电磁兼容技术,接受电磁兼容理念,我们就能够超越某些狭隘的、落后的、封闭的、民族的、地域的界限,站在整个人类共同利益的高度,用我们无限智力资源科学地、合理地利用地球上有限自然资源,为建立和谐中国甚至和谐世界奉献一个普通地球人微薄之力。让我们每个人学会宽容,宽容能让我们在大自然的怀抱中求得生存和发展,宽容会使得航天队伍团结有力。航天事业兴旺发达,是一个航天老兵的企盼。

作　者
2005 年 10 月 2 日